MATLAB

科技绘图
与数据分析

丁金滨 著

清华大学出版社
北京

U0236426

内 容 简 介

本书结合作者多年的数据分析与科研绘图经验，详细讲解MATLAB在科技图表制作与数据分析中的使用方法与技巧。全书分为3部分，共12章，第1部分（第1～3章）主要讲解MATLAB的基础知识，包括MATLAB的操作环境、文件操作、程序设计等；第2部分（第4～8章）结合MATLAB在数据可视化方面的功能，详细讲解MATLAB中的图窗信息、二维图绘制、三维图绘制、专业图绘制、句柄图形对象等科技绘图方面的知识；第3部分（第9～12章）讲解数据描述性分析、插值与拟合、回归分析、优化问题求解等内容。本书还配套提供了近300个示例的教学视频与上机练习资源文件，可帮助读者大大提升学习效率。

本书注重实操，示例丰富，图表精美，适合从事数据可视化与数据分析的科研工程技术人员、工程师，以及高校相关专业的本科生和研究生阅读。

图书在版编目（CIP）数据

MATLAB科技绘图与数据分析/丁金滨著. —北京：清华大学出版社， 2024.5（2024.8重印）
ISBN 978-7-302-66184-9

Ⅰ. ①M… Ⅱ. ①丁… Ⅲ. ①Matlab软件 Ⅳ. ①TP317

中国国家版本馆CIP数据核字（2024）第086439号

责任编辑：王金柱
封面设计：王　翔
责任校对：闫秀华
责任印制：曹婉颖
出版发行：清华大学出版社
　　　网　　　址：https://www.tup.com.cn, https://www.wqxuetang.com
　　　地　　　址：北京清华大学学研大厦A座　　　　　邮　　编：100084
　　　社 总 机：010-83470000　　　　　　　　　　邮　　购：010-62786544
　　　投稿与读者服务：010-62776969，c-service@tup.tsinghua.edu.cn
　　　质量反馈：010-62772015，zhiliang@tup.tsinghua.edu.cn
印 装 者：三河市铭诚印务有限公司
经　　销：全国新华书店
开　　本：185mm×235mm　　　印　　张：22.5　　　字　　数：540千字
版　　次：2024年5月第1版　　　　　　　　　　印　　次：2024年8月第2次印刷
定　　价：129.00元

产品编号：106762-01

前　言

欢迎阅读《MATLAB科技绘图与数据分析》！本书的目标是帮助读者掌握数据可视化的艺术，并深入了解如何利用MATLAB工具创建引人入胜的图形以及进行数据可视化。数据可视化是数据科学和数据分析的重要组成部分，它允许我们将复杂的数据变得更加容易理解和有意义。

MATLAB是一款以矩阵计算为基础的高性能工程计算应用软件，广泛用于科学、工程、数据分析等领域。它提供了丰富的数学和工程函数，支持数据可视化、编程和脚本语言，涵盖从线性代数到图像处理等各个领域。MATLAB的交互式环境使用户能够轻松执行数值计算、数据分析和建模任务，现已成为科研、工程设计和数据科学领域的重要工具。

本书基于MATLAB R2022a编写，并对所有示例在MATLAB 2024版本上进行了测试，全书通过示例引导读者逐步掌握如何使用MATLAB来创建令人印象深刻的科技图表，并教会读者如何利用MATALB进行数据处理。根据内容安排，全书分为3部分，共12章，具体安排如下。

第1部分（第1~3章）主要讲解MATLAB的基础知识，包括MATLAB的操作环境、文件操作、程序设计等内容。

第2部分（第4~8章）结合MATLAB在数据可视化方面的功能，详细讲解了MATLAB中的图窗信息、二维图绘制、三维图绘制、专业图绘制、句柄图形对象等科技绘图方面的知识。

第3部分（第9~12章）讲解了数据描述性分析、插值与拟合、回归分析、优化问题求解等内容。

本书提供了大量的数据可视化与数据分析应用示例，为读者提供各类绘图思路，并展示了MATLAB的强大功能，读者可以在此基础上举一反三，深入学习MATLAB的详细功能。

本书编写过程中重点参考了 MATLAB 的帮助文档，数据部分采用自带数据或自编数据。在学习过程中，如果需要本书的原始数据，可关注"算法仿真"公众号，并发送关键词 106762 获取数据下载链接。为帮助读者学习，在"算法仿真"公众号中会不定期提供综合应用示例帮助读者进一步提高作图水平。

MATLAB 本身是一个庞大的资源库与知识库，本书所讲难窥其全貌，仅做抛砖引玉。虽然在本书的编写过程中编者力求叙述准确、完善，但由于水平有限，书中欠妥之处在所难免，希望读者和同仁能够及时指出，共同促进本书质量的提高。

为便于读者尽快掌握本书内容，本书还配套提供了学习资源，包括教学视频和资源文件。教学视频讲解并演示了本书近 300 个示例的操作过程，读者扫码即可直接观看。配套资源文件可以扫描下述二维码下载：

如果下载有问题，请用电子邮件联系 booksaga@126.com，邮件主题为"MATLAB 科技绘图与数据分析"。

本书注重实操，示例丰富，图表精美，适合从事数据可视化与数据分析的科研工程技术人员、工程师，以及高校相关专业的本科生和研究生阅读。

最后，感谢您选择了本书，希望您在阅读过程中获得乐趣，同时也能够从中获益。在学习过程中，如遇到与本书有关的问题，可以访问"算法仿真"公众号获取帮助。

著 者

2024 年 1 月

目　录

第1章

MATLAB 的基本操作

MATLAB 是 MathWorks 公司发布的科学计算软件，集算法开发、数据可视化、数据分析以及数值计算和交互式环境于一体，性能卓越，在业界受到广泛的推崇。本章介绍 MATLAB 的工作环境、文件操作、数据存取和帮助系统等有关内容，希望通过这些内容向读者初步展示 MATLAB。

1.1 工作环境

MATLAB 是 Matrix 与 Laboratory 两个词的组合，意为矩阵工厂（矩阵实验室），主要面对科学计算、可视化以及交互式程序设计的高科技计算环境。

1.1.1 工作界面

与其他 Windows 应用程序一样，在完成 MATLAB 的安装后，可以使用以下两种方式启动 MATLAB：

- 双击桌面上的快捷方式图标（要求 MATLAB.exe 快捷方式已添加到桌面）。
- 在 MATLAB 的安装文件夹（默认路径为 C:\Program Files\MATLAB\R2022a\bin\）中，双击 matlab.exe 应用程序。

初次启动后的 MATLAB 默认界面如图 1-1 所示。这是系统默认的、未曾被用户依据自身需要和喜好设置过的主界面。

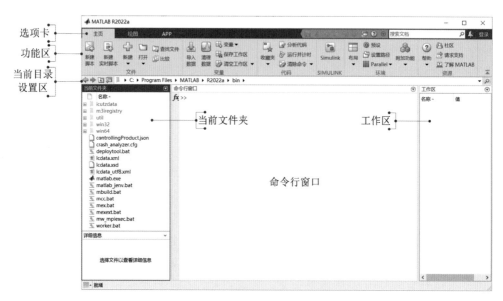

图 1-1 MATLAB 默认主界面

默认情况下，MATLAB 的操作界面包含"选项卡""功能区""命令行窗口""命令历史记录窗口""工作区""当前文件夹"等，其中命令历史记录窗口需在命令行窗口按向上（↑）箭头键才可以显示。

1.1.2 选项卡

默认 MATLAB 主界面的选项卡包括主页、绘图、App 三个，它们的功能如下：

（1）"主页"选项卡提供 MATLAB 程序运行的基本功能，主要包括"文件""变量""代码""SIMULINK""环境"和"资源"命令面板。

（2）"绘图"选项卡提供绘制图形的快捷功能，该选项卡将各种绘图快捷方式收入其中，在使用时只需要单击相应的绘图按钮即可快捷地绘制各种图形。

（3）App（应用程序）选项卡提供应用程序的快捷功能，App 选项卡将各种应用的快捷方式收入其中，在使用时只需单击相应的应用程序按钮即可快捷地打开应用。

1.1.3　命令行窗口

MATLAB 默认主界面的中间部分是命令行窗口。命令行窗口就是接收命令输入的窗口，可输入的对象除 MATLAB 命令外，还包括函数、表达式、语句及 M 文件名、MEX 文件名等，为叙述方便，这些可输入的对象以下统称为语句。

MATLAB 的工作方式之一就是在命令行窗口中输入语句，然后由 MATLAB 逐句解释执行并在命令行窗口中显示结果。命令行窗口可显示除图形外的所有运行结果。

【例 1-1】在命令行窗口输入 MATLAB 语句并运行。

解：直接在命令行窗口输入以下语句：

```
>> a=6                              % 创建变量 a，并将其赋值为 6
```

按 Enter 键接受输入后，在命令行窗口输出以下结果：

```
a=
    6
```

继续在命令行窗口输入以下语句：

```
>> A=[1 3 5; 2 4 6]                 % 创建一个 2×3 的矩阵 A，行与行用 ";" 分割
```

按 Enter 键接受输入后，在命令行窗口输出以下结果：

```
A=
    1    3    5
    2    4    6
```

语句执行完成之后，变量会出现在工作区，如图 1-2 所示。

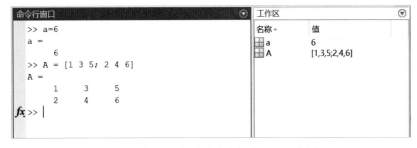

图 1-2　执行语句后的命令行窗口及工作区

在命令行窗口进行操作时，需要注意以下几点：

（1）在命令行窗口中，">>"是输入提示符，表示 MATLAB 处于准备状态，等待用户输入指令进行运算。当在提示符后输入语句并按 Enter 键确认后，MATLAB 会给出计算结果，并再次进入准备状态。

（2）位于">>"左侧的 fx 图标可用于快速查找需要的函数。使用时单击该图标，弹出功能菜单，如图 1-3（a）所示。在该菜单中可以通过直接搜索和浏览两种方式查找需要的函数。

（3）位于命令行窗口左上方的倒三角按钮提供窗口属性有关操作菜单。在使用时，单击该图标，弹出如图 1-3（b）所示的菜单。在该菜单中可以实现清空命令行窗口、查找、全选、打印、页面设置、最大化、最小化等操作。

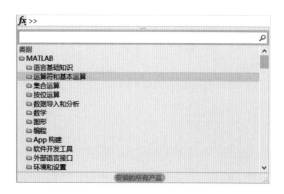

（a）快速查找函数菜单　　　　　（b）命令行窗口操作菜单

图 1-3 命令行窗口及相关菜单

1.1.4 命令历史记录窗口

命令历史记录窗口用来存放曾在命令行窗口中使用过的语句，以方便用户追溯、查找曾经使用过的语句，利用这些既有的资源可以节省语句输入时间。

在默认工作界面中，命令历史记录窗口并不显示在界面中。在命令行窗口中按向上箭头键（↑）即可实时弹出浮动命令历史记录窗口，如图 1-4 所示。

图 1-4 命令历史记录窗口

命令历史记录窗口的主要用途及操作方法如表 1-1 所示，"操作方法"中提到的"选中"操作与 Windows 中选中文件的方法相同，同样可以结合 Ctrl 键和 Shift 键使用。

表1-1　命令历史记录窗口的主要用途和操作方法

主要用途	操作方法
复制单行或多行语句	选中单行或多行语句，执行"复制"命令（按Ctrl+C组合键），回到命令行窗口，执行"粘贴"命令（按Ctrl+V组合键）即可实现复制
执行单行或多行语句	选中单行或多行语句，右击，在弹出的快捷菜单中执行"执行所选内容"命令，选中的语句将在命令行窗口中运行，并同步显示相应结果；双击语句行也可运行该语句
把多行语句写成M文件	选中单行或多行语句，右击，在弹出的快捷菜单中执行"创建实时脚本"或"创建脚本"命令，利用随之打开的实时编辑器窗口，可将选中语句保存为M文件

执行"主页"→"代码"→"清除命令"→"命令历史记录"命令，即可清除命令历史记录窗口中的当前内容，以前的命令将不能被追溯和使用。

1.1.5　当前文件夹

MATLAB 利用当前文件夹窗口（见图 1-5）可以组织、管理和使用所有 MATLAB 文件和非 MATLAB 文件，如新建、复制、删除、重命名文件夹和文件等，还可以利用其打开、编辑和运行 M 程序文件及载入 MAT 数据文件等。

MATLAB 的当前目录是实施打开、装载、编辑和保存文件等操作时系统默认的文件夹。设置当前目录就是将此默认文件夹改成用户希望使用的文件夹，用来存储文件和数据。

图 1-5　当前文件夹

1.1.6　工作区和变量编辑器

默认情况下，工作区位于 MATLAB 操作界面的命令行窗口右侧，如图 1-6 所示。工作区拥有许多其他功能，例如内存变量的打印、保存、编辑和图形绘制等。这些操作都比较简单，只需要在工作区中选择相应的变量并右击，在弹出的快捷菜单（见图 1-7）中执行相应的菜单命令即可。

图 1-6 工作区窗口

在 MATLAB 中，数组和矩阵等都是十分重要的基础变量，因此 MATLAB 专门提供了变量编辑器工具用于编辑数据。

双击工作区窗口中的某个变量时，会在 MATLAB 主界面中弹出如图 1-8 所示的变量编辑器。在该编辑器中可以对变量及数组进行编辑操作，利用"绘图"选项卡下的功能命令还可以很方便地绘制各种图形。

图 1-7 对变量进行操作的快捷菜单

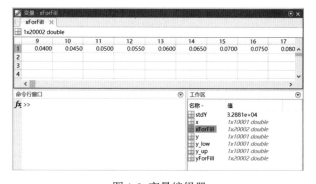

图 1-8 变量编辑器

【例 1-2】创建 A、i、j、k 四个变量，并查看内存变量的信息。随后删除内存变量 k，再查看内存变量的信息。

解：在命令行窗口中依次输入以下语句，随后会输出相应的结果。

```
>> clear
>> clc
>> A(2,2,2)=1;
>> i=6;          %此处 i 作为变量存在，MATLAB 中尽量避免使用 i、j 作为变量（见后文）
>> j=12;
>> k=18;
>> who           %查看工作区中的变量
   您的变量为：
   A  i  j  k
```

```
>> whos                    % 查看工作区中变量的详细信息
   Name      Size           Bytes  Class     Attributes
   A         2x2x2            64    double
   i         1x1               8    double
   j         1x1               8    double
   k         1x1               8    double
```

此时的命令行窗口与工作区如图 1-9 所示。继续在命令行窗口中输入以下语句：

```
>> clear k
>> who
   您的变量为：
   A  i  j
```

可以发现，执行 clear k 命令后，变量 k 被从工作区删除，在工作区浏览器中也被删除。

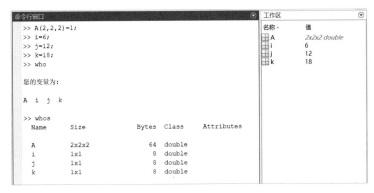

图 1-9　查看内存变量的信息

1.2　搜索路径

MATLAB 中大量的函数和工具箱文件存储在不同文件夹中，用户建立的数据文件、命令和函数文件也存放在指定的文件夹中。当需要调用这些函数或文件时，就需要找到它们所在的文件夹。

1.2.1　路径搜索机制

路径其实就是存储某个待查函数或文件的文件夹名称。当然，这个文件夹名称应包括盘符和逐级嵌套的子文件夹名。

例如，现有一个文件 djb_a01.m 存放在 D 盘 DingM 文件夹下的 Char01 子文件夹中，那么描述它的路径是 D:\DingM\Char01。若要调用这个 M 文件，可在命令行窗口或程序中将其表达为 D:\DingM\Char01\djb_a01.m。

> **说明** 在 MATLAB 中，一个符号出现在命令行窗口的语句或程序语句中可能会有多种解读，它也许是一个变量、特殊常量、函数名、M 文件或 MEX 文件等。具体应该识别成什么，就涉及搜索顺序的问题。

如果在命令提示符"＞＞"后输入符号 ding，或在程序语句中有一个符号 ding，那么 MATLAB 将试图按下列步骤搜索和识别 ding：

步骤 01 在 MATLAB 内存中进行搜索，看 ding 是否为工作区的变量或特殊常量。若是，则将其当成变量或特殊常量来处理，不再往下展开搜索；若不是，则转步骤（2）。

步骤 02 检查 ding 是否为 MATLAB 的内部函数，若是，则调用 ding 这个内部函数；若不是，则转步骤（3）。

步骤 03 继续在当前目录中搜索是否有名为 ding.m 或 ding.mex 的文件，若存在，则将 ding 作为文件调用；若不存在，则转步骤（4）。

步骤 04 继续在 MATLAB 搜索路径的所有目录中搜索是否有名为 ding.m 或 ding.mex 的文件存在，若存在，则将 ding 作为文件调用。

步骤 05 上述 4 步全部搜索完成后，若仍未发现 ding 这一符号的出处，则 MATLAB 将发出错误信息。必须指出的是，这种搜索是以花费更多执行时间为代价的。

1.2.2 设置搜索路径

在 MATLAB 中，设置搜索路径的方法有两种：一种是利用"设置路径"对话框；另一种是采用 path 命令。下面介绍利用"设置路径"对话框设置搜索路径。

在 MATLAB 主界面中单击"主页"→"环境"→"设置路径"按钮，将弹出如图 1-10 所示的"设置路径"对话框。

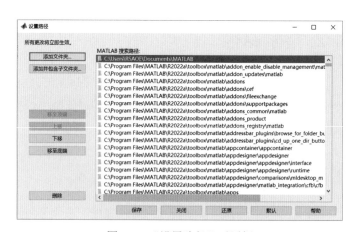

图 1-10 "设置路径"对话框

单击该对话框中的"添加文件夹"或"添加并包含子文件夹"按钮，将弹出一个如图 1-11 所示的"将文件夹添加到路径"对话框，利用该对话框可以从树形目录结构中选择欲指定为搜索路径的文件夹。

"添加文件夹"和"添加并包含子文件夹"两个按钮的不同之处在于，后者设置某个文件夹成为可搜索的路径后，其下级子文件夹将自动被加入搜索路径。

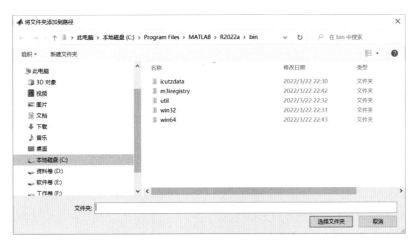

图 1-11　"将文件夹添加到路径"对话框

1.3　文件操作

MATLAB 文件的操作包括文件的打开与关闭、二进制文件的读写、文本文件的读写等。下面结合示例介绍文件的操作方法。

1.3.1　打开文件

在使用程序或创建一个磁盘文件时，必须向操作系统发出打开文件的命令，使用完毕后，还需要通知操作系统关闭这些文件。

在 MATLAB 中，利用函数 fopen() 可以打开一个文件并返回这个文件的文件标识数，其调用格式如下：

```
fid=fopen(fname,permission)    % 打开文件 fname，并返回大于或等于 3 的整数文件标识符
```

其中，fname 是要打开的文件的名字；fid 是一个大于或等于 3 的非负整数，称为文件标识，

对文件进行的任何操作都是通过这个标识值来传递的。permission 用于指定打开文件的模式（访问类型），可省略。permission 表示文件访问类型，具体如表 1-2 所示。

表1-2 文件访问类型

字 符 串	含 义
'r'	以只读方式打开文件，默认值
'w'	以写入方式打开或新建文件，写入时覆盖文件原有内容，如果文件名不存在，则生成新文件
'a'	增补文件，在文件末尾增加数据，如果文件名不存在，则生成新文件
'r+'	读/写文件，不生成文件
'w+'	以读/写方式打开或新建文件，如果文件存有数据，则在写入时删除数据，从文件的开头写入
'a+'	以读/写方式打开或新建文件，写入时从文件的最后追加数据
'A'	以写入方式打开或新建文件，从文件的最后追加数据。写入时不会自动刷新当前输出缓冲区
'W'	以写入方式打开或新建文件，如果文件存有数据，则删除其中的数据，从文件的开头写入数据。写入时不会自动刷新当前输出缓冲区

如果 MATLAB 要打开一个不在当前目录的文件，那么 MATLAB 将按搜索路径进行搜索。文件可以以二进制（默认）形式或文本形式打开，在二进制形式下，字符串不会被特殊对待。如果要求以文本形式打开文件，则需在 permission 字符串后面加 't'，如 'rt+v'、'wt+' 等。

【例 1-3】打开文件操作示例。

解：在命令行窗口中依次输入以下语句，打开相应的文件。

```
fid=fopen('exam.dat','r')        % 以只读方式打开二进制文件 exam.dat
fid=fopen('junk','r+')           % 打开文件 junk，并对其进行二进制形式的输入输出操作
fid=fopen('junk','w+')           % 创建新文件 junk，并对其进行二进制形式的输入输出操作
                                 % 如果该文件已存在，则旧文件内容将被删除
```

如果文件已存在，则将旧文件内容删除，替换已存在的数据，可以采用以下方式：

```
fid=fopen('outdat','w')          % 创建并打开输出文件 outdat，等待写入数据
```

如果文件已存在，则新的数据会被添加到已存在的数据中，不替换已存在的数据，可以采用以下方式：

```
fid=fopen('outdat','at')         % 打开要增加数据的输出文件 outdat，等待写入数据
```

在试图打开一个文件之后，检查错误是非常重要的。如果 fid 的值为 −1，则说明文件打开失败，系统会把这个问题报告给执行者，允许其选择其他文件或跳出程序。

1.3.2　关闭文件

在进行完读/写操作后,必须关闭文件,以免打开的文件过多造成资源浪费。在 MATLAB 中,利用函数 fclose() 可以实现文件的关闭操作,其调用格式如下:

```
fclose(fid)                    % 关闭文件标识为 fid 的文件
fclose('all')                  % 关闭所有文件
```

注意 打开和关闭文件的操作都比较费时,因此,尽量不要将其置于循环语句中,以提高程序执行效率。

1.3.3　读取二进制文件

在 MATLAB 中,函数 fread() 可以从文件中读取二进制数据,将每字节看成一个整数,将结果写入一个矩阵中并返回,其调用格式如下:

```
A=fread(fid)        % 将文件中的数据读取到列向量 A 中,并将文件指针定位在文件结尾标记处
A=fread(fid,sizeA)        % 将文件数据读取到维度为 sizeA 的数组 A 中 ( 按列顺序填充 A )
A=fread(fid,sizeA,precision)     % 根据 precision 描述的格式和大小解释文件中的值
```

其中,fid 是用 fopen 打开的一个文件的文件标识,A 是包含数据的数组,count 用来读取文件中变量的数目,sizeA 是要读取文件中变量的数目。

参数 precision 主要包括两部分:一是数据类型定义,如 int、float 等;二是一次读取的位数。默认情况下,precision 是 uchar 类型(8 位字符型)的。

【例 1-4】读 / 写二进制数据。

解: 默认存在一个 dingzx.m 文件,文件内容如下。运行程序后,得到的结果如图 1-12 所示。

```
a=1:.2:3*pi;
b=sin(2*a);
plot(a,b+1);
```

利用函数 fread() 读取此文件,在命令行窗口中输入以下命令:

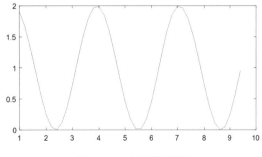

图 1-12　二进制数据图

```
>> fid=fopen('dingzx.m','r');
>> data=fread(fid);
```

在命令行窗口中输入如下代码进行验证：

```
>> disp(char(data'));
   a=1:.2:2*pi;
   b=sin(2*a);
   plot(a,b);
```

 **说明** 如果不用 char 将 data 转换为 ASCII 码字符，则输出的是一组整数，取 data 的转置是为了方便阅读。

【例 1-5】读取整个文件的 uint8 数据。

解：在命令行窗口中依次输入以下语句，随后会输出相应的结果。

```
>> fid=fopen('nine.bin','w');
>> fwrite(fid,[1:6]);          % 将一个六元素向量写入示例文件中，见后文
>> fclose(fid);
>> fid=fopen('nine.bin');
>> A=fread(fid)               % 返回一个列向量，文件中的每字节对应一个元素
A=
     1
     2
     3
     4
     5
     6
>> whos A                      % 查看 A 的相关信息
  Name       Size              Bytes  Class      Attributes
   A         6x1                  48  double
>> fclose(fid);
```

1.3.4 写入二进制文件

在 MATLAB 中，利用函数 fwrite() 可以将一个矩阵的元素按给定的二进制格式写入某个打开的文件中，并返回成功写入的数据个数，其调用格式如下：

```
fwrite(fid,A)             % 将数组 A 的元素按列顺序以 8 位无符号整数的形式写入二进制文件
fwrite(fid,A,precision)   % 按照 precision 说明的形式和大小写入 A 中的值
```

其中，fid 是用 fopen 打开的一个文件的文件标识，A 是读出变量的数组，count 是写入文件变量的数目，参数 precision 用于指定输出数据的格式。

【例 1-6】写入二进制文件。

下面的程序用于生成一个文件名为 dingwrt.bin 的二进制文件，包含 4×4 个数据，即 4 阶方阵，每个数据占用 8 字节的存储单位，数据类型为整型，输出变量 count 的值为 16。

```
>> fid=fopen('dingwrt.bin','w');
>> count=fwrite(fid,rand(4),'int32');
>> status=fclose(fid)
status=
     0
```

二进制文件无法用 type 命令显示文件内容，此时可采用下面的命令进行查看：

```
>> fid=fopen('dingwrt.bin','r');
>> data=(fread(fid,16,'int32'));
data=
     1   1   0   1   0   1   0   0   0   0   1   1   0   1   0   0
```

1.3.5　写入文本文件

在 MATLAB 中，利用函数 fprintf() 可以将数据转换成指定格式的字符串，并写入文本文件中，其调用格式如下：

```
fprintf(fid,formatSpec,A1,…,An)      % 按列顺序将字符串应用于数组 A1,…,An 的
                                     % 所有元素，并将数据写入一个文本文件中
fprintf(formatSpec,A1,…,An)          % 设置数据的格式并在屏幕上显示结果
```

其中，fid 由 fopen 产生，是要写入数据的那个文件的文件标识，如果 fid 丢失，则数据将写入标准输出设备（命令行窗口）；formatSpec 用于控制数据显示的字符串；A1,…,An 是 MATLAB 的数据变量。

fid 值也可以代表标准输出 (stdout) 的文件标识 1 和标准出错 (stderr) 的文件标识 2。如果 fid 字段省略，则默认值为 1，会被输出到屏幕上。常用的格式类型说明符如下：

- %e：科学记数形式，即将数值表示成 a×10b 的形式。
- %f：固定小数点位置的数据形式。
- %g：在上述两种格式中自动选取长度较短的格式。

可以用一些特殊格式，如 \n、\r、\t、\b、\f 等来产生换行、回车、Tab、退格、走纸等字符。此外，还可以包括数据占用的最小宽度和数据精度的说明。所有可能的转换指定符被列在表 1-3 中，可能的格式标识（修改符）被列在表 1-4 中。

表1-3 函数fprintf的格式转换指定符

指定符	描 述	指定符	描 述
%c	单个字符	%G	与%g类似，只不过要用到大写的E
%d	十进制表示（有符号）	%o	八进制表示（无符号）
%e	科学记数法（小写e，如3.1416e+00）	%s	字符串
%E	科学记数法（大写E，如3.1416E+00）	%u	十进制表示（无符号）
%f	固定点显示	%h	用十六进制表示（用小写字母af表示）
%g	%e和%f中的复杂形式，多余的零会被舍去	%H	用十六进制表示（用大写字母AF表示）

表1-4 格式标识（修改符）

标识（修改符）	描 述
负号（−）	数据在域中左对齐，如果没有这个符号，则默认为右对齐
+	输出时数据带有正负号
0	如果数据的位数不够，则用0填充前面的数

如果用格式化字符串指定域宽和精度，那么小数点前的数就是域宽，域宽是所要显示的数据所占的字符数；小数点后的数是精度，是指小数点后应保留的位数。

【例1-7】将一个平方根表写入 dingfp.dat 文件中。

解：在命令行窗口中依次输入以下语句，随后会输出相应的结果。

```
>> a=4:8;
>> b=[a; sqrt(a)];
>> fid=fopen('dingfp.dat','w');
>> fprintf(fid,' 平方根表 :\n');        % 输出标题文本
>> fprintf(fid,'%2.00f %5.5f\n',b);     % 输出变量b的值
>> fclose(fid);
>> type dingfp.dat                      % 查看文件的内容
平方根表：
 4 2.00000
 5 2.23607
 6 2.44949
 7 2.64575
 8 2.82843
```

1.3.6 读取文本文件

1. fscanf() 读取函数

若已知 ASCII 码文件的格式，要进行更精确的读取，则可用 fscanf() 函数从文件中读取格式化的数据，其调用格式如下：

```
A=fscanf(fid,formatSpec)          % 将打开的文本文件中的数据读取到列向量 A 中
A=fscanf(fid,formatSpec,sizeA)    % 将文件数据读取到维度为 sizeA 的数组 A 中
```

其中，fid 是所要读取文件的文件标识；formatSpec 用于控制如何读取格式字符串；A 是接收数据的数组；参数 sizeA 指定从文件中读取数据的数目，它可以是一个整数 n 或 [n,m]，也可以是 Inf。

- n：表示准确地读取 n 个值，执行完后，A 将是一个包含 n 个值的列向量。
- [n,m]：表示从文件中精确地读取 n×m 个值，A 是一个 n×m 的数组。
- Inf：表示读取文件中的所有值，执行完后，A 将是一个列向量，包含从文件中读取的所有值。

格式字符串用于指定所要读取数据的格式，格式字符串由普通字符和格式转换指定符组成。函数 fscanf() 把文件中的数据与文件字符串的格式转换指定符进行对比，只要两者匹配，函数 fscanf() 就对值进行转换并把它存储在输出数组中。这个过程直到文件结束或读取的文件数目达到 size(A) 才会结束。

formatSpec 用于指定读入数据的类型，其常用的格式如下。

- %s：按字符串进行输入转换。
- %d：按十进制数据进行转换。
- %f：按浮点数进行转换。

【例 1-8】读取文本文件中的数据。

解：在命令行窗口中依次输入以下语句，随后会输出相应的结果。

```
>> x=100*rand(4,1);
>> fid=fopen('dingfc.txt','w');
>> fprintf(fid,'%4.4f\n',x);      % 创建一个包含浮点数的示例文本文件
>> fclose(fid);
>> type dingfc.txt                % 查看文件的内容
83.0829
58.5264
54.9724
```

```
                91.7194
>> fid=fopen('dingfc.txt','r');          % 打开要读取的文件并获取文件标识符
>> formatSpec='%f';                      % 定义要读取的数据的格式，'%f' 指定浮点数
>> A=fscanf(fid,formatSpec)              % 读取文件数据并按列顺序填充输出数组 A
A=
    83.0829
    58.5264
    54.9724
    91.7194
>> fclose(fid);                          % 关闭文件
```

2. fgetl() 和 fgets() 读取函数

如果需要读取文本文件中的某一行，并将该行的内容以字符串形式返回，则可采用 fgetl() 和 fgets() 函数实现，其调用格式如下：

```
tline=fgetl(fid)          % 从文件中把下一行（最后一行除外）当作字符串来读取，并删除换行符
tline=fgets(fid)          % 从文件中把下一行（包括最后一行）当作字符串来读取，并包含换行符
tline=fgets(fid,nchar)            % 返回下一行中的最多 nchar 个字符
```

其中，fid 是所要读取的文件的标识；tline 是接受数据的字符数组，如果函数遇到文件的结尾，则 tline 的值为 −1。

> 提示 以上两个函数的功能很相似，均可从文件中读取一行数据，区别在于 fgetl() 会舍弃换行符，而 fgets() 则保留换行符。

【例 1-9】读取文件 badpoem.txt（内置文件）的一行内容，并比较两种读取方式。

解：在命令行窗口中依次输入以下语句，随后会输出相应的结果。

```
>> fid=fopen('badpoem.txt');     % 打开文件
>> line_ex=fgetl(fid)            % 读取第一行，读取时排除换行符
line_ex=
'Oranges and lemons,
>> frewind(fid);                 % 再次读取第一行，首先将读取位置指针重置到文件的开头
>> line_in=fgets(fid)            % 读取第一行，读取时包含换行符
line_in=
    'Oranges and lemons,
    '
% 通过检查 fgetl 和 fgets 函数返回的行的长度，比较二者的输出
>> length(line_ex)
ans=19
>> length(line_in)
ans=20
>> fclose(fid);                  % 关闭文件
```

1.4　数据存取

在 MATLAB 中，可使用向导或函数将外部的数据文件导入 MATLAB 工作区中，然后进行分析和处理。

1.4.1　使用向导导入数据

操作步骤如下：

步骤 01 在 MATLAB 主界面中单击"主页"→"变量"→"导入数据"按钮，在弹出的"导入数据"对话框中选择要导入的数据文件。

步骤 02 选中"线路数据 .xlsx"，单击"打开"按钮，即可弹出如图 1-13 所示的"导入"编辑器。

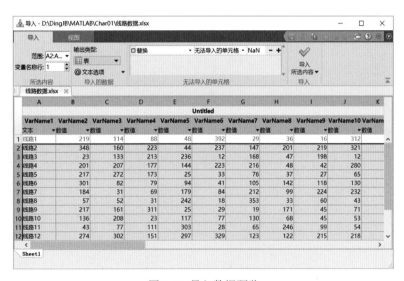

图 1-13　导入数据预览

步骤 03 在该编辑器中进行导入数据的设置，选中需要导入的数据，然后单击"导入所选内容"按钮即可将数据导入工作区。

步骤 04 如果选中的不是电子表格，如 A.mat 文件，则会弹出如图 1-14 所示的"导入向导"对话框，根据导入向导的提示进行设置，最后单击"完成"按钮即可将数据导入工作区。

另外，在工作区中选中需要保存的数据（与 Ctrl、Shift 键组合使用可实现多选），然后右击，在弹出的快捷菜单中执行"另存为"命令，即可保存工作区的数据。

在 MATLAB 中，单击工作区右上角的下拉按钮，在弹出的下拉菜单中执行相应的命令也可以实现数据文件的存取，如图 1-15 所示。

图 1-14 "导入向导"对话框

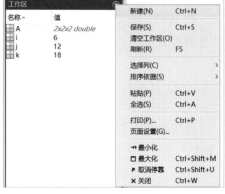

图 1-15 在工作区实现数据文件的存取

1.4.2 使用函数存取数据

MATLAB 提供了 save() 和 load() 函数实现工作区数据文件的存取。其中，利用 save() 函数可以将工作区变量保存到文件中，其调用格式如下：

```
save(fname)              % 将当前工作区中的所有变量保存在 fname 文件（MAT 格式）中
save(fname,var)          % 仅保存 var 指定的结构体数组的变量或字段
save(fname,var,fmt)      % 以 fmt 指定的文件格式保存，var 为可选参数
```

【例 1-10】存取数据文件示例。

解：在命令行窗口中依次输入以下语句，随后会输出相应的结果。

```
>> p=rand(1,4)
p=
    0.4218    0.9157    0.7922    0.9595
>> q=ones(3)
q=
     1    1    1
     1    1    1
     1    1    1
>> save('test.mat')                         % 函数形式
>> save('test.mat','p')                     % 当输入为变量或字符串时，不要使用命令格式
>> save('test.mat','p','q')                 % 将两个变量 p 和 q 保存到 test.mat 文件中
>> save('test.txt','p','q','-ascii')        % 保存到 ASCII 文件中
>> type('test.txt')                         % 查看文件
```

```
4.2176128e-01    9.1573553e-01    7.9220733e-01    9.5949243e-01
1.0000000e+00    1.0000000e+00    1.0000000e+00
1.0000000e+00    1.0000000e+00    1.0000000e+00
1.0000000e+00    1.0000000e+00    1.0000000e+00
```

同样，利用 load 命令可以将文件变量加载到工作区中，其调用格式如下：

```
load(fname)              % 从 fname 加载数据，若 fname 是 MAT 文件，则直接将变量加载到工作区
                         % 若 fname 是 ASCII 文件，则会创建一个包含该文件数据的双精度数组
load(fname,var)                % 加载 MAT 文件 fname 中的指定变量
load(fname,'-ascii')           % 将 fname 视为 ASCII 文件
load(fname,'-mat')             % 将 fname 视为 MAT 文件
load(fname,'-mat',var)         % 加载 fname 中的指定变量
```

【例 1-11】加载示例 MAT 文件 gong.mat 中的所有变量。

解：在命令行窗口中依次输入以下语句，随后会输出相应的结果。

```
>> whos                                   % 查看当前工作区中的变量
  Name          Size              Bytes  Class      Attributes
  filename      1x8                  16  char
  p             1x4                  32  double
  q             3x3                  72  double

>> whos('-file','gong.mat')                % 查看 gong.mat 文件中的变量
  Name          Size              Bytes  Class      Attributes
  Fs            1x1                   8  double
  y             42028x1          336224  double
>> load('gong.mat')                        % 将变量加载到工作区
>> whos
  Name          Size              Bytes  Class      Attributes
  Fs            1x1                   8  double
  p             1x4                  32  double
  q             3x3                  72  double
  y             42028x1          336224  double

>> load gong.mat                           % 使用命令语法加载变量，结果同上
```

在 MATLAB 中，还可以利用函数 importdata() 导入数据，这里不再赘述。

【例 1-12】使用命令 importdata 导入数据。

解：（1）建立 ex01_1.txt 文件，内容如下：

```
Day1      Day2      Day3      Day4      Day5      Day6      Day7
95.01     76.21     61.54     40.57     5.79      20.28     1.53
23.11     45.65     79.19     93.55     35.29     19.87     74.68
```

60.68	1.85	92.18	91.69	81.32	60.38	44.51
48.60	82.14	73.82	41.03	0.99	27.22	93.18
89.13	44.47	17.63	89.36	13.89	19.88	46.60

（2）在命令行窗口输入：

```
filename='ex01_1.txt';
delimiterIn=' ';
headerlinesIn=1;
A=importdata(filename,delimiterIn,headerlinesIn);
for k =3:5
    disp(A.colheaders{1, k})
    disp((A. data(:, k))')
    disp(' ')
end
```

输出结果为：

```
   Day3
61.5400    79.1900    92.1800    73.8200    17.6300
   Day4
40.5700    93.5500    91.6900    41.0300    89.3600
   Day5
5.7900    35.2900    81.3200    0.9900    13.8900
```

1.5 帮助系统

帮助系统是 MATLAB 的重要组成部分，对于所有用户（无论是初学者还是有一定经验的用户），MATLAB 帮助系统都可以提供极大的帮助。

1.5.1 文本帮助

MATLAB 中的所有函数，无论是内建函数、M 文件函数还是 MEX 文件函数等，都有使用帮助和函数功能说明；即使是工具箱，通常也有一个与工具箱名称相同的 M 文件来说明工具箱的构成。在 MATLAB 中，常见的帮助命令如表 1-5 所示。

表1-5 常见的帮助命令

命　　令	功　　能	命　　令	功　　能
demo	运行MATLAB演示程序	helpwin	运行帮助窗口，列出函数组的主题
help	获取在线帮助	which	显示指定函数或文件的路径

（续表）

命　令	功　　能	命　令	功　　能
who	列出当前工作区窗口中的所有变量	whos	列出当前工作空间中变量的更多信息
doc	在浏览器中显示指定内容的HTML格式帮助文件或启动helpdesk	what	列出当前目录或指定目录下的M文件、MAT文件和MEX文件
exist	检查变量、脚本、函数、文件夹或类的存在性	lookfor	按照指定的关键字查找所有相关的M文件

其中，help 是在命令行窗口中显示帮助信息；lookfor 是在所有的帮助条目中搜索关键字，通常用于查询具有某种功能而不知道准确名字的命令，它们的调用格式如下：

```
help name            % 查询 name（可以是函数、方法、类、工具箱或变量等）指定的帮助信息
lookfor keyword      % 在搜索路径中的所有 MATLAB 程序文件的第一个注释行（H1 行）中，
                     % 搜索指定的关键字，搜索结果显示所有匹配文件的 H1 行
lookfor keyword -all % 搜索 MATLAB 程序文件的第一个完整注释块
```

下面通过简单的示例说明如何使用 MATLAB 的帮助命令获取需要的帮助信息。

【例 1-13】了解 fft() 函数的使用方法。

解：根据 MATLAB 的帮助系统，用户可以查阅不同范围的帮助信息，具体如下。

（1）在命令行窗口中输入：

```
>> help fft          % 按 Enter 键，查阅如何在 MATLAB 中使用 fft() 函数
```

此时的命令行窗口如图 1-16 所示。该窗口中显示了如何在 MATLAB 中使用 fft() 函数的帮助信息，用户可以详细阅读此信息来学习如何使用 fft() 函数。

（2）继续在命令行窗口中输入：

```
>> lookfor fft
```

命令行窗口将会输出：

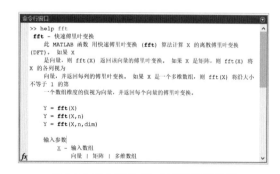

图 1-16　在 MATLAB 中查阅帮助信息

```
fft    - Discrete Fourier transform.
fft2    - Two-dimensional discrete Fourier Transform.
fftn    - N-dimensional discrete Fourier Transform.
fftshift - Shift zero-frequency component to center of spectrum.
fftw    - Interface to FFTW library run-time algorithm tuning control.
...
```

其左侧为文件名，右侧为文件的基本描述。根据需要，我们可以查看需要查看的内容。

（3）继续在命令行窗口中输入：

```
>> doc fft
```

此时会弹出帮助中心窗口，在该窗口中可以查看相关帮助信息。

1.5.2 演示帮助

MATLAB 提供了直观便捷的示例演示帮助，帮助用户更好地学习 MATLAB 所具有的功能。示例演示帮助一般可以通过以下两种方式打开。

● 在主界面单击"主页"→"资源"→"帮助"下的"示例"按钮。

● 在命令行窗口输入 demos 命令。

执行命令后都会弹出如图 1-17 所示的示例"帮助"窗口。在 MATLAB "示例"标题下有"基本矩阵运算""傅里叶变换""创建常见的二维图"等一系列演示示例。

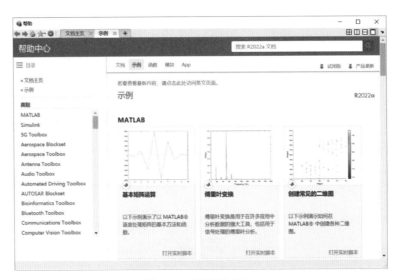

图 1-17　"帮助"窗口

● 单击相应的标题，可以快速跳转到相应的帮助文档。

● 单击"打开实时脚本"，可在主界面窗口中打开实时编辑器，在此演示示例。

演示系统对于学习工具箱应用以及 MATLAB 各个方面应用的用户都非常有意义。通过演示示例，读者可以快速、直观地掌握某一工具的使用方法。

1.5.3　帮助导航窗口

帮助导航窗口是 MATLAB 为读者提供的一个独立的帮助子系统，包含的所有帮助文件都存储在 MATLAB 安装目录下的 /help 子目录下。通过以下 4 种方法可以打开如图 1-18 所示的帮助导航窗口。

- 在主界面单击"主页"→"资源"→"帮助"下的"文档"按钮。
- 在命令行窗口输入 helpbrowser 命令。
- 在命令行窗口输入 helpdesk 命令。
- 在程序界面按 F1 键。

在帮助导航窗口中的搜索框内输入相应的关键词，可以直接查询有关信息，也可以采用单击相应链接标题的方式逐步打开相关信息。

帮助导航窗口中的所有帮助信息都按照知识点分门别类地进行了组织排列。一旦熟悉了这些一级目录，用户可以很方便地缩小查询范围，实现快捷查询。

图 1-18　帮助导航窗口

1.6　本章小结

本章介绍了 MATLAB 的工作环境、文件操作、数据存取以及帮助系统等内容，旨在向读者初步展示 MATLAB。虽然本章中很多内容只是简单提到，但在实际使用 MATLAB 时会非常有用。尤其是对帮助系统的运用，几乎对于任何用户而言都是不可或缺的。希望本书的读者能够牢记这一点。

第2章

数据类型与基本运算

掌握 MATLAB 基础知识是学习 MATLAB 的关键点之一。本章涉及的内容包括 MATLAB 数据类型、运算符与运算、矩阵基础知识。通过学习这些内容，可以逐步将已学的数学基础知识融入 MATLAB 的学习中。

2.1 数据类型

MATLAB 的主要数据类型如图 2-1 所示，主要包括数值类型、字符类型、结构体、元胞数组和函数句柄等。本节主要介绍这些基础数据类型及其相关的基本操作。

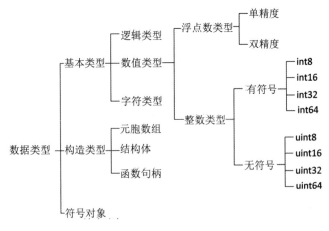

图 2-1 MATLAB 的主要数据类型

2.1.1 数值类型

数值类型按数值在计算机中存储与表达的基本方式进行分类，主要有整数（有符号与无符号）和浮点数（单精度与双精度）两类。在默认情况下，MATLAB 对所有数值按照双精度浮点数类型进行存储等操作。

相对于双精度浮点数类型数据，整数类型与单精度浮点类型数据的优点在于节省变量占用的内存空间，在满足精度要求的情况下，可以考虑优先采用。根据需要可以指定系统按照整数类型或单精度浮点类型对指定的数字或数组进行存储、运算等操作。

1．整数类型

MATLAB 中提供了 4 种有符号整数类型和 4 种无符号整数类型：有符号整数类型可以表示整数和负数，而无符号整数类型仅能表示正数。这 8 种类型的存储占用位数、可表示的数值范围以及转换函数均不相同，具体细节可参考表 2-1。

表2-1　MATLAB中的整数类型

整　数　型	数值范围	转换函数	整　数　型	数值范围	转换函数
有符号8位整数	$-2^7\sim2^7-1$	int8	无符号8位整数	$0\sim2^8-1$	uint8
有符号16位整数	$-2^{15}\sim2^{15}-1$	int16	无符号16位整数	$0\sim2^{16}-1$	uint16
有符号32位整数	$-2^{31}\sim2^{31}-1$	int32	无符号32位整数	$0\sim2^{32}-1$	uint32
有符号64位整数	$-2^{63}\sim2^{63}-1$	int64	无符号64位整数	$0\sim2^{64}-1$	uint64

提示　不同的整数类型所占用的位数不同，因此可表示的数值范围也不同。在实际应用中，应根据实际需要合理选择合适的整数类型。有符号整数类型拿出一位来表示正、负，因此表示的数据范围和相应的无符号整数类型不同。

【例 2-1】通过转换函数创建整数类型数据。

解：在命令行窗口中依次输入以下语句，随后会输出相应的结果。

```
>> x=105; y=105.49; z=105.5;
>> xx=int16(x)                  % 把默认 double 类型变量 x 强制转换成 int16 类型
xx=
  int16
  105
>> yy=int32(y)
yy=
  int32
```

```
    105
>> zz=int32(z)
zz=
    int32
    106
```

由于 MATLAB 中数值的默认存储类型都是双精度浮点类型，因此在将变量设置为整数类型时，需要使用表 2-2 所示的转换函数，将双精度浮点数转换为指定的整数类型。

表2-2　MATLAB中的取整函数

函　数	说　明	示　例
floor(a)	获取不大于a的最接近的整数	floor(1.4)=1, floor(3.5)=3, floor(-3.5)=-4
ceil(a)	获取不小于a的最接近的整数	ceil(1.4)=2, ceil(3.5)=4, ceil(-3.5)=-3
round(a)	获取最接近a的整数，即四舍五入取整 小数部分是0.5时，向绝对值大的方向取整	round(1.4)=1, round(3.5)=4, round(-3.5)=-4
fix(a)	向0方向取整	fix(1.4)=1, fix(3.5)=3, fix(-3.5)=-3

2. 浮点数类型

MATLAB 中提供了单精度浮点数类型和双精度浮点数类型，其存储位宽、可表示的数值范围、数值精度各方面均不相同，具体细节可参考表 2-3。

表2-3　MATLAB中浮点数型的比较

类　型	位　宽	各数据位的作用	数值范围	转换函数
单精度 浮点数	32	0～22位表示小数部分 23～30位表示指数部分 31位表示符号（0为正，1为负）	$-3.40282 \times 10^{+38} \sim -1.17549 \times 10^{-38}$ $1.17549 \times 10^{-38} \sim 3.40282 \times 10^{+38}$	single
双精度 浮点数	64	0～51位表示小数部分 52～62位表示指数部分 63位表示符号（0为正，1为负）	$-1.79769 \times 10^{+308} \sim -2.22507 \times 10^{-308}$ $2.22507 \times 10^{-308} \sim 1.79769e \times 10^{+308}$	double

MATLAB 中的默认数值类型为双精度浮点类型，但可以通过转换函数来创建单精度浮点类型。

双精度浮点数参与运算时，返回值的类型依赖于参与运算的其他数据类型。参与运算的其他数据为逻辑类型、字符类型时，返回结果为双精度浮点类型；其他数据为整数类型时，返回结果为相应的整数类型；其他数据为单精度浮点类型时，返回结果为相应的单精度浮点类型。

> **注意** 在 MATLAB 中，单精度浮点类型不能与整数类型直接进行算术运算。

【例 2-2】 查看双精度数与其他类型数的运算结果的类型。

解： 在命令行窗口中依次输入以下语句，随后会输出相应的结果。

```
>> clear                          % 清除工作区的所有数据
>> a=uint32(1);
>> b=single(1.0);
>> c=1.0;
>> a1=a*c;
>> b1=b*c;
>> c1=c*c;
>> whos                           % 查看工作区中变量的大小和类型
  Name      Size            Bytes  Class     Attributes
  a         1x1                 4  uint32
  a1        1x1                 4  uint32
  b         1x1                 4  single
  b1        1x1                 4  single
  c         1x1                 8  double
  c1        1x1                 8  double
```

提示　该结果表明双精度数与其他类型数的求解结果由其他数据类型决定。

继续在命令行窗口输入：

```
>> a=uint32(1);
>> b=single(22.809);
>> ab=a*b;
错误使用   *
整数只能与同类的整数或双精度标量值组合使用。
```

3．复数

复数由实部和虚部两部分构成。在 MATLAB 中，字符 i 或 j 默认作为虚部标志。读者可以直接按照复数形式输入或者利用函数 complex() 创建复数。复数的相关函数如表 2-4 所示。

表2-4　MATLAB中复数的相关函数

函　　数	说　　明	函　　数	说　　明
complex(a,b)	构造以a为实部、b为虚部的复数	i,j	虚部标识
real(z)	返回复数z的实部	imag(z)	返回复数z的虚部
abs(z)	返回复数z的模	angle(z)	返回复数z的辐角
conj(z)	返回复数z的共轭复数		

【例 2-3】复数基本操作示例。

解：在命令行窗口中依次输入以下语句，随后会输出相应的结果。

```
>> c1=complex(3,5)
c1 =
   3.0000 + 5.0000i
>> c2=6+2i
c2 =
   6.0000 + 2.0000i
>> c=c1-c2
c =
  -3.0000 + 3.0000i
>> r1=real(c)
r1 =
    -3
>> i1=imag(c)
i1 =
     3
>> a1=abs(c)
a1 =
   4.2426
>> ag1=angle(c)
ag1 =
   2.3562
>> cn1=conj(c)
cn1 =
  -3.0000 - 3.0000i
```

4. 无穷量（Inf）和非数值量（NaN）

在 MATLAB 中，使用 Inf 和 -Inf 分别代表正无穷量和负无穷量，而 NaN 表示非数值量。正负无穷量一般由于运算溢出而产生，非数值量则是由于类似 0/0 或 Inf/Inf 这类的非正常运算而产生的。

MATLAB 提供 Inf() 函数和 NaN() 函数来创建指定数值类型的无穷量和非数值量，生成结果（默认为双精度浮点类型）中还有一种特殊的指数类型的数据叫作非数，通常表示运算得到的数值结果超出了运算范围。非数的实部用 NaN 表示，虚部用 InF 表示。

【例 2-4】无穷量及非数值量的产生和性质。

解：在命令行窗口中依次输入以下语句，随后会输出相应的结果。

```
>> clear
>> a=0/0
```

```
a =
    NaN
>> a1=1/0
a1 =
    Inf
>> b=log(0)
b =
   -Inf
>> c=exp(1000)
c =
    Inf
>> d=NaN-NaN
d =
    NaN
>> whos
  Name        Size              Bytes  Class      Attributes
  a           1x1                   8  double
  a1          1x1                   8  double
  b           1x1                   8  double
  c           1x1                   8  double
  d           1x1                   8  double
```

2.1.2　字符类型

MATLAB 将文本视为特征字符串或简单字符串。这些字符串可以在屏幕上显示，也可以用来构成命令。字符串是存储在行向量中的文本，其中的每一个元素代表一个字符。

字符串通常是 ASCII 值的数值数组，以字符串表达式形式显示。可以通过下标访问字符串中的任一元素，也可以通过矩阵下标索引访问，但是矩阵的每行字符数必须相同。

【例 2-5】字符串属性示例。

解：在命令行窗口中依次输入以下语句，随后会输出相应的结果。

```
>> clear
>> string='good boy'
string =
    'good boy'
>> s1=abs(string)
s1 =
   103   111   111   100    32    98   111   121
>> s2=abs(string+'0')
s2 =
   151   159   159   148    80   146   159   169
```

```
>> whos
  Name        Size           Bytes  Class      Attributes
  s1          1x8              64    double
  s2          1x8              64    double
  string      1x8              16    char
```

2.1.3 结构体

在 MATLAB 中，一个结构体可以通过字段存储多个不同类型的数据。结构体类似于一个数据容器，可以把多个相关联的不同类型的数据封装在一个结构对象中。

一个结构体中可以具有多个字段，每个字段又可以存储不同类型的数据，这样就可以把多个不同类型的数据组织在一个结构对象中了。

譬如，结构体 patient 中有 3 个字段，如图 2-2 所示。

① 姓名字段 name，存储一个字符串类型的数据。

② 账单字段 billing，存储一个浮点数值。

③ 成绩字段 test，存储三维浮点数矩阵。

下面讲解创建、访问和连接结构对象等基本操作。

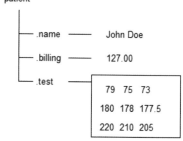

1. 创建结构体对象

图 2-2 结构体 patient 的示意图

创建结构体对象的方法有两种：一是通过赋值语句给结构体的字段赋值；二是使用 struct 函数创建结构体。

1）通过字段赋值创建结构体

在对结构体的字段进行赋值时，赋值表达式的变量名使用"结构体名称.字段名称"的形式书写，对同一个结构可以进行多个字段的赋值。

【例 2-6】通过赋值创建结构。

解：在命令行窗口中依次输入以下语句，随后会输出相应的结果。

```
>> clear,clc
>> patient.name='John Doe';
>> patient.billing=127.00;
>> patient.test=[79, 75, 73; 180, 178, 177.5; 220, 210, 205];
>> patient
patient=
    包含以下字段的 struct:
```

```
        name: 'John Doe'
     billing: 127
        test: [3×3 double]
>> whos
  Name          Size              Bytes  Class     Attributes
  patient       1x1                 600  struct
```

在本例中，通过对 3 个字段赋值，创建了结构体对象 patient，然后用 whos 函数分析出 patient 是一个 1×1 的结构体数组。

> 提示　进行赋值操作时，对于没有明确赋值的字段，MATLAB 默认赋值为空数组。通过圆括号索引进行字段赋值，还可以创建任意尺寸的结构体数组。另外，同一个结构体数组中的所有结构体对象具有相同的字段组合。

2）利用 struct() 函数创建结构体

在 MATLAB 中，利用 struct() 函数可以创建结构体，其调用格式如下：

```
s=struct                             % 创建不包含任何字段的标量 (1×1) 结构体
s=struct(field,value)                % 创建具有指定字段和值的结构体数组
s=struct(field1,value1,…,fieldN,valueN)  % 创建包含多个字段的结构体数组
s=struct([])                         % 创建不包含任何字段的空 (0×0) 结构体
```

【例 2-7】通过 struct() 函数创建结构体。

解：在命令行窗口中依次输入以下语句，随后会输出相应的结果。

```
>> clear,clc
>> patient=struct('name','John Doe','billing',127.00,…
                  'test',[79,75,73; 180, 178, 177.5; 220,210,205])
patient=
        name: 'John Doe'
     billing: 127
        test: [3x3 double]
>> whos
  Name          Size              Bytes  Class     Attributes
  patient       1x1                 600  struct
```

> 说明　MATLAB 语句最后的…为续行符，表示续行。

2. 访问结构体对象

通过结构体对象的字段及其在结构体对象组中的位置可以访问结构体对象。

【例 2-8】访问结构体对象。

解：在命令行窗口中依次输入以下语句，随后会输出相应的结果。

```
>> clear,clc
>> patient(1)=struct('name','John Doe','billing',127.00,…
                     'test',[79,75,73;180,178,177.5;220,210,205]);
>> patient(2).name= 'Tim Burg';
>> patient(2).billing=335.00;
>> patient(2).test=[89,80,72;183,175,172.5;221,211,204];
>> p1=patient(1)
p1=
    包含以下字段的 struct:
        name: 'John Doe'
     billing: 127
        test: [3×3 double]
>> p2= patient(2)
p2=
    包含以下字段的 struct:
        name: ' Tim Burg '
     billing: 335
        test: [3×3 double]
>> p1name=patient(1).name
p1name =
    'John Doe'
>> p2name=patient(2).name
p2name =
    ' Tim Burg '
```

3. 连接结构体对象

使用直接连接的方式（通过"[]""；"","及空格等实现）可以将结构体对象连接起来。

【例 2-9】连接结构体对象。

解：在命令行窗口中依次输入以下语句，随后会输出相应的结果。

```
>> clear,clc
>> patient1=struct('name','John Doe','billing',127.00, …
                   'test',[79,75,73;180, 178,177.5; 220,210,205]);
>> patient2=struct('name','Tim Burg','billing',128.00, …
                   'test',[79,75,73;180, 178,177.5; 220,210,205]);
>> patient=[patient1; patient2]          %注意；与，的区别
patient=
包含以下字段的 2×1 struct 数组:
```

```
        name
        billing
        test
>> whos
    Name              Size              Bytes    Class Attributes
    patient           2x1               1008     struct
    patient1          1x1                600     struct
    patient2          1x1                600     struct
```

从结果中可以看出，patient 结构体对象由 patient1 和 patient2 连接而成。

2.1.4 元胞数组

元胞数组（Cell Arrays）是一种广义矩阵，每一个元胞可以包括一个任意数组，如数值数组、字符串数组、结构体数组或另一个元胞数组等，因而每一个元胞可以具有不同的尺寸和内存占用空间。

1. 创建元胞数组

元胞数组的创建有以下两种方法：

（1）使用赋值语句：元胞数组使用花括号"{}"来创建，使用逗号","或空格分隔单元，使用分号";"来分行。

（2）使用 cell() 函数创建空元胞数组，其调用格式如下：

```
C=cell(n)            % 返回由空矩阵构成的 n×n 元胞数组
C=cell(sz)           % 返回由空矩阵构成的元胞数组，并由大小向量 sz 来定义数组大小 size(C)
                     % 如 cell([2 3]) 返回一个 2×3 的元胞数组
C=cell(sz1,…,szN)    % 返回由空矩阵构成的 sz1×…×szN 元胞数组
                     % sz1,…,szN 为各维度的大小，如 cell(2,3) 返回一个 2×3 的元胞数组
```

【例 2-10】创建元胞数组。

解：在命令行窗口中依次输入以下语句，随后会输出相应的结果。

```
>> clear,clc
>> A={'x',[2;3;6];10,2*pi}
A =
  2×2 cell 数组
    {'x' }    {3×1 double}
    {[10]}    {[  6.2832]}
>> B=cell(2,2)
```

```
B =
  2×2 cell 数组
    {0×0 double}    {0×0 double}
    {0×0 double}    {0×0 double}
>> whos                              % 查看变量的大小和类型
  Name        Size            Bytes  Class      Attributes
  A           2x2               458  cell
  B           2x2                32  cell
```

> 提示 使用 cell() 函数创建空元胞数组主要是为该元胞数组预先分配连续的存储空间，提高执行效率。

2. 访问元胞数组

在元胞数组中，元胞和元胞中的内容属于不同范畴，这意味着寻访元胞和元胞中的内容是两个不同的操作。MATLAB 分别为它们设计了相对应的操作对象：元胞外标识和元胞内编址。

- 元胞外标识使用圆括号进行操作，对于元胞数组 C，C(m,n) 指的是元胞数组中第 m 行第 n 列的元胞。

- 元胞内编址使用花括号进行操作，对于元胞数组 C，C{m,n} 指的是元胞数组中第 m 行第 n 列的元胞中的内容。

【例 2-11】元胞数组的访问。

解： 在命令行窗口中依次输入以下语句，随后会输出相应的结果。

```
>> clear
>> A={'x',[2;3;6];10,2*pi}
A =
  2×2 cell 数组
    {'x' }    {3×1 double}
    {[10]}    {[  6.2832]}
>> b=A(1,2)
b =
  1×1 cell 数组
    {3×1 double}
>> C=A{1,2}
C =
    2
    3
    6
```

3．元胞数组的操作

元胞数组的操作包括合并、删除元胞数组中的指定元胞和改变元胞数组的形状等。

1）元胞数组的合并

【例 2-12】元胞数组的合并。

解： 在命令行窗口中依次输入以下语句，随后会输出相应的结果。

```
>> clear,clc
>> A={'x',[2;3;6];10,2*pi};
>> B={'Jan'}
B =
  1×1 cell 数组
    {'Jan'}
>> C={A B}
C =
  1×2 cell 数组
    {2×2 cell}    {1×1 cell}
>> whos                        % 查看变量的大小和类型，输出略
```

2）删除元胞数组中的指定元胞

如果要删除元胞数组中指定的某个元胞，只需要将空矩阵赋给该元胞，即 C{ m,n}=[]。

【例 2-13】删除元胞数组中的指定元胞。

解： 在命令行窗口中依次输入以下语句，随后会输出相应的结果。

```
>> clear,clc
>> A={'x',[2;3;6];10,2*pi};
>> A{1,2}=[];
>> A1=A
A1 =
  2×2 cell 数组
    {'x' }    {0×0 double}
    {[10]}    {[  6.2832]}
>> whos                        % 查看变量的大小和类型，输出略
```

3）改变元胞数组的形状

在 MATLAB 中，利用 reshape() 函数可以改变元胞数组的形状，其调用格式如下：

```
B=reshape(A,sz)          % 使用大小向量 sz（至少 2 个元素）重构 A 以定义 size(B)
B=reshape(A,sz1,…,szN)   % 将 A 重构为一个 sz1×…×szN 数组
```

> **说明** 可以指定某个维度大小为 []，以便自动计算维度大小，以使 B 中的元素数与 A 中的元素数相匹配。例如，A 是一个 10×10 的矩阵，则 reshape(A,2,2,[]) 将 A 的 100 个元素重构为一个 2×2×25 的数组。

【例 2-14】改变元胞数组的形状。

解：在命令行窗口中依次输入以下语句，随后会输出相应的结果。

```
>> clear,clc
>> A={'x',[2;3;6];10,2*pi}
A =
  2×2 cell 数组
    {'x' }    {3×1 double}
    {[10]}    {[  6.2832]}
>> newA=reshape(A,1,4)
newA =
  1×4 cell 数组
    {'x'}    {[10]}    {3×1 double}    {[6.2832]}
>> whos                                    % 查看变量的大小和类型，输出略
```

2.1.5 函数句柄

在 MATLAB 中，利用函数句柄可以实现对函数的间接调用，这是 MATLAB 提供的一种间接调用函数的方法。对于 MATLAB 库函数中的函数或自定义函数，均可以创建函数句柄，进而通过函数句柄来实现对这些函数的间接调用。

创建函数句柄需要使用到操作符 @，其语法格式如下：

```
Function_Handle=@Function_Filename
```

其中，Function_Filename 是函数所对应的 M 文件的名称或 MATLAB 内部函数的名称；@ 是句柄创建操作符；Function_Handle 变量保存了这一函数句柄，并在后续的运算中作为数据流进行传递。

【例 2-15】函数句柄的创建与调用。

解：在命令行窗口中依次输入以下语句，随后会输出相应的结果。

```
>> clear,clc
>> F_Handle=@sin
```

```
F_Handle =
  包含以下值的 function_handle:
    @sin
>> x=0:0.25*pi:pi;
>> F_Handle(x)                    % 通过函数句柄调用函数
ans =
         0    0.7071    1.0000    0.7071    0.0000
```

MATLAB 库函数提供了大量处理函数句柄的操作函数，将函数句柄的功能与其他数据类型联系起来，扩展了函数句柄的应用。函数句柄的简单操作函数如表 2-5 所示。

表2-5　函数句柄的操作函数

函数名称	函数功能
function_handle或@	间接调用函数
func2str(fh)	将函数句柄转换为函数名称字符串
str2func(str)	将字符串代表的函数转换为函数句柄
functions(fh)	返回函数句柄的信息，即存储函数名称、类型及文件名的结构体

【例 2-16】函数句柄的基本操作。

解： 在命令行窗口中依次输入以下语句，随后会输出相应的结果。

```
>> clear,clc
>> F_Handle=@sin
F_Handle =
  包含以下值的 function_handle:
    @sin
>> fh1=functions( F_Handle )
fh1=
  包含以下字段的 struct:
    function: 'sin'
        type: 'simple'
        file: ''
>> t=func2str(F_Handle)
t =
    'sin'
>> F_Handle1=str2func(t)
F_Handle1 =
  包含以下值的 function_handle:
    @sin
>> fh2=functions( F_Handle1)
fh2=
  包含以下字段的 struct:
```

```
function: 'sin'
    type: 'simple'
    file: ''
```

2.1.6 映射容器

映射容器（Map Containers，也称 Map 对象）可以将一个量映射到另一个量。例如，将一个字符串映射为一个数值，那么相应的字符串就是映射的键（key），相应的数值就是映射的值（value）。可以将 Map 容器理解为一种通过键查找值的数据结构，也就是一种键值对（Key/Value Pair）结构。

对一个 Map 元素进行寻访的索引称为键。一个键可以是 1×N 字符串、单精度或双精度实数标量、有符号或无符号标量整数中的任何一种数据类型。

键和其对应的值存储在映射容器中，存在一一对应的关系。映射容器 p 中存储的值可以是任何类型的，包括数值类型、字符类型、结构体类型、元胞数组或其他映射容器。

单个映射容器对象是 MATLAB Map 类的实例。Map 类的所有对象都具有 3 种属性，如表 2-6 所示。读者不能直接修改这些属性，但可以通过 Map 类的操作函数进行修改。

表2-6 Map类的属性

属 性	说 明	默 认 值
Count	无符号64位整数，表示Map对象中存储的key/value对的总数	0
KeyType	字符串，表示Map对象中包括的key的数据类型	char
ValueType	字符串，表示Map对象中包括的值的数据类型	any

用于查看属性的语法为：Map 名＋“.”＋ Map 的属性名。例如，要查看 mapObj 对象存储的值的数据类型，可以使用如下语法：

```
mapObj.ValueType
```

1. 创建 Map 对象

创建 Map 对象的语法如下：

```
mapObj=containers.Map({key1,key2,…},{val1,val2,…})
```

当键和值是字符串时，需要对上述语法稍作变更，即：

```
mapObj=containers.Map({'keystr1','keystr2',…},{val1,val2,…})
```

【例 2-17】创建 Map 对象。

解：在命令行窗口中依次输入以下语句，随后会输出相应的结果。

```
>> clear,clc
>> k={'Jan', 'Feb', 'Mar', 'Apr', 'May', 'Jun', 'Jul', 'Aug', …
      'Sep', 'Oct', 'Nov', 'Dec', 'Annual'};
>> v={327.2, 368.2, 197.6, 178.4, 100.0,  69.9, 32.3, 37.3, …
      19.0, 37.0, 73.2, 110.9, 1551.0};
>> rainfallMap=containers.Map(k, v)
rainfallMap=
  Map - 属性：
        Count: 13
      KeyType: char
    ValueType: double
>> whos rainfallMap
  Name               Size             Bytes    Class                 Attributes
  rainfallMap        13x1                 8    containers.Map
```

此外，Map 对象的创建可以分为两个步骤：首先创建一个空 Map 对象，然后调用 keys 和 values 方法补充该对象的内容。

```
>> newMap=containers.Map()                        % 创建空 Map 对象
newMap=
  Map - 属性：
        Count: 0
      KeyType: char
    ValueType: any
```

2. 查看和读取 Map 对象

Map 对象中的每一项都包括两个部分：唯一的键及其对应的值。通过调用 keys() 函数（或成为方法）可以查看 Map 对象中包含的所有键，而通过调用 values() 函数可以查看所有的值。

【例 2-18】查看 Map 对象。

解：续上例，在命令行窗口中依次输入以下语句，随后会输出相应的结果。

```
>> kv=keys(rainfallMap)
kv =
  1×13 cell 数组
  列 1 至 7
    {'Annual'}    {'Apr'}    {'Aug'}    {'Dec'}    {'Feb'}    {'Jan'}    {'Jul'}
  列 8 至 13
    {'Jun'}    {'Mar'}    {'May'}    {'Nov'}    {'Oct'}    {'Sep'}
```

```
>> vv=values(rainfallMap)
vv =
  1×13 cell 数组
  列 1 至 5
    {[1551]}    {[178.4000]}    {[37.3000]}    {[110.9000]}    {[368.2000]}
  列 6 至 10
    {[327.2000]}    {[32.3000]}    {[69.9000]}    {[197.6000]}    {[100]}
  列 11 至 13
    {[73.2000]}    {[37]}    {[19]}
```

读者可以对 Map 对象进行数据的查找。查找指定键（keyName）所对应的值（valueName）的语法格式如下：

```
valueName=mapName(keyName)
```

当键为一个字符串时，需使用单引号将键引起来。

【例 2-19】查找 Map 对象的值。

解：续上例，在命令行窗口中依次输入以下语句，随后会输出相应的结果。

```
>> v5= rainfallMap ('May')
v5 =
  100
```

如果需要查找多个键对应的值，可以调用 values 函数，如输入：

```
>> vs=values(rainfallMap, {'Jan', 'Dec', 'Annual'})
vs =
  1×3 cell 数组
    {[327.2000]}    {[110.9000]}    {[1551]}
```

> 🎮➕注意 在查找多个键的值时，不能像在其他数据类型中那样使用冒号"："，否则将导致错误。

3. 编辑 Map 对象

（1）在 MATLAB 中，调用函数 remove() 可以从 Map 对象中删除键值对（keys/value pair）。

【例 2-20】删除键值对。

解：在命令行窗口中依次输入以下语句，随后会输出相应的结果。

```
>> clear,clc
>> k={'Jan', 'Feb', 'Mar', 'Apr', 'May', 'Jun'};
```

```
>> v={327.2, 368.2, 197.6, 178.4, 100.0, 69.9};
>> rainfallMap=containers.Map(k, v);
>> remove(rainfallMap, 'Jan');
>> ks=keys(rainfallMap)
ks =
  1×5 cell 数组
    {'Apr'}    {'Feb'}    {'Jun'}    {'Mar'}    {'May'}
>> vs=values(rainfallMap)
vs =
  1×5 cell 数组
    {[178.4000]}    {[368.2000]}    {[69.9000]}    {[197.6000]}    {[100]}
```

（2）在 MATLAB 中，可以直接往 Map 对象中添加键值对。

【例 2-21】添加键值对。

解：在命令行窗口中依次输入以下语句，随后会输出相应的结果。

```
>> clear,clc
>> k={'Apr', 'May', 'Jun'};
>> v={178.4, 100.0, 69.9};
>> rainfallMap=containers.Map(k, v);
>> rainfallMap('Jul')=33.3;
>> ks=keys(rainfallMap)
ks =
  1×4 cell 数组
    {'Apr'}    {'Jul'}    {'Jun'}    {'May'}
>> vs=values(rainfallMap)
vs =
  1×4 cell 数组
    {[178.4000]}    {[33.3000]}    {[69.9000]}    {[100]}
```

（3）如果需要在值不变的情况下更改键，首先要删除键及其对应的值，然后添加新的键，并把原有的值赋值给新键。

【例 2-22】修改键与值。

解：在命令行窗口中依次输入以下语句，随后会输出相应的结果。

```
>> clear,clc
>> k={'Jan', 'Feb', 'Mar', 'Apr'};
>> v={327.2, 368.2, 197.6, 178.4};
>> rainfallMap=containers.Map(k, v);
>> remove(rainfallMap, 'Jan');
>> rainfallMap('JAN')= 327.2;
>> rainfallMap('Mar')=33.3;
```

```
>> ks=keys(rainfallMap)
ks =
  1×4 cell 数组
    {'Apr'}    {'Feb'}    {'JAN'}    {'Mar'}
>> vs=values(rainfallMap)
vs =
  1×4 cell 数组
    {[178.4000]}    {[368.2000]}    {[327.2000]}    {[33.3000]}
```

2.2 运算符与运算

MATLAB 中的运算符分为算术运算符、关系运算符和逻辑运算符 3 种。在同一运算式中同时出现两种或两种以上运算符时，运算按优先级顺序进行。

2.2.1 算术运算符

MATLAB 中的算术运算符有四则运算符和带点四则运算符等，相关运算法则如表 2-7 所示。

表2-7 算术运算符

运 算 符	名 称	示 例	说 明	函 数
+	加	C=A+B	加法法则，即 C(i,j)=A(i,j)+B(i,j)	plus
−	减	C=A−B	减法法则，即 C(i,j)=A(i,j)−B(i,j)	minus
.*	数组乘	C=A.*B	C(i,j)=A(i,j)*B(i,j)	times
./	数组右除	C=A./B	C(i,j)=A(i,j)/B(i,j)	rdivide
.\	数组左除	C=A.\B	C(i,j)=B(i,j)/A(i,j)	ldivide
.^	数组乘幂	C=A.^B	C(i,j)=A(i,j)^B(i,j)	power
.'	数组转置	A.'	将数组的行摆放成列，复数元素不做共轭	transpose
*	乘	C=A*B	矩阵乘法，A 的列数与 B 的行数必须相等	mtimes
/	右除	C=A/B	线性方程组 X*B=A 的解，即 C=A/B=A*B^{-1}	mrdivide
\	左除	C=A\B	线性方程组 A*X=B 的解，即 C=A\B=A^{-1}*B	mldivide
^	乘幂	C=A^B	B 为标量时，A 的 B 次幂 B 为其他值时，计算包含特征值和特征向量	mpower
'	共轭转置	B=A'	B 是 A 的共轭转置矩阵	ctranspose

【例 2-23】数值与矩阵的算术运算示例。

解：在命令行窗口中依次输入以下语句，随后会输出相应的结果。

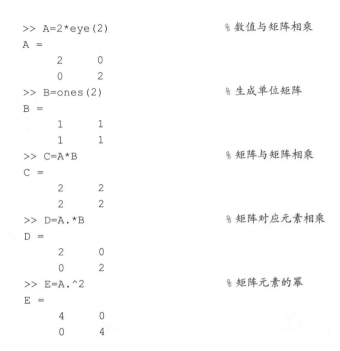

```
>> A=2*eye(2)              % 数值与矩阵相乘
A =
     2     0
     0     2
>> B=ones(2)               % 生成单位矩阵
B =
     1     1
     1     1
>> C=A*B                   % 矩阵与矩阵相乘
C =
     2     2
     2     2
>> D=A.*B                  % 矩阵对应元素相乘
D =
     2     0
     0     2
>> E=A.^2                  % 矩阵元素的幂
E =
     4     0
     0     4
```

2.2.2 关系运算符

在 MATLAB 中，共有 6 个关系运算符，其运算法则如表 2-8 所示。

表2-8 关系运算符

运算符	名称	示例	法则或使用说明
<	小于	A<B	（1）A、B都是标量，结果是为1（真）或0（假）的标量
<=	小于或等于	A<=B	（2）若A、B一个为标量，另一个为数组，标量将与数组各元素逐一比较，结果为与运算数组行数和列数相同的数组，其中各元素取值1或0
>	大于	A>B	（3）A、B均为数组时，必须行数和列数分别相同，A与B各对应元素相比较，结果为与A或B行、列数相同的数组，其中各元素取值1或0
>=	大于或等于	A>=B	
==	恒等于	A==B	（4）==和～=运算对参与比较的量同时比较实部和虚部，其他运算则只比较实部
～=	不等于	A～=B	

> 提示　"=="用于比较两个变量，相等时返回 1，不相等时返回 0；"="用来赋值。

表 2-8 中的运算符可以用来对数值、数组、矩阵或字符串等数据类型进行比较，也可以进行不同类型两个数据之间的比较。比较的方式根据所比较的两个数据类型的不同而不同。

例如，对矩阵与一个标量进行比较时，即将矩阵中的每个元素与标量进行比较；而将结构相同的矩阵进行比较时，则将矩阵中的元素相互比较：用指定的关系运算符比较对应的元素，产生一个仅包含 1 和 0 的数值或矩阵。

【例 2-24】关系运算符运算。

解： 在命令行窗口中依次输入以下语句，随后会输出相应的结果。

```
>> clear,clc
>> A=1:5
A =
     1    2    3    4    5
>> B=6 A
B =
     5    4    3    2    1
>> TorF1=(A>4)
TorF1 =
  1×5 logical 数组
   0   0   0   0   1
>> TorF2=(A==B)
TorF2 =
  1×5 logical 数组
   0   0   1   0   0
>> TorF3=(A>B)
TorF3 =
  1×5 logical 数组
   0   0   0   1   1
```

2.2.3 逻辑运算符

关系运算返回的结果是逻辑类型（逻辑的"真"或"假"），这些简单的逻辑数据可以通过逻辑运算符组成复杂的逻辑表达式。MATLAB 逻辑运算符如表 2-9 所示。

表2-9 逻辑运算符

运 算 符	名 称	说 明	函 数	示 例	
&	逐元素逻辑与	双目运算符。参与运算的两个元素值为逻辑真或非零时，返回逻辑真，否则返回逻辑假	and	1&0 1&false 1&1	%返回0 %返回0 %返回1
|	逐元素逻辑或	双目运算符。参与运算的两个元素都为逻辑假或零时，返回逻辑假，否则返回逻辑真	or	1|0 1|false 0|0	%返回1 %返回1 %返回0

（续表）

运 算 符	名 称	说 明	函 数	示 例	
~	逐元素逻辑非	单目运算符。参与运算的元素为逻辑真或非零时，返回逻辑假，否则返回逻辑真	not	~1 ~0	%返回0 %返回1
&&	捷径逻辑与	当第一个操作数为逻辑假时，直接返回逻辑假，否则同&运算符			
‖	捷径逻辑或	当第一个操作数为逻辑真时，直接返回逻辑真，否则同|运算符			

【例 2-25】逻辑运算符的运用。

解：在命令行窗口中依次输入以下语句，随后会输出相应的结果。

```
>> A=1:5
A =
     1     2     3     4     5
>> B=6 A
B =
     5     4     3     2     1
>> TorF1=~(A>4)
TorF1 =
  1×5 logical 数组
   1   1   1   1   0
>> TorF2=(A>1)&(A<5)
TorF2 =
  1×5 logical 数组
   0   1   1   1   0
>> TorF3=(A>3)|(B>3)
TorF3 =
  1×5 logical 数组
   1   1   0   1   1
```

逻辑运算符与关系运算符一样可以进行矩阵与数值之间的比较，方式为将矩阵的每一个元素都与数值进行比较，比较结果为相同维数的矩阵，该矩阵中的每一个元素都代表比较矩阵中相同位置上的元素与数值的逻辑运算结果。

使用逻辑运算符比较两个相同维数的矩阵时，按元素来进行比较，其结果是一个包含 1 和 0 的矩阵。0 元素表示逻辑为假，1 元素表示逻辑为真。

除上面的逻辑运算符外，MATLAB 还提供了各种逻辑函数，如表 2-10 所示。

表2-10 部分逻辑函数

函　数	说　明
xor(x,y)	异或运算。若x或y非零（真），则返回1；若x和y都是零（假）或都是非零（真），则返回0
any(x)	若在一个向量x中，任何元素非零，则返回1；若矩阵x中的每一列有非零元素，则返回1
all(x)	若在一个向量x中，所有元素非零，则返回1；若矩阵x中的每一列所有元素非零，则返回1

2.2.4 运算优先级

MATLAB 中具体的运算优先级排列如表 2-11 所示。在表达式中，算术运算符优先级最高，其次是关系运算符，最后是逻辑运算符。

表2-11 运算优先级

优 先 级	运算法则	优 先 级	运算法则
1	括号：()	6	关系运算：>、>=、<、<=、==、~=
2	转置和乘幂：'、^、.^	7	逐元素逻辑与：&
3	一元加减运算和逻辑非：+、−、~	8	逐元素逻辑或：|
4	乘除：*、.*、/、./、\、.\	9	捷径逻辑与：&&
5	冒号运算：:	10	捷径逻辑或：||

🎮➕说明 优先级数值越小，优先级别越高。在表达式的书写中，建议采用括号的方式明确运算的先后顺序。

2.3 矩阵基础

矩阵的基本操作主要包括构造矩阵、改变矩阵维度与大小、矩阵索引、获取矩阵属性等。MATLAB 提供了相应的命令或函数完成对应的操作。

2.3.1 矩阵与数组

在程序设计中，可把具有相同类型的若干变量按有序的形式组织起来，这些按序排列的同类数据元素的集合称为数组。矩阵和数组在 MATLAB 中的区别主要表现在两方面：

- 矩阵是数学上的概念，而数组是计算机程序设计领域的概念。

- 矩阵作为一种变换或者映射运算符的体现，其运算有着明确而严格的数学规则；而数组运算是 MATLAB 软件定义的规则。

两者的联系主要体现在，矩阵是以数组的形式存在的，一维数组相当于向量，二维数组相当于矩阵，可将矩阵视为数组的子集。向量本质上是一维矩阵，在使用 MATLAB 进行科学计算时基本不区分矩阵与向量。

2.3.2　创建矩阵

在 MATLAB 中，可以通过对变量直接赋值创建矩阵，也可以使用标准矩阵创建函数创建矩阵。

1. 直接赋值创建矩阵

采用矩阵构造符号——方括号"[]"，将矩阵元素置于方括号内，同行元素之间用空格或逗号","来隔开，行与行之间用分号";"隔开。通过直接赋值为"[]"的方法可以创建空矩阵。

【例 2-26】创建简单矩阵。

解： 在命令行窗口中依次输入以下语句，随后会输出相应的结果。

```
>> A=[1,2,3; 4,6,8]          % 使用逗号和分号构造矩阵
A =
     1     2     3
     4     6     8
>> B=[2 3 4; 3 2 1]          % 使用空格和分号构造矩阵
B =
     2     3     4
     3     2     1
>> C=[]                       % 创建空矩阵
C =
     []
>> V1=[6,9,12,3]             % 构造行向量
V1 =
     6     9    12     3
>> V2=[1;8]                   % 构造列向量
V2 =
     1
     8
```

2. 创建标准矩阵

在线性代数领域，经常需要创建或重建具有一定形式的标准矩阵，MATLAB 提供了丰富的创建标准矩阵的函数。利用如表 2-12 所示的函数可以创建标准矩阵。

表2-12 标准矩阵创建函数

函数调用格式	功　能
ones(n)	构建一个n×n的全1矩阵
ones(m,n,…,p)	构建一个m×n×…×p的全1矩阵
ones(size(A))	构建一个和矩阵A同样大小的全1矩阵
zeros(n)	构建一个n×n的全0矩阵
zeros(m,n,…,p)	构建一个m×n×…×p的全0矩阵
zeros(size(A))	构建一个和矩阵A同样大小的全0矩阵
eye(n)	构建一个n×n的单位矩阵
eye(m,n)	构建一个m×n的单位矩阵
eye(size(A))	构建一个和矩阵A同样大小的单位矩阵
magic(n)	构建一个n×n的矩阵，其每一行、每一列的元素之和都相等
rand(n)	构建一个n×n的矩阵，其元素为0～1的均匀分布的随机数
rand(m,n,…,p)	构建一个m×n×…×p的矩阵，其元素为0～1的均匀分布的随机数
randn(n)	构建一个n×n的矩阵，其元素为零均值、单位方差的正态分布随机数
randn(m,n,…,p)	构建一个m×n×…×p的矩阵，其元素为零均值、单位方差的正态分布随机数
diag(x)	构建一个n维方阵，它的主对角线元素值取自向量x，其余元素的值都为0
diag(A,k)	构建一个由矩阵A第k条对角线的元素组成的列向量
diag(x,k)	构建一个(n+|k|)×(n+|k|)维的矩阵，该矩阵的第k条对角线元素取自向量x，其余为零
triu(A)	构建一个和A大小相同的上三角矩阵，主对角线上的元素为A中的相应元素，其余为0
triu(A,k)	构建一个和A大小相同的上三角矩阵，第k条对角线上的元素与A相同，其余为0
tril(A)	构建一个和A大小相同的下三角矩阵，主对角线上的元素与A相同，其余为0
tril(A,k)	构建一个和A大小相同的下三角矩阵，第k条对角线上的元素与A相同，其余为0

注意　k=0 为主对角线，k<0 为下第 k 对角线，k>0 为上第 k 对角线。

【例 2-27】创建标准矩阵。

解：在命令行窗口中依次输入以下语句，随后会输出相应的结果。

```
>> OnesM=ones(2)
OnesM =
     1     1
     1     1
```

```
>> ZerosM=zeros(2)
ZerosM =
     0     0
     0     0
>> IdenM=eye(2)
IdenM =
     1     0
     0     1
>> IdenM23=eye(2,3)
IdenM23 =
     1     0     0
     0     1     0
>> IdenM32=eye(3,2)
IdenM32 =
     1     0
     0     1
     0     0
```

2.3.3　改变矩阵结构

矩阵的大小和结构都可以改变，实现的方式主要有旋转矩阵、改变矩阵维度、删除矩阵元素等。MATLAB 提供的此类函数如表 2-13 所示。

表2-13　矩阵结构改变函数

函　数	功　能
fliplr(A)	矩阵每一行均进行逆序排列
flipud(A)	矩阵每一列均进行逆序排列
flipdim(A,dim)	生成一个在dim维矩阵A内的交换元素位置的多维矩阵
rot90(A)	生成一个由矩阵A逆时针旋转90°而得到的新阵
rot90(A,k)	生成一个由矩阵A逆时针旋转k×90°而得到的新阵
reshape(A,m,n)	生成一个m×n×…×p维矩阵，其元素以线性索引的顺序从矩阵A中取得
repmat(A,[m n…p])	创建一个和矩阵A有相同元素的m×n×…×p维矩阵
repmat(x,[m n…p])	创建一个m×n×…×p的多维矩阵，所有元素的值都为标量x
shiftdim(A,n)	矩阵的列移动n步。若n为正数，则矩阵向左移；若n为负数，则矩阵向右移
squeeze(A)	返回没有空维的矩阵A
cat(dim,A,B)	将矩阵A和B组合成一个dim维的矩阵
permute(A,order)	根据向量order来改变矩阵A中的维数顺序
ipermute(A,order)	进行命令permute的逆变换
sort(A)	对矩阵升序排序并返回排序后的矩阵。当A为二维矩阵时，对每列分别排序

（续表）

函　数	功　能
sort(A,dim)	对矩阵升序排序并返回排序后的矩阵。当dim=1时，对每列排序；当dim=2时，对每行排序
sort(A,dim,mode)	mode为'ascend'时，进行升序排序；mode为'descend'时，进行降序排序

【例 2-28】矩阵的旋转与维度的改变。

解：在命令行窗口中依次输入以下语句，随后会输出相应的结果。

```
>> A=[1,2,3;4,6,8]
A =
     1     2     3
     4     6     8
>> B=reshape(A,2,3)
B =
     1     2     3
     4     6     8
>> C=fliplr(A)
C =
     3     2     1
     8     6     4
>> D=rot90(A)
D =
     3     8
     2     6
     1     4
>> E=repmat(A,[1 2])
E =
     1     2     3     1     2     3
     4     6     8     4     6     8
```

2.3.4　矩阵元素索引

矩阵操作中最常遇到的就是对矩阵的某个具体位置上的元素进行访问和重新赋值，这涉及元素的存储次序，矩阵中的元素位置也就是矩阵索引和寻址的问题。矩阵元素索引可分为全下标索引和单下标索引。

（1）全下标索引通过一对下标值来对应元素在矩阵中的行列位置。例如，A(2,3) 表示矩阵 A 中第 2 行第 3 列的元素。

（2）单下标索引通过一个下标值来对应元素在矩阵中的行列位置，其采用列元素优先的原则对 m 行 n 列的矩阵按列排序，重组成一维数组，再取新的一维数组中的元素位置作为元素在矩阵中的单下标。例如，对于 3×4 的矩阵，A(7) 表示矩阵 A 中第 1 行第 3 列的元素，而 A(9) 表示矩阵 A 中第 3 行第 3 列的元素。

1．矩阵下标引用

常用的矩阵索引表达式如表 2-14 所示。

表2-14　矩阵索引表达式

索引表达式	说　　明
A(i)	将二维矩阵A重组为一维数组，返回数组中第i个元素
A(:,j)	返回二维矩阵A中第j列列向量
A(i,:)	返回二维矩阵A中第i行行向量
A(:,j:k)	返回由二维矩阵A中的第j列到第k列列向量组成的子阵
A(i:k,:)	返回由二维矩阵A中的第i行到第k行行向量组成的子阵
A(i:k,j:l)	返回由二维矩阵A中的第i～k行行向量和第j～l列列向量的交集组成的子阵
A(:)	将矩阵A中的每列合并成一个长的列向量
A(j:k)	返回一个行向量，其元素为A(:)中的第j个元素到第k个元素
A([j1 j2…])	返回一个行向量，其中的元素为A(:)中的第j1、j2个元素
A(:,[j1 j2…])	返回矩阵A中第j1列、第j2列等的列向量
A([i1 i2…]:,)	返回矩阵A中第i1行、第i2行等的行向量
A([i1 i2…],[j1 j2…])	返回矩阵第i1行、第i2行等和第j1列、第j2列等的元素

【例 2-29】矩阵下标的引用示例。

解：在命令行窗口中依次输入以下语句，随后会输出相应的结果。

```
>> M=magic(5)
M =
    17    24     1     8    15
    23     5     7    14    16
     4     6    13    20    22
    10    12    19    21     3
    11    18    25     2     9
>> SubM=M(2:3, 3:4)
SubM =
     7    14
    13    20
>> AM=M([7:8 16:18])
```

```
AM =
     5     6     8    14    20
```

2. 引用转换

矩阵中某一元素的单下标索引和双下标索引之间可以通过 MATLAB 提供的函数进行转换。

（1）利用函数 sub2ind() 可以把双下标索引转换为单下标索引，其调用格式如下：

```
ind=sub2ind(sz,row,col)          % 针对大小为 sz 的数组返回单下标索引 ind
```

（2）利用函数 ind2sub() 可以把单下标索引转换为双下标索引，其调用格式如下：

```
[row,col]=ind2sub(sz,ind)          % 针对大小为 sz 的数组返回双下标索引 [row,col]
```

其中，sz 是包含两个元素的向量（1×2 的数组），指定转换数组的行数和列数，一般可以用 size(A) 表示；row 和 col 分别对应双下标索引中的行数和列数。

【例 2-30】单双下标索引值转换。

解：在命令行窗口中依次输入以下语句，随后会输出相应的结果。

```
>> ind=sub2ind([3 4], 1,3)          % 将 3×4 数组的双下标索引 (1,3) 转为单下标
ind =
     7
>> [I J]=ind2sub([3 4], 7)          % 将 3×4 数组的单下标索引 7 转为双下标
I =
     1
J =
     3
```

3. 访问多个矩阵元素

【例 2-31】访问多个矩阵元素。

解：在命令行窗口中依次输入以下语句，随后会输出相应的结果。

```
>> A=magic(3)
A =
     8     1     6
     3     5     7
     4     9     2
>> A1=A(1:2:9)
A1 =
     8     4     5     6     2
>> A2=A(1:3,1:2)
A2 =
```

```
        8       1
        3       5
        4       9
```

2.3.5　矩阵信息

矩阵信息包括矩阵结构、矩阵大小、矩阵维度、矩阵的数据类型及内存占用等，下面介绍在 MATLAB 中如何获取这些信息。

1．矩阵结构

矩阵的结构是指矩阵元素的排列方式，MATLAB 提供了如表 2-15 所示的结构判断函数。这类函数返回值的数据类型为逻辑类型：返回值为 1 表示该矩阵是某特定类型的矩阵，返回值为 0 表示该矩阵不是某特定类型的矩阵。

表2-15　矩阵结构判断函数

函数名称	函数功能
isempty(A)	判断矩阵是否为空
isscalar(A)	判断矩阵是否为单元素的标量矩阵
isvector(A)	判断矩阵是否为只具有一行或一列元素的一维向量
issparse(A)	判断数组是否为稀疏矩阵

【例 2-32】矩阵结构判断函数的使用方法。

解：在命令行窗口中依次输入以下语句，随后会输出相应的结果。

```
>> A=magic(3);
>> p1=isempty(A)           % 判断矩阵 A 是否为空矩阵
p1 =
  logical
   0
>> p2=isscalar(A)          % 判断矩阵 A 是否为标量
p2 =
  logical
   0
>> p3=isvector(A)          % 判断矩阵 A 是否为向量
p3 =
  logical
   0
>> p4=issparse(A)          % 判断矩阵 A 是否为稀疏矩阵
p4 =
```

```
logical
   0
```

2. 矩阵大小

矩阵的形状信息通常包括矩阵的维数、矩阵各维的长度、矩阵元素的个数等。MATLAB 提供了 4 个函数，分别用于获取矩阵的形状信息，如表 2-16 所示。

表2-16 矩阵形状信息查询函数

函 数	调用格式	说 明	函 数	调用格式	说 明
ndims	nd=ndims(X)	获取矩阵的维数	length	l=length(X)	获取矩阵最长维的长度
size	[r,c]=size(X)	获取矩阵各维的长度	numel	n=numel(X)	获取矩阵元素的个数

【例 2-33】矩阵形状信息查询函数的使用。

解：在命令行窗口中依次输入以下语句，随后会输出相应的结果。

```
>> X=[magic(3) [1 1 1]']          % 构造矩阵
X =
     8     1     6     1
     3     5     7     1
     4     9     2     1
>> nd=ndims(X)                    % 获取矩阵的维数
nd =
     2
>> [r,c]=size(X)                  % 获取矩阵各维的长度
r =
     3
c =
     4
>> l=length(X)                    % 获取矩阵最长维的长度
l =
     4
>> n=numel(X)                     % 获取矩阵元素的个数
n =
    12
```

3. 矩阵的维度

MATLAB 将空矩阵、标量矩阵、一维矩阵和二维矩阵都作为普通二维数组对待，并提供 ndims() 函数计算矩阵的维度。

【例 2-34】矩阵的维度。

解：在命令行窗口中依次输入以下语句，随后会输出相应的结果。

```
>> A=[];
>> B=5;
>> C=1:3;
>> D=zeros(2);
>> E(:,:,2)=[1 2; 3 4];
>> Nd=[ndims(A) ndims(B) ndims(C) ndims(D) ndims(E)]
Nd=
     2     2     2     2     3
```

4. 矩阵的数据类型

矩阵的元素可以使用各种各样的数据类型。对应不同数据类型的元素，可以是数值、字符串、元胞数组、结构等。MATLAB 中提供了数据类型的判断函数，如表 2-17 所示。

表2-17 矩阵数据类型的判断函数

函　数	函数功能	函　数	函数功能
isnumeric	判断矩阵元素是否为数值类型的变量	ischar	判断矩阵元素是否为字符类型的变量
isreal	判断矩阵元素是否为实数类型的变量	isstruct	判断矩阵元素是否为结构体类型的变量
isfloat	判断矩阵元素是否为浮点类型的变量	iscell	判断矩阵元素是否为元胞类型的变量
isinteger	判断矩阵元素是否为整数类型的变量	iscellstr	判断矩阵元素是否为结构体的元胞数组类型的变量
islogical	判断矩阵元素是否为逻辑类型的变量		

这类函数返回值的数据类型是逻辑类型，返回值为 1 表示是该数据类型，返回值为 0 表示不是该数据类型。

【例 2-35】判断矩阵元素的数据类型。

解：在命令行窗口中依次输入以下语句，随后会输出相应的结果。

```
>> A=[magic(3) [1 1 1]'];
>> p1=isnumeric(A)
p1 =
  logical
   1
>> p2=isfloat(A)
p2 =
  logical
   1
>> p3=islogical(A)
```

```
p3 =
  logical
   0
```

5. 矩阵占用的内存

通过 whos 命令可以查看当前工作区中指定变量的所有信息，包括变量名、矩阵大小、内存占用和数据类型等。

【例 2-36】查看矩阵占用的内存。

解： 在命令行窗口中依次输入以下语句，随后会输出相应的结果。

```
>> Matrix=rand(3)
Matrix =
    0.8147    0.9134    0.2785
    0.9058    0.6324    0.5469
    0.1270    0.0975    0.9575
>> whos Matrix
  Name        Size            Bytes  Class     Attributes
  Matrix      3x3                72  double
```

2.4 本章小结

本章涉及的内容包括 MATLAB 数据类型、运算符及运算、矩阵基础知识等，学习这些知识可建立对 MATLAB 的基础认识。在接下来的章节中，读者将应用这些知识深入学习如何使用 MATLAB 进行科学绘图。

第3章

程 序 设 计

MATLAB 是一款强大的科学计算编程软件，类似于其他的高级语言编程，MATLAB 提供了非常方便易懂的程序设计方法，利用 MATLAB 编写的程序简洁、可读性强。本章重点讲解 MATLAB 基础程序设计，包括程序结构、控制语句及 M 文件等内容。

3.1 变量与语句

在程序中，通过变量来存储数据，通过语句来处理数据。变量代表一段可操作的内存，而语句代表对变量执行的操作。本节将介绍 MATLAB 中变量与语句的相关知识。

3.1.1 变量命名

在 MATLAB 中，变量不需要预先声明就可以直接进行赋值操作。变量的命名遵循以下规则：

- 变量名和函数名区分字母大小写。例如，x 和 X 是两个不同的变量，sin 是 MATLAB 定义的正弦函数，而 SIN 不是。

- 变量名必须以字母开头，其后可以是任意字母或下画线，但不能包含空格或非 ASCII 字符。例如，_xy、a.b 均为不合法的变量名，而 cNum_x 是合法的变量名。
- 不能使用 MATLAB 的关键字作为变量名。例如，不能设置变量名为 if、end 等。
- 变量名最多可包含 63 个字符，第 64 个字符及其后的字符将被忽略。为了保证程序的可读性及维护方便，变量名一般具有一定的含义。
- 避免使用函数名作为变量名。若变量采用函数名，则该函数失效。

3.1.2 变量类型

MATLAB 变量分为局部变量、全局变量和永久变量 3 类。

（1）局部变量。MATLAB 中每个函数都有自己的局部变量。局部变量存储在该函数独立的工作区中，与其他函数的变量及主工作区中的变量分开存储。当函数调用结束后，局部变量将随之被删除。

（2）全局变量。全局变量在 MATLAB 全部工作区中有效。当在一个工作区内改变该变量的值时，该变量在其余工作区内的值也将改变。全局变量的声明格式如下：

```
global var1 … varN                    % 将变量 var1…varN 声明为全局变量
```

使用全局变量的目的是减少数据传递的次数，然而，使用全局变量容易造成难以察觉的错误。

（3）永久变量。永久变量可以用 persistent 声明，只能在 M 文件函数中定义和使用。当声明它的函数退出时，永久变量继续保存在内存中。全局变量的声明格式如下：

```
persistent var1 … varN                % 将变量 var1…varN 声明为永久变量
```

3.1.3 特殊变量

特殊变量是指 MATLAB 预定义的具有默认意义的变量，MATLAB 预定义了许多特殊变量，这些变量具有系统默认的含义，详见表 3-1。

表3-1 默认常量（特殊变量）

符　号	含　义
ans	默认变量名
i或j	虚数单位，定义为$i^2=j^2=-1$
pi	圆周率 π 的双精度表示

（续表）

符 号	含 义
eps	容差变量，即浮点数的最小分辨率（浮点相对精度）。当某量的绝对值小于eps时，可以认为此量为0，计算机上此值为2^{-52}
NaN（nan）	不定式，表示非数值量，产生于0/0、∞/∞、$0*\infty$等运算
Inf（inf）和-Inf（-inf）	正、负无穷大，由0作除数时引入此常量，产生于1/0或log(0)等运算
realmin	最小标准浮点数，为2^{-1022}
realmax	最大正浮点数，为$(2-2^{-52})\times2^{1023}$
nargin/nargout	函数输入/输出的参数个数
varargin/varargout	可变的函数输入/输出的参数个数
beep	使计算机发出"嘟嘟"声音

【例 3-1】特殊变量的应用。

解： 在命令行窗口中依次输入以下语句，随后会输出相应的结果。

```
>> pi*6^2
ans =
   113.0973
>> eps
ans =
    2.2204e-16
```

3.1.4 关键字

关键字是 MATLAB 程序设计中常用到的流程控制变量，共有 20 个，通过 iskeyword 命令即可查询这 20 个关键字。注意，这些关键字不能作为变量名。

【例 3-2】查询关键字。

解： 在命令行窗口中依次输入以下语句，随后会输出相应的结果。

```
>> keywords=reshape(iskeyword,[5 4])
keywords =
  5×4 cell 数组
    {'break'   }    {'else'    }    {'global'   }    {'return'}
    {'case'    }    {'elseif'  }    {'if'       }    {'spmd'  }
    {'catch'   }    {'end'     }    {'otherwise'}    {'switch'}
    {'classdef'}    {'for'     }    {'parfor'   }    {'try'   }
    {'continue'}    {'function'}    {'persistent'}   {'while' }
```

3.1.5 语句构成

MATLAB 的语句是执行 MATLAB 程序的最小可执行单元，每个可执行的 MATLAB 语句必须包含一个主体，另外还可能出现句终符号和注释。

- 主体是指语句中发挥实际作用的句子或词，可以为变量、函数、程序控制语句等。例如，【例 3-2】中就只有语句主体。
- 句终符号在语句的结尾，一般包括 3 种，分别为","";"和回车。使用","时，语句的输出暂缓；使用";"时，语句的输出被抑制；使用回车时，可以连续输入多行。所有的句终符号都不用，则直接输出结果或出错信息。
- 注释是 MATLAB 用来提供程序说明的补充性文字，可构成 MATLAB 语句，但在执行中被忽略。添加注释可以提高程序的可读性和可维护性。注释由"%"作为开始引出，可以单独成句，或放在句子后面对句子进行补充说明。注释方式如表 3-2 所示。

表3-2 注释符号

名　称	符　号	功　能
百分号	%	注释语句说明符，凡在其后的字符均视为注释性内容而不被执行；某些函数中作为转换设定符
百分号+花括号	%{ %}	注释超出一行的注释块，其间的字符均被视为注释性内容而不被执行
双百分号+空格	%%	代码分块，注释一段（由%%开始，到下一个%%结束）

3.2 程序控制

MATLAB 平台的控制结构包括顺序结构、分支（条件）结构和循环结构，这些控制结构的功能与其他计算机编程语言十分相似。

3.2.1 顺序结构

顺序结构是程序最基本的结构，表示程序中的各操作按照它们在程序文本中出现的先后顺序执行，如图 3-1 所示，其语法结构如下：

```
语句 1
语句 2
```

　...
　　语句 n

顺序结构可以独立使用，构成一个简单的完整程序。大多数情况下，顺序结构作为程序的一部分，与其他结构一起构成一个复杂的程序。

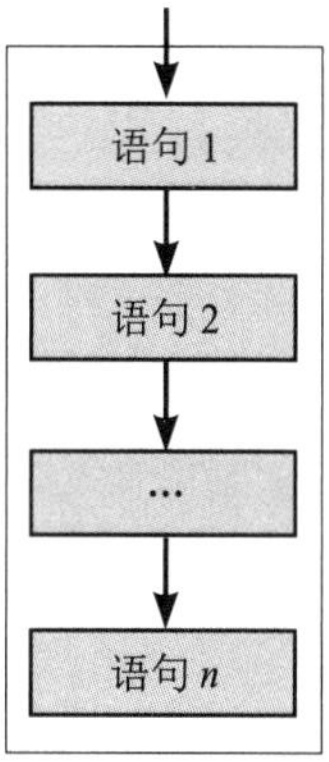

【例 3-3】顺序结构程序示例。

（1）在 MATLAB 主界面下，单击"主页"→"文件"→"新建脚本"按钮 ，打开编辑器窗口。

（2）在编辑器窗口中编写程序（M 文件）如下：

```
a=3                    % 定义变量 a
b=5*a                  % 定义变量 b
c=a*b                  % 求变量 a、b 的乘积，并赋给 c
```

图 3-1　顺序结构

（3）单击"编辑器"→"文件"→"保存"按钮 📁，将编写的文件保存为 sequence.m。

（4）单击"编辑器"→"运行"→"运行"按钮 ▷（或按 F5 快捷键）执行程序，此时在命令行窗口中输出运行结果。

> 🎮➕提示　在当前目录保存文件后，可以直接在命令窗口中输入程序文件名来运行，同样可以得到运行结果，如下：
>
> ```
> >> sequence
> a=
>      3
> b=
>     15
> c=
>     45
> ```

3.2.2　分支结构

在程序设计中，当满足一定的条件才能执行对应的操作时，就需要用到条件结构（分支结构）。在 MATLAB 中可用的分支结构包括 if-else-end 结构、switch-case 结构和 try-catch 结构，它们的特点如表 3-3 所示。

表3-3 三种分支结构的特点

if-else-end结构		switch-case结构	try-catch结构
比较复杂，特别是嵌套使用的if语句		可读性强，容易理解	
调用strcmp函数比较不同长度的字符串		可比较不同长度的字符串	用于程序调试
可检测条件相等和不相等		仅检测条件相等	

1. if-else-end 结构（if 条件语句）

根据不同的条件情况，if-else-end 结构的主要形式有三种，其结构流程如图 3-2 所示。

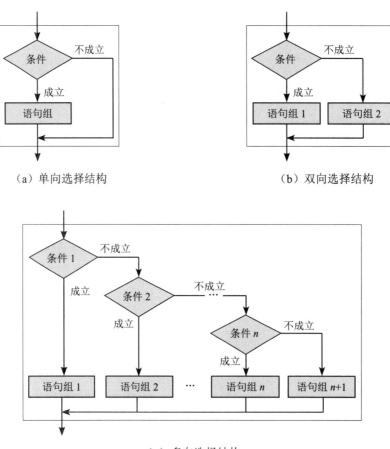

（a）单向选择结构　　　　　　　　　（b）双向选择结构

（c）多向选择结构

图 3-2 if 语句流程图

（1）如果可选择的执行命令组只有一组，则调用下面的结构：

```
if expression
        statements                          % 判决条件为真，执行语句组 statements
end
```

> **注意** 若条件判断表达式 expression 为一个空数组，则在 MATLAB 中默认该条件为假。

（2）如果可选择的执行语句组有两组，则调用下面的结构：

```
if expression                       % 条件判断表达式
    statements_1                    % 判决条件为真，执行命令组 statements_1
else
    statements_2                    % 判决条件为真，执行命令组 statements_2
end
```

（3）如果可选择的执行语句组有 n（$n>2$）组，则调用下面的结构：

```
if expression_1        % 条件判断表达式 expression_1
    statements_1       % expression_1 为真，执行 statements_1
elseif expression_2    % 条件判断表达式 expression_2
    statements_2       % expression_1 为假，expression_2 为真，执行 statements_2
...
else
    statements_n       % 前面所有条件判断的结果均为假，执行 statements_n
end
```

> **注意** 条件判断表达式可以由多个逻辑子条件组合而成，进行条件判断时，MATLAB 将尽可能地减少子条件的次数。例如，条件判断为子条件 1& 子条件 2，MATLAB 检测到子条件 1 为假时，则认为整个条件判断结果为假，而不再检测子条件 2 的真假。

【例 3-4】if-else-end 分支结构（形式 1）的简单运用示例。

解：在编辑器窗口中编写如下程序，并保存为 ifcond1.m。

```
t=1:5
if 1                            % 这里条件判断的结果恒为真
        t1=6 t
end
```

执行程序，在命令行窗口中输出运行结果。

```
>> ifcond1
t=
    1    2    3    4    5
t1=
    5    4    3    2    1
```

【例3-5】if-else-end 分支结构（形式2）的简单运用示例。

解：在编辑器窗口中编写如下程序，并保存为 ifcond2.m。

```
t=1:5
if 0                          % 这里条件判断的结果恒为假
        t1=6-t
else
        t1=t-2
end
```

执行程序，在命令行窗口中输出运行结果。

```
>> ifcond2
t=
     1     2     3     4     5
t1=
    -1     0     1     2     3
```

【例3-6】if-else-end 分支结构（形式3）的简单运用示例。

解：在编辑器窗口中编写如下程序，并保存为 ifcond3.m。

```
t=1:5
if 0                          % 这里条件判断的结果恒为假
        t1=6-t
elseif 0
        t1=t-2
else
        t1=t
end
```

执行程序，在命令行窗口中输出运行结果。

```
>> ifcond3
t=
     1     2     3     4     5
t1=
     1     2     3     4     5
```

2. switch-case 结构（switch 条件语句）

switch-case 结构的执行基于变量或表达式值的语句组，适用于条件多且比较单一的情况，类似于一个数控的多个开关。switch-case 结构流程图如图 3-3 所示，其语法结构如下：

```
switch expression            % expression 为需要进行判断的标量或字符串
case test_1
```

```
        command_1                    % 如果 value 等于 test_1, 执行 command_1
case test_2
        command_2                    % 如果 value 等于 test_2, 执行 command_2
        ...
case test_k
        command_n                    % 如果 value 等于 test_k, 执行 command_n
otherwise
        command_n1                   % 如果 value 不等于前面所有值, 执行 command_n1
end
```

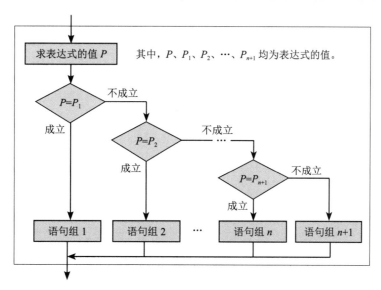

图 3-3　switch-case 结构流程图

使用 switch-case 结构时需要注意:

- switch-case 结构至少有一组命令组将被执行。

- switch 后的表达式 expression 可以为一个标量或一个字符串。当表达式为标量时, 比较形式为 "表达式 == 检测值 i"; 当表达式为字符串时, 将调用字符串函数 strcmp 来进行比较, 比较形式为 "strcmp (表达式, 检测值 i)"。

- case 后的检测值可以是一个标量或一个字符串, 还可以是一个元胞数组。如果检测值是一个元胞数组, 则将表达式的值与元胞数组中的所有元素进行比较; 如果元胞数组中有某个元素与表达式的值相等, 那么会认为此次比较的结果为真, 从而执行该次检测相对应的命令组。

【例 3-7】switch-case 结构示例。

解: 在编辑器窗口中编写如下程序, 并保存为 switchcond1.m。

```
num=input(' 输入 n=');                    % 输入 n 值
switch num
    case 1
        data=' 差 '
    case 2
        data=' 次 '
    case 3
        data=' 中 '
    case 4
        data=' 良 '
    case 5
        data=' 优 '
otherwise
        data=' 请确认输入 '
end
```

执行程序，此时在命令行窗口中输出运行结果。

```
>> switchcond1
输入 num=3                              % 根据提示输入 3，也可以输入其他值观察结果
data =
    ' 中 '
```

3. try-catch 结构

try-catch 结构可以在执行语句时捕获产生的错误，这在程序调试场合非常有用。其结构的具体形式如下：

```
try
        statements_1        % 首先执行语句组 statements_1，若正确，则执行完此语句组
catch
        statements_2        % 执行语句组 statements_1 发生错误时执行语句组 statements_2
end
```

使用 try-catch 结构时需要注意：

- 只有当语句组 statements_1 发生错误时，才执行语句组 statements_22。
- try-catch 结构只提供两个可供选择的语句组。
- 当执行 statements_1 发生错误时，可调用 lasterr 函数查询出错的原因。如果函数 lasterr 的运行结果为空字符串，则表示语句组 statements_1 被成功执行了。
- 如果执行语句组 statements_2 又发生错误了，那么 MATLAB 将会终止该结构。

【例 3-8】 try-catch 结构示例。

解： 在编辑器窗口中编写如下程序，并保存为 trycatch1.m。

```
num=input(' 输入 n=');          % 输入 n 值
mat=magic(3);                   % 生成 3 阶魔法矩阵
try
    mat_num=mat(n)              % 取 mat 的第 n 个元素
catch
    mat_end=mat(end)           % 若 mat 没有第 n 个元素，则取 mat 的最后一个元素
    reason=lasterr             % 显示出错原因
end
```

执行程序，在命令行窗口中输出运行结果。

```
>> trycatch1
输入 num=16                      % 根据提示输入 16，也可以输入其他值观察结果
mat_end=
    2
reason =
    ' 索引超出数组元素的个数 (9)。'
```

3.2.3　循环结构

循环结构多用于有规律地重复计算，被重复执行的语句称为循环体，控制循环语句走向的语句称为循环条件。MATLAB 中有 for 循环和 while 循环两种循环语句。

1. for 循环

在 MATLAB 中，最常见的循环结构是 for 循环，常用于已知循环次数的情况，循环的条件判断表达式通常就是循环次数。其语法结构如下：

```
for index=values                % 循环条件判断表达式
    statements                  % 循环体语句组
end
```

初值、增量、终值可正可负，可以是整数，也可以是小数，只要符合数学逻辑即可。for 循环可以实现将一组语句执行特定次数，其中 values 有以下几种形式。

（1）initVal:endVal（初值 : 终值）：变量 index 从 initVal 至 endVal 按 1 递增，重复执行 statements（语句），直到 index 大于 endVal 后停止，如图 3-4（a）所示。即：

```
for index=initVal:endVal        % 变量 = 初值 : 终值
    statements                  % 循环体内的语句组
end
```

（2）initVal:step:endVal（初值：增量：终值）：每次迭代时按 step（增量）的值对 index 进行递增（step 为负数时对 index 进行递减），如图 3-4（b）所示。即：

```
for index=initVal:step:endVal          % 变量 = 初值：增量：终值
    statements                          % 循环体内的语句组
end
```

（3）valA：每次迭代时从数组 valA 的后续列创建列向量 index。在第一次迭代时，index=valA(:,1)，循环最多执行 n 次，其中 n 是 valA 的列数，由 numel(valArray(1,:)) 给定，如图 3-4（c）所示。即：

```
for index=valArray                      % 变量 = 数组
    statements                          % 循环体内的语句组
end
```

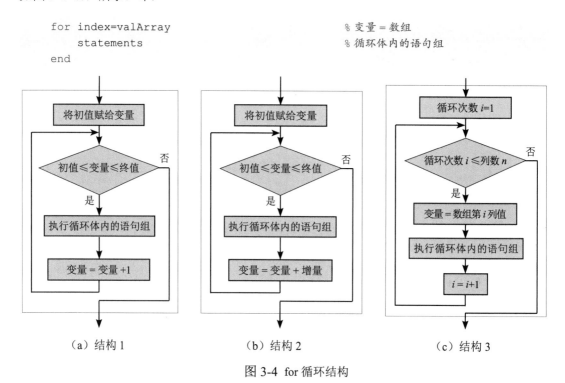

（a）结构 1　　　　　　　　（b）结构 2　　　　　　　　（c）结构 3

图 3-4　for 循环结构

【例 3-9】通过 for 循环创建对称矩阵。

解：在编辑器窗口中编写如下程序，并保存为 forloop1.m。

```
for i=1:4
    for j=1:4
        if i>=j
                mat(i,j)=i^2;
        else
            mat(i,j) =j^2;;
```

```
        end
    end
end
mat
```

执行程序，在命令行窗口中输出运行结果。

```
>> forloop1
mat =
     1     4     9    16
     4     4     9    16
     9     9     9    16
    16    16    16    16
```

【例 3-10】求解 1+3+…+1001 的和。

解：在编辑器窗口中编写如下程序，并保存为 forloop2.m。

```
sum=0;
for i=1:2:1001
    sum=sum + i;
end
sum
```

执行程序，在命令行窗口中输出运行结果。

```
>> forloop2
sum=
    251001
```

2. while 循环

与 for 循环不同，while 循环的判断控制是逻辑判断语句，只有条件为 true（真）时重复执行 while 循环，因此循环次数并不确定，while 循环结构如图 3-5 所示。其语法结构如下：

```
while expression      % 逻辑表达式（循环条件）
    statements        % 循环体内的语句组
end
```

while 循环结构依据逻辑表达式的值判断是否执行循环体内的语句。若循环逻辑表达式的值为真，则执行循环体内的语句一次。在反复执行时，每次都要进行循环逻辑的判断。若循环逻辑表达式的值为假，则程序退出循环，执行 end 之后的语句。

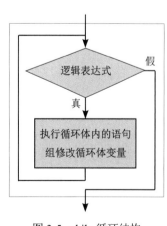

图 3-5 while 循环结构

> 提示 为了避免因逻辑上的失误导致陷入死循环，建议在循环体内的适当位置加 break 语句。

while 循环也可以采用嵌套结构，其语法结构如下：

```
while expression_1              % 逻辑表达式 1
    statements_1                % 循环语句组 1
    while expression_2          % 逻辑表达式 2
        statements_2            % 循环语句组 2
    end
    statements_3                % 循环语句组 3
end
```

> 说明
> - while 循环和 for 循环的区别在于，while 循环结构的循环体被执行的次数是不确定的，而 for 循环中循环体被执行的次数是确定的。当无法确定循环次数但知道满足什么条件循环就会停止时，使用 while 循环比较合理。
> - 表达式的值一般是标量值，但也可为数组。当表达式的值为数组时，当且仅当数组所有元素的逻辑值均为真时，while 循环才继续执行语句组。
> - 如果 while 后的表达式为空数组，那么默认表达式的值为假，此时直接结束循环。

【例 3-11】利用 while 循环求解 100 以内的奇数和。

解：在编辑器窗口中编写如下程序，并保存为 whileloop1.m。

```
sum=0;
i=1;
while i <=100
sum=sum+i;
    i=i+2;
end
sum
```

执行程序，在命令行窗口中输出运行结果。

```
>> whileloop1
sum=
    2500
```

3.2.4 其他常用控制命令

MATLAB 还提供了如下命令，用于控制程序的运行。

1. return 命令

一般在函数执行完成后，MATLAB 才自动将控制权转回主函数或命令行窗口。如果在函数中插入 return 命令，可以强制 MATLAB 结束该函数并把控制权转回主函数或命令行窗口。

2. pause 命令

pause 命令的功能为控制执行文件的暂停与恢复，其调用格式如下：

```
pause                    % 暂停执行文件，等待用户按任意键继续
pause(n)                 % 在继续执行文件之前，暂停 n 秒
```

3. input 函数

函数 input() 将 MATLAB 的控制权暂时交给用户，等待用户通过键盘输入数值、字符串或表达式等，并按 Enter 键将输入内容传递到工作区后，收回控制权。其基本调用格式如下：

```
value=input('message')      % 将用户输入的内容（数值、字符串等）赋值给变量 value
                            % message 是将显示在屏幕上的字符串
value=input('message','s')  % 将用户输入的内容以字符串的形式赋值给变量 value
```

4. keyboard 命令

keyboard 命令将控制权暂时交给键盘，用户可以由键盘输入各种合法的 MATLAB 命令，只有当用户输入完成，并输入 return 命令后，才收回控制权。

keyboard 命令与 input() 函数的不同之处在于：keyboard 允许输入任意多个 MATLAB 命令，而 input() 只允许用户输入赋值给变量的数组、字符串或元胞数组等。

5. continue 命令

continue 命令把控制权交给 for 或 while 循环所嵌套的下一轮迭代（也就是下一轮循环）。

6. break 命令

在 for 循环或 while 循环结构中，有时并不需要运行到最后一次循环，而需要及时跳出循环。break 命令可以实现这一功能，它可用于终止 for 循环或 while 循环。

7. error 和 warning 命令

在编写 M 文件时，常用的错误或警告命令调用格式有以下几种：

```
error('message')        % 显示出错信息 message，终止程序
lasterr                 % 终止程序并显示 MATLAB 系统判断的最新出错原因
warning('message')      % 显示警告信息 message，继续运行程序
lastwarn                % 显示 MATLAB 系统给出的最新警告程序并继续运行
```

【例 3-12】continue 命令使用示例。

解：在编辑器窗口中编写如下程序，并保存为 excon.m。该文件共 8 行，其中有效计数的为 7 行。

```
%sum of numbers
sum=0;
i=0;
while i <=100
sum=sum+i;
    i=i + 2;
end
sum
```

继续在新的编辑器窗口中编写如下程序，并保存为 continue1.m。

```
fid=fopen('excon.m','r');
count=0;
while ~feof(fid)
    line=fgetl(fid);
    if isempty(line) | strncmp(line,'%',1)
        continue
    end
    count=count + 1;
end
disp(sprintf('%d lines',count));
```

执行程序，在命令行窗口中输出运行结果。

```
>> continue1
7 lines
```

【例 3-13】for 循环的中途终止（求解 100 以内的偶数和）。

解：在编辑器窗口中编写如下程序，并保存为 forbreak1.m。

```
sum=0;
i=0;
while i <=1000            % 通过后面的 break 命令退出循环
    sum=sum+i;
    i=i+2;
    if i==100
        break
    end
end
sum
```

执行程序，在命令行窗口中输出运行结果。

```
>> forbreak1
sum=
    2450
```

3.3　M 文件

虽然在命令行窗口中直接输入命令可以进行编程和数据处理，然而当运算复杂、需要几十行甚至成百上千行命令时，命令行窗口就不再适用。这时，可以使用 MATLAB 提供的 M 文件来进行编程。

M 文件是一种文本文件，用于存储 MATLAB 代码。它有函数和脚本两种类型，二者都是以 .m 作为扩展名的文本文件。M 文件可以在通过文本编辑器创建，无需进入命令行窗口。

3.3.1　M 文件编辑器

通常，M 文件是文本文件。因此，可使用一般的文本编辑器编辑 M 文件，以文本模式保存。MATLAB 内部自带了 M 文件编辑器与编译器。

（1）打开 M 文件编辑器（新建 M 文件）的操作方法如下：

- 在 MATLAB 命令行窗口中运行 edit 命令。
- 执行"主页"→"文件"→"新建"→"脚本"命令。
- 单击"主页"→"文件"→"新建脚本"按钮 。
- 单击"主页"→"文件"→"新建实时脚本"按钮 。

打开 M 文件编辑器后的 MATLAB 主界面如图 3-6 所示，此时主界面功能区出现"编辑器"选项卡，中间命令行窗口上方出现"编辑器"窗口。

编辑器是一个集编辑与调试两种功能于一体的工具环境。在进行代码编辑时，通过它可以用不同的颜色来显示注解、关键词、字符串和一般程序代码，使用非常方便。

在编写完 M 文件后，也可以像一般的程序设计语言一样，对 M 文件进行调试、运行。

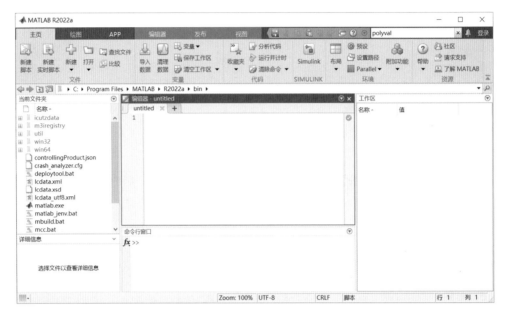

图 3-6 M 文件编辑器

（2）打开已有 M 文件的操作方法如下：

● 在命令行窗口输入 edit filename 命令。其中，filename 是文件名，不带后缀文件名。

● 单击"主页"→"打开"按钮，在弹出的"打开"对话框中打开 M 文件。

● 单击"编辑器"→"打开"按钮，在弹出的"打开"对话框中打开 M 文件。

（3）保存 M 文件的操作方法如下：

● 单击"编辑器"→"保存"按钮，在弹出的对话框中保存 M 文件。

● 执行"编辑器"→"保存"→"另存为"命令，在弹出的对话框中保存 M 文件。

（4）列出与 MATLAB 相关的所有文件和文件夹。

　　MATLAB 的工具库包含大量的预定义 M 文件，如 magic.m 文件，这些文件一般在安装 MATLAB 软件时直接被存放在安装目录中。

　　使用 what 命令可以列出由用户定义的或在 MATLAB 目录中存放的 M 文件。what 的调用格式如下：

```
what                  % 列出当前文件夹路径及在该文件夹中与 MATLAB 相关的所有文件和文件夹
what folderName       % 列出 folderName 的路径、文件和文件夹信息
```

第 3 章　程序设计

3.3.2 函数式 M 文件

MATLAB 中许多常用的函数（如 sqrt、inv 和 abs 等）都是函数式 M 文件。在使用时，MATLAB 获取传递给它的变量，利用操作系统所给的输入，运算得到要求的结果并返回这些结果。

MATLAB 既内置了大量标准初等数学函数（如 abs、sqrt、exp 和 sin），称之为 elfun 函数族；也内置了许多高等数学函数（如贝塞尔函数、Gamma 函数），称之为 specfun 函数族；还内置了初等矩阵和矩阵运算函数，称之为 elmat 函数族。

除 MATLAB 内置函数外，用户还可以自行定义函数，通常用 function 进行声明，下面通过一个示例进行说明。

【例 3-14】自行定义函数 funa，并对其进行调用。

解：在 MATLAB 主界面中执行以下操作。

（1）启动 MATLAB 后，单击"主页"→"文件"→"新建脚本"按钮，打开 M 文件编辑器窗口。

（2）在编辑器窗口中输入以下内容（创建名为 funa.m 的 M 文件）。

```
function f=funa(var)                     % 求变量 var 的正弦
f=sin(var);
end
```

（3）单击"编辑器"→"文件"→"保存"按钮，在弹出的"选择要另存的文件"对话框中保存文件为 funa.m，即可创建函数 funa。

（4）将刚才保存的路径设置为可搜索路径。

```
>> addpath D:\DingJB\MATLAB\Char03          %end 意为将路径放在路径表的最后
```

（5）在命令行窗口中输入以下命令并显示输出结果。

```
>> type funa.m                           % 显示函数内容
function f=funa(var)
f=sin(var);                              % 求变量 var 的正弦
end

>> x=[0 pi/2 pi 3*pi/2 2*pi]             % 输入变量
x=
         0    1.5708    3.1416    4.7124    6.2832
>> sinx=funa(x)                          % 调用函数，将变量 x 传递给函数，并将结果赋给变量 sinx
```

```
sinx=

    0    1.0000    0.0000    -1.0000    -0.0000
```

可以看出，函数的第一行为函数定义行，以 function 作为引导，定义了函数名称（funa）、输入自变量（var）和输出自变量（f）；函数执行完毕返回运行结果。

function 为关键词，说明此 M 文件为函数，第二行为函数主体，规范函数的运算过程，并指出输出自变量的值。

在函数定义行下可以添加注解，以 % 开头，即函数的在线帮助信息。在 MATLAB 的命令行窗口中输入"help 函数主文件名"，即可看到这些帮助信息。

> 🎮➕注意 在线帮助信息和 M 函数定义行之间可以有空行，但是在线帮助信息的各行之间不应有空行。针对自定义函数，后面会有专门的章节进行讲解，在此读者了解即可。

3.3.3 脚本式 M 文件

脚本是 M 文件的一种，其内容由可执行的 MATLAB 程序构成，使原本需要在命令行窗口中逐句输入的程序能够一次性集中地输入 MATLAB 中。脚本的构成比较简单，其主要特点如下：

- 文件是一系列 MATLAB 命令语句的集合。
- 脚本文件运行后，其运算过程中所产生的所有变量都自动保留在工作区中。
- 调用脚本时，会简单地执行文件中找到的命令。脚本可以运行工作区中存在的数据，或者创建新数据，但脚本产生的所有变量都是全局变量，并不随脚本的关闭而清除。

【例 3-15】脚本文件示例。

解：

（1）在 MATLAB 主界面下，单击"主页"→"文件"→"新建脚本"按钮 📄，打开编辑器窗口。

（2）在编辑器窗口中编写程序（M 文件）如下：

```
% This is an example.
type('scriptf.m')
disp('THIS IS AN EXAMPLE.')
```

（3）单击"编辑器"→"文件"→"保存"按钮 💾，将编写的文件保存为 scriptf.m。

（4）在命令行窗口中依次输入以下语句，随后会输出相应的结果。

```
>> type scriptf.m
%This is an example.
type('scriptf.m')
disp('THIS IS AN EXAMPLE.')
```

（5）单击"编辑器"→"运行"→"运行"按钮 ▷ 执行程序，此时在命令行窗口中输出运行结果。

```
>> scriptf
THIS IS AN EXAMPLE.
```

提 示　本书中所有在命令行窗口输入的命令都可以写入 M 文件中执行，另外在本书的资源中将提供所有示例的 M 文件（大部分为脚本）。

3.4　本章小结

本章介绍了使用 MATLAB 进行编程的基本内容，包括变量、语句、程序控制、M 文件（脚本式与函数式）等。这些内容单独而言不能够体现任何价值，然而结合本书的学习和编程实践将会发挥很大的作用。

第4章

图窗信息

MATLAB 一向注重数据的图形表示，并不断地采用新技术改进和完备其可视化功能。MATLAB 提供了许多在二维和三维空间内显示可视信息的函数，利用这些函数可以绘制出所需的图形。MATLAB 中所有的图形都是在图窗中展示的。绘制的图形都基于相应的坐标系，因此需要标题和图例。本章先重点介绍这些绘图知识。

4.1 图窗窗口

图窗是图形的载体，MATLAB 中所有的图形均展示在图窗中，图形都是在图窗的坐标区进行绘制的。下面介绍图窗的相关内容。

4.1.1 创建图窗

在 MATLAB 中利用函数 figure() 可以创建图窗，其调用格式如下：

```
figure                    % 使用默认属性值创建一个新的图窗窗口，生成的图窗为当前图窗
figure(Name,Value)        % 使用一个或多个名称 - 值对组参数修改图窗的属性
```

```
f=figure(___)          % 返回 Figure 对象
figure(f)              % 将 f 指定的图窗作为当前图窗,并将其显示在其他所有图窗的上面
figure(n)              % 查找 Number 属性等于 n 的图窗,并将其作为当前图窗
                       % 若不存在该属性值的图窗,则创建一个新图窗并将其 Number 属性设置为 n
```

【例 4-1】创建图窗示例。

解:在编辑器窗口中输入以下语句。运行程序,输出图形如图 4-1 所示。

```
f=figure;                       % 创建一个默认图窗,输出略
figure('Name','DjbData');       % 创建指定 Name 属性(默认包含图窗编号)的图窗
                                % 如图 4-1 (a)所示
figure(f);                      % 将当前图窗设置为 f
scatter((1:20),rand(1,20));     % 创建一个散点图,如图 4-1 (b)所示
```

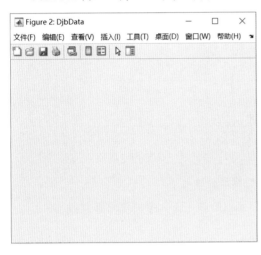

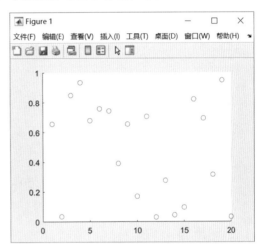

（a）指定 Name 属性　　　　　　　　　　（b）创建散点图

图 4-1　创建图窗

4.1.2　获取当前坐标区或图

在 MATLAB 中,利用 gca 可以获取当前坐标区的属性,其调用格式如下:

```
ax=gca          % 返回当前图窗中的当前坐标区
                % 若当前图窗中没有坐标区或图,则 gca 创建一个笛卡儿坐标区对象
```

【例 4-2】指定当前坐标区的属性示例。

解:在编辑器窗口中输入以下语句。运行程序,输出图形如图 4-2 所示。

```
clear
x=linspace(0,10);
y=sin(2*x);
plot(x,y)                        % 绘制正弦波，如图 4-2（a）所示

ax=gca;                          % 获取当前坐标区
ax.FontSize=12;                  % 设置当前坐标区的字体大小
ax.TickDir='out';                % 设置当前坐标区的刻度方向
ax.TickLength=[0.02 0.02];       % 设置当前坐标区的刻度长度
ax.YLim=[-1.5 1.5];              % 设置当前坐标区的 y 坐标轴范围，最终如图 4-2（b）所示
```

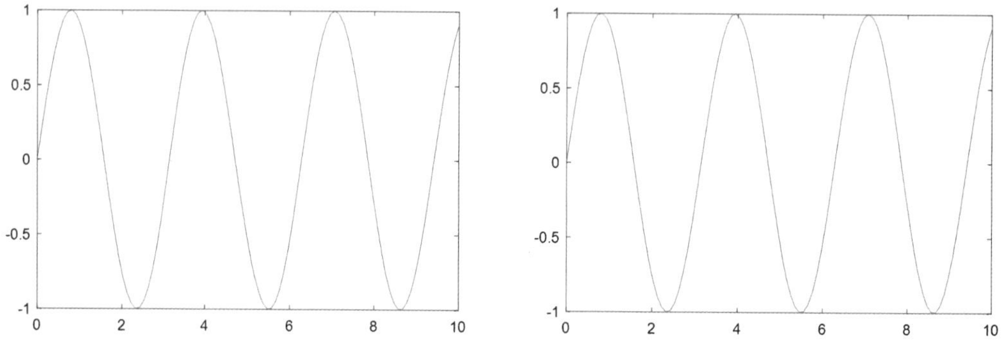

（a）默认属性　　　　　　　　　　　　　　　　（b）指定属性

图 4-2　坐标区属性修改示例

4.1.3　创建笛卡儿坐标区

在 MATLAB 中，利用 axes 可以创建笛卡儿坐标区，其调用格式如下：

```
axes                             % 在当前图窗中创建默认的笛卡儿坐标区，并将其设置为当前坐标区
axes(Name,Value)                 % 使用名称 - 值对组参数修改坐标区的外观，或控制数据的显示方式
axes(parent,Name,Value)          % 在由 parent 指定的图窗、面板中创建坐标区
ax=axes(___)                     % 返回创建的 Axes 对象
axes(cax)                        % 将 cax 指定的坐标区设置为当前坐标区，并使父图窗成为焦点
```

> 提示　通常情况下，不需要在绘图之前创建坐标区，因为如果不存在坐标区，图形函数会在绘图时自动创建坐标区。

【例 4-3】在图窗中定位多个坐标区。

解：在编辑器窗口中输入以下语句。运行程序，输出图形如图 4-3 所示。

```
figure
ax1=axes('Position',[0.1 0.1 0.7 0.7]);        % 指定第一个 Axes 对象的位置
                                               % 其左下角位于点 (0.1 0.1) 处，宽度和高度均为 0.7
ax2=axes('Position',[0.5 0.5 0.4 0.4]);        % 指定第二个 Axes 对象的位置
contour(ax1,peaks(20))                         % 指定在坐标区 ax1 上绘图
surf(ax2,peaks(20))                            % 指定在坐标区 ax2 上绘图
```

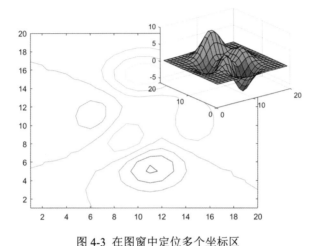

图 4-3　在图窗中定位多个坐标区

4.1.4　清除坐标区

在 MATLAB 中，利用 cla 可以清除坐标区，其调用格式如下：

```
cla                  % 从当前坐标区删除包含可见句柄的所有图形对象
cla(ax)              % 删除 ax 指定的坐标区、极坐标区或地理坐标区中的图形对象
cla reset            % 从当前坐标区删除图形对象，并将属性重置为默认值，Position 和 Units 除外
cla(ax,'reset')      % 重置指定坐标区的属性
```

【例 4-4】清除特定坐标区。

解：在编辑器窗口中输入以下语句。运行程序，输出图形如图 4-4 所示。

```
tiledlayout(2,1)         % 创建一个 2×1 分块图布局
ax1=nexttile;           % 调用 nexttile 函数创建坐标区对象
surf(ax1,peaks)         % 将绘图添加到坐标区，输出略
ax2=nexttile;
contour(ax2,peaks)      % 将绘图添加到坐标区，如图 4-4（a）所示

cla(ax1)                % 通过指定 ax1 清除上方坐标区中的曲面图，如图 4-4（b）所示
cla(ax1,'reset')        % 重置坐标区的所有属性，如图 4-4（c）所示
```

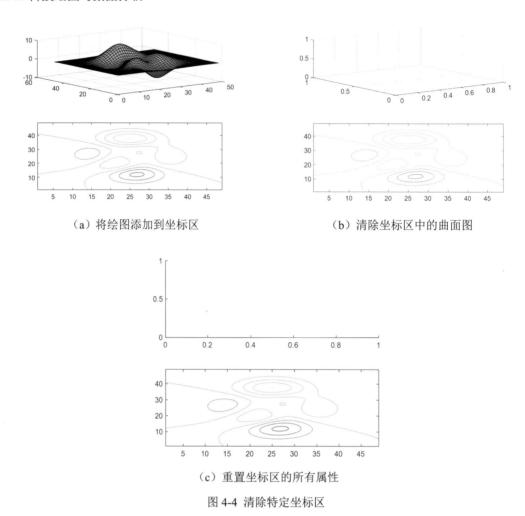

（a）将绘图添加到坐标区　　　　　（b）清除坐标区中的曲面图

（c）重置坐标区的所有属性

图 4-4　清除特定坐标区

4.1.5　清空图窗

在 MATLAB 中，利用 clf 可以清空整个图窗，其调用格式如下：

```
clf                  % 删除当前图窗中具有可见句柄的所有子级
clf(fig)             % 删除指定图窗中具有可见句柄的所有子级
clf('reset')         % 删除当前图窗的所有子级，无论其句柄可见与否
clf(fig,'reset')     % 删除指定图窗的所有子级并重置其属性
```

【例 4-5】清空当前图窗。

解：在编辑器窗口中输入以下语句。运行程序，输出图形如图 4-5 所示。

```
x=linspace(0,2*pi);
y=sin(x);
plot(x,y)
f=gcf;
f.Color=[0 0.5 0.5];          % 设置当前图窗的背景颜色，如图 4-5（a）所示

clf                            % 清空图窗，此时仅会删除线图，不影响图的背景颜色
f=clf('reset');                % 重置图窗属性并返回图窗的子级，将背景颜色重置为其默认值
```

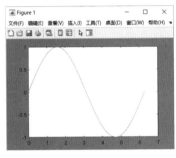

（a）设置图窗背景色　　　　（b）清空图窗　　　　（c）重置图窗

图 4-5　清空当前图窗

4.2　分块图布局

分块图布局包含覆盖整个图窗（或父容器）的不可见图块网格。每个图块可以包含一个用于显示绘图的坐标区。

4.2.1　分块图布局函数

在 MATLAB 中，利用函数 tiledlayout() 可以创建分块图布局，用于显示当前图窗中的多个绘图，其调用格式如下：

```
tiledlayout(m,n)            % 创建分块图布局（m×n），最多可显示 m×n 个绘图
tiledlayout('flow')        % 指定布局的 'flow' 图块排列，起始只有一个空图块填充整个布局
                           % 调用 nexttile 时，布局都会根据需要进行调整以适应新坐标区
                           % 并保持所有图块的纵横比约为 4:3
tiledlayout(___,Name,Value)    % 使用名称 - 值对组参数指定布局的其他选项
tiledlayout(parent,___)        % 在指定的父容器中而不是在当前图窗中创建布局
t=tiledlayout(___)             % 返回 TiledChartLayout 对象
```

　　创建布局后，调用函数 nexttile() 可以将坐标区对象放置到布局中，然后调用绘图函数在该坐标区中绘图。函数 nexttile() 调用格式如下：

```
nexttile              %创建一个坐标区对象，将其放入当前图窗中的分块图布局的下一个空图块中
                      %若没有布局，则会创建一个新布局并使用 'flow' 图块排列进行配置
nexttile(span)        %创建一个占据布局中心网格多行或多列的坐标区对象
                      %span 为 [r c] 形式的向量，坐标区占据 r×c 的图块
nexttile(tilelocation)
                      %将当前坐标区指定为 tilelocation 指定的图块中的坐标区或独立可视化
```

提示　在 MATLAB 中，函数 tiledlayout() 与函数 nexttile() 配合使用。

4.2.2　创建布局

【例 4-6】创建分块图布局，并在图块中绘图。

解：在编辑器窗口中输入以下语句。运行程序，输出图形如图 4-6 所示。

```
clear, clf
tiledlayout(2,2);     %创建一个 2×2 分块图布局
[X,Y,Z]=peaks(20);    %调用 peaks() 函数获取预定义曲面的坐标

nexttile              %将创建的坐标区对象放入当前图窗中的分块图布局的下一个空图块中
surf(X,Y,Z)           %在坐标区中绘图

nexttile
contour(X,Y,Z)

nexttile
imagesc(Z)

nexttile
plot3(X,Y,Z)
```

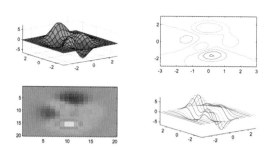

图 4-6　创建分块图布局

4.2.3 指定流式图块排列

【例 4-7】指定流式图块排列。

解：在编辑器窗口中输入以下语句。运行程序，输出图形如图 4-7 所示。

```
% 创建 4 个坐标向量：x、y1、y2 和 y3
x=linspace(0,30);
y1=sin(x/2);
y2=sin(x/3);
y3=sin(x/4);

tiledlayout('flow')     % 参数 'flow'，创建可容纳任意数量的坐标区的分块图布局
nexttile                % 创建第一个坐标区
plot(x,y1)              % 在第一个图块中绘制 y1，第一个图填充整个布局
```

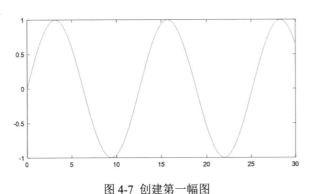

图 4-7 创建第一幅图

创建第二个图块和坐标区，并绘制到坐标区中，此时输出图形如图 4-8 所示。

```
nexttile
plot(x,y2)
```

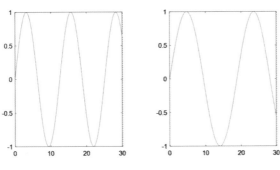

图 4-8 创建第二幅图

重复该过程以创建第三个绘图，此时输出图形如图 4-9 所示。

```
nexttile
plot(x,y3)
```

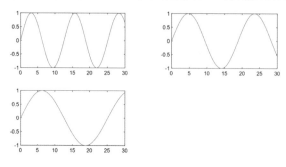

图 4-9 创建第三幅图

重复该过程以创建第 4 个绘图，此时输出图形如图 4-10 所示。

```
nexttile
plot(x,y1)
hold on                    % 在同一坐标区中绘制全部三条线
plot(x,y2)
plot(x,y3)
hold off
```

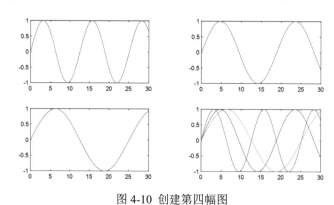

图 4-10 创建第四幅图

4.2.4 创建布局标题和轴标签

【例 4-8】在每个图块中创建一个带标题的绘图，并创建布局标题和轴标签。

解：在编辑器窗口中输入以下语句。运行程序，输出图形如图 4-11 所示。

```
clear, clf
t=tiledlayout(2,2,'TileSpacing','Compact');          % 创建一个 2×2 分块图布局 t
                              % 指定 TileSpacing "名称－值对" 组参数，可以最小化图块之间的空间
nexttile
plot(rand(1,20))
title('Sample 1')

nexttile
plot(rand(1,20))
title('Sample 2')

nexttile
plot(rand(1,20))
title('Sample 3')

nexttile
plot(rand(1,20))
title('Sample 4')

% 通过将 t 传递给 title、xlabel 和 ylabel 函数，显示布局标题和轴标签
title(t,'Size vs. Distance')
xlabel(t,'Distance (mm)')
ylabel(t,'Size (mm)')
```

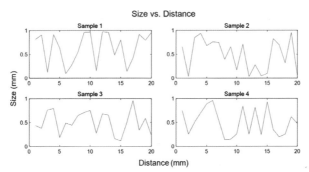

图 4-11 创建布局标题和轴标签

4.2.5 创建占据多行和多列的坐标区

【例 4-9】将 scores 和 strikes 定义为包含 4 场保龄球联赛数据的向量。通过显示三个图块分别显示每个团队的击球数量。

解： 在编辑器窗口中输入以下语句。运行程序，输出图形如图 4-12 所示。

```
clear, clf
scores=[444 460 380 ; 387 366 500 ; 365 451 611 ; 548 412 452];
strikes=[9  6  5 ; 6  4  8 ; 4  7  16  ; 10 9  8];
t=tiledlayout('flow');            % 创建一个分块图布局

nexttile
plot([1 2 3 4],strikes(:,1),'-o')
title('Team 1 Strikes')

nexttile
plot([1 2 3 4],strikes(:,2),'-o')
title('Team 2 Strikes')

nexttile
plot([1 2 3 4],strikes(:,3),'-o')
title('Team 3 Strikes')
```

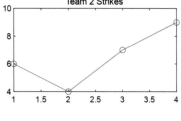

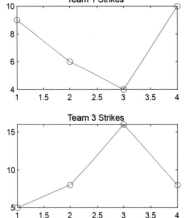

图 4-12 创建占据多行和多列的坐标区 1

继续在编辑器窗口中输入以下语句。运行程序，输出图形如图 4-13 所示。

```
nexttile([2 3]);                        % 创建占据两行三列的坐标区对象
bar([1 2 3 4],scores)                   % 在此坐标区中绘制一个带图例的条形图
% 配置轴刻度值和标签
legend('Team 1','Team 2','Team 3','Location','northwest')
xticks([1 2 3 4])
xlabel('Game')
ylabel('Score')

title(t,'April Bowling League Data')    % 在布局中添加标题
```

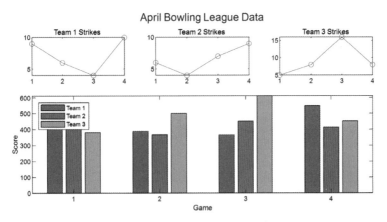

图 4-13 创建占据多行和多列的坐标区 2

4.2.6 从特定编号的图块开始放置坐标区对象

当需要从特定位置开始放置坐标区对象时，需要指定图块编号和跨度值。

【例 4-10】将 scores 和 strikes 定义为包含 4 场保龄球联赛数据的向量。创建一个 3×3 的分块图布局，并显示 5 个条形图，其中显示每个团队的击球次数。

解：在编辑器窗口中输入以下语句。运行程序，输出图形如图 4-14 所示。

```
clear, clf
scores=[444 460 380 388 389; 387 366 500 467 460;
        365 451 611 426 495; 548 412 452 471 402];
strikes=[9 6 5 7 5; 6 4 8 10 7; 4 7 16 9 9; 10 9 8 8 9];
t=tiledlayout(3,3);

nexttile
bar([1 2 3 4],strikes(:,1))
title('Team 1 Strikes')

nexttile
bar([1 2 3 4],strikes(:,2))
title('Team 2 Strikes')

nexttile
bar([1 2 3 4],strikes(:,3))
title('Team 3 Strikes')

nexttile
bar([1 2 3 4],strikes(:,4))
```

```
title('Team 4 Strikes')

nexttile(7)
bar([1 2 3 4],strikes(:,5))
title('Team 5 Strikes')
```

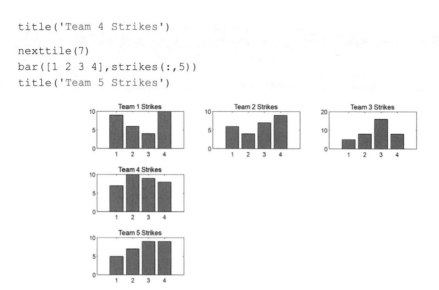

图 4-14 从特定编号的图块开始放置坐标区对象 1

继续在编辑器窗口中输入以下语句。运行程序，输出图形如图 4-15 所示。

```
% 显示一个带有图例的较大绘图
nexttile(5,[2 2]);              % 将坐标区的左上角放在第 5 个图块中，并占据图块的两行和两列
plot([1 2 3 4],scores,'-.')                    % 绘制所有团队的分数
labels={'Team 1','Team 2','Team 3','Team 4','Team 5'};
legend(labels,'Location','northwest')

xticks([1 2 3 4])                              % 为每个轴添加标签
xlabel('Game')
ylabel('Score')

title(t,'April Bowling League Data')           % 在布局中添加标题
```

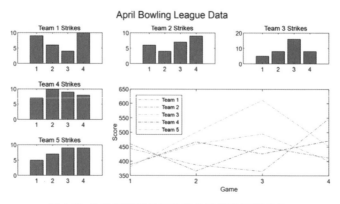

图 4-15 从特定编号的图块开始放置坐标区对象 2

4.2.7　替换图块的内容

【例 4-11】替换图块的内容。

解：在编辑器窗口中输入以下语句。运行程序，输出图形如图 4-16 所示。

```
clear, clf
load patients                                    % 加载 patients 数据集
tbl=table(Diastolic,Smoker,Systolic,Height,Weight,…
        SelfAssessedHealthStatus);               % 基于变量子集创建一个表
tiledlayout(2,2)                                  % 创建一个 2×2 的分块图布局

nexttile
scatter(tbl.Height,tbl.Weight)                    % 绘制散点图

nexttile
heatmap(tbl,'Smoker','SelfAssessedHealthStatus', …
        'Title','Smoker''s Health');              % 绘制热图

nexttile([1 2])
stackedplot(tbl,{'Systolic','Diastolic'});        % 绘制堆叠柱状图（跨两个图块）
```

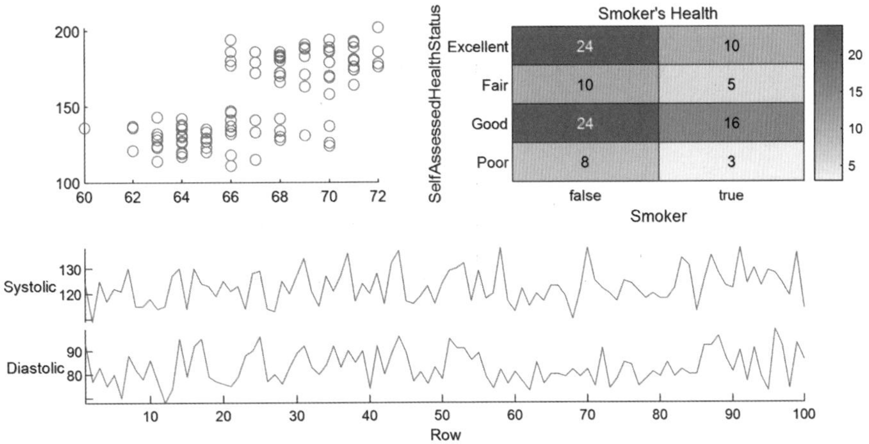

图 4-16　替换图块的内容前

继续在编辑器窗口中输入以下语句。运行程序，输出图形如图 4-17 所示。

```
nexttile(1)                                       % 将图块编号为 1 的坐标区置为当前坐标区
scatterhistogram(tbl,'Height','Weight');          % 用散点直方图替换该图块的内容
```

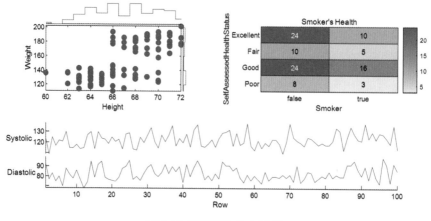

图 4-17 替换图块的内容后

4.3 子图布局

在一个图形窗口中，可以绘制多个子图，如 2×3 的子图位置示意如图 4-18 所示。

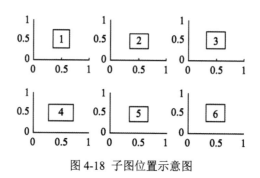

图 4-18 子图位置示意图

4.3.1 划分子图函数

在 MATLAB 中，利用 subplot() 函数可以实现在一个图形窗口同时绘制多个子图形。该函数只是创建绘制子图的子图坐标平面，绘图仍然需要使用 plot() 等绘图函数绘制。其调用格式如下：

```
subplot(m,n,p)              % 将当前图窗划分为 m×n 的网格，并在指定的位置 p 创建坐标区
subplot(m,n,p,'align')      % 创建新坐标区，并对齐图框（默认行）
```

```
subplot(m,n,p,'replace')          % 删除位置 p 处的现有坐标区并创建新坐标区
subplot(m,n,p,ax)                 % 将现有坐标区 ax 转换为同一图窗中的子图
subplot('Position',pos)           % 在 pos 指定的自定义位置创建坐标区
subplot(___,Name,Value)           % 使用一个或多个名称 – 值对组参数修改坐标区属性
ax=subplot(___)                   % 创建 Axes、PolarAxes 或 GeographicAxes 对象
subplot(ax)                       % 将 ax 指定的坐标区设为父图窗的当前坐标
```

> 说明 使用 pos 选项可定位未与网格位置对齐的子图，pos 指定为 [left bottom width height] 形式的四元素向量，若把当前图形窗口看成 1.0×1.0 的平面，则 left、bottom、width、height 分别在 (0,1) 的范围内取值，分别表示所创建当前子图坐标平面距离图形窗口左边、底边的长度，以及所建子图坐标平面的宽度和高度。

在 MATLAB 中，使用 clf 命令可以清除图窗中的现有子图布局。函数 subplot() 会删除与新坐标区重叠的现有坐标区；而函数 axes() 可以实现坐标区的叠加。如：

```
subplot('Position',[.35 .35 .3 .3])    % 会删除所有底层坐标区
axes('Position',[.35 .35 .3 .3])       % 将新坐标区置于图窗的中部而不删除底层坐标区
```

4.3.2 创建子图

【例 4-12】将图窗划分为 4 个子图窗口，在每个子图上绘制一条正弦波并为每个子图指定标题。

解：在编辑器窗口中输入以下语句。运行程序，输出图形如图 4-19 所示。

```
subplot(2,2,1)                    % 创建 2×2 的子图窗口，并指定在子图 1 上绘制图形
x=linspace(0,10);
y1=sin(x);
plot(x,y1)
title('Subplot 1: sin(x)')

subplot(2,2,2)                    % 指定在子图 2 上绘制图形
y2=sin(2*x);
plot(x,y2)
title('Subplot 2: sin(2x)')

subplot(2,2,3)                    % 指定在子图 3 上绘制图形
y3=sin(4*x);
plot(x,y3)
title('Subplot 3: sin(4x)')

subplot(2,2,4)                    % 指定在子图 4 上绘制图形
y4=sin(8*x);
```

```
plot(x,y4)
title('Subplot 4: sin(8x)')
```

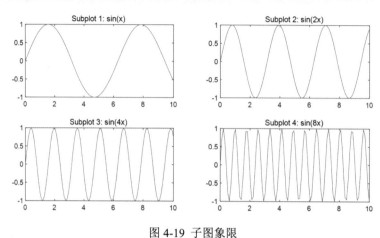

图 4-19 子图象限

将子图替换为空坐标区。在编辑器窗口中输入以下语句。运行程序，输出图形如图 4-20 所示。

```
subplot(2,2,2,'replace')                    % 将子图 2 替换为空坐标区
```

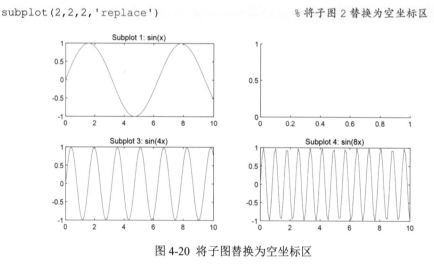

图 4-20 将子图替换为空坐标区

4.3.3 绘制大小不同的子图

【例 4-13】创建一个包含三个子图的图窗。

解：在编辑器窗口中输入以下语句。运行程序，输出图形如图 4-21 所示。

```
clear, clf
subplot(2,2,1);
x=linspace(-3.8,3.8);
y_cos=cos(x);
plot(x,y_cos);
title('Subplot 1: Cosine')

subplot(2,2,2);
y_poly=1 - x.^2./2 + x.^4./24;
plot(x,y_poly,'g');
title('Subplot 2: Polynomial')

subplot(2,2,[3,4]);                    % 在图窗的下半部分创建第三个子图
plot(x,y_cos,'b',x,y_poly,'g');
title('Subplot 3 and 4: Both')
```

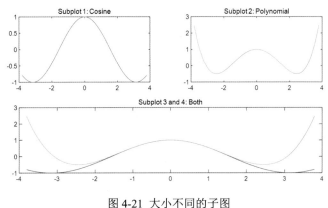

图 4-21 大小不同的子图

4.3.4 自定义子图位置

【例 4-14】创建包含两个未与网格位置对齐的子图的图窗。

解：在编辑器窗口中输入以下语句。运行程序，输出图形如图 4-22 所示。

```
clear, clf
pos1=[0.1 0.3 0.3 0.3];               % 为子图 1 指定一个自定义位置
subplot('Position',pos1)
y=magic(4);
plot(y)
title('First Subplot')

pos2=[0.5 0.15 0.4 0.7];              % 为子图 2 指定一个自定义位置
```

```
subplot('Position',pos2)
bar(y)
title('Second Subplot')
```

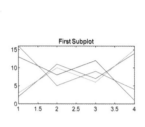
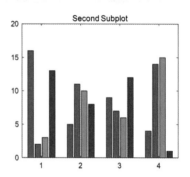

图 4-22 定义子图位置

4.3.5 创建包含极坐标区的子图

【例 4-15】创建包含两个极坐标区的图窗。

解：在编辑器窗口中输入以下语句。运行程序，输出图形如图 4-23 所示。

```
clear, clf
figure
ax1=subplot(1,2,1,polaraxes);
theta=linspace(0,2*pi,50);
rho=sin(theta).*cos(theta);
polarplot(ax1,theta,rho)            % 创建极坐标线图

ax2=subplot(1,2,2,polaraxes);
polarscatter(ax2,theta,rho)         % 创建极坐标散点图
```

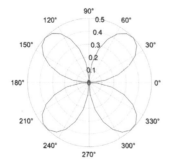
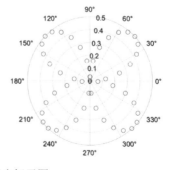

图 4-23 极坐标子图

4.3.6 将子图置为当前坐标区

【例 4-16】将子图置为当前坐标区。

解：在编辑器窗口中输入以下语句。运行程序，输出图形如图 4-24 所示。

```
clear, clf
for k=1:4
    ax(k)=subplot(2,2,k);        % 创建一个包含多个子图的图窗，将 Axes 对象存储在 ax 中
end

subplot(ax(2))                   % 让子图 2 成为当前坐标区
x=linspace(1,50);
y=sin(x);
plot(x,y,'Color',[0.1, 0.5, 0.1])    % 创建线图
title('Second Subplot')
axis([0 50 -1 1])                % 更改子图的坐标轴范围
```

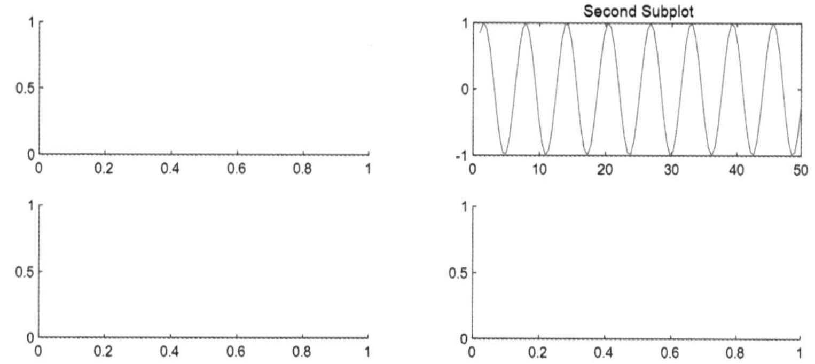

图 4-24 将子图置为当前坐标区

4.3.7 将现有坐标区转换为子图

【例 4-17】将现有坐标区转换为子图。

解：在编辑器窗口中输入以下语句。运行程序，输出图形如图 4-25 所示。

```
clear, clf
x=linspace(1,10);
y=sin(x);
plot(x,y)                        % 创建一个线图，输出略
title('Sine Plot')
```

```
ax=gca;
subplot(2,1,2,ax)                          % 转换坐标区，使其成为图窗的下部子图
```

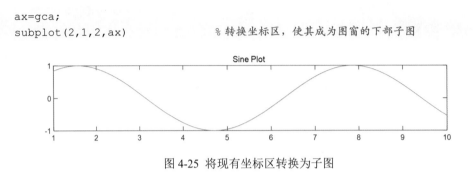

图 4-25 将现有坐标区转换为子图

4.3.8 将不同图窗中的坐标区转换为子图

【例 4-18】将位于不同图窗中的坐标区合并到包含子图的单个图窗中。

解：在编辑器窗口中输入以下语句。

```
clear, clf
figure(1)
x=linspace(0,10);
y1=sin(x);
plot(x,y1)                                 % 在图窗 1 中创建图 1，输出略
title('Line Plot 1')
ax1=gca;                                    % 将 Axes 对象赋给变量 ax1

figure(2)
y2=2*sin(x);
plot(x,y2)                                  % 在图窗 1 中创建图 2，输出略
title('Line Plot 2')
lgd=legend('2*Sin(x)');                     % 将 Legend 对象赋给变量 lgd
ax2=gca;                                    % 将 Axes 对象赋给变量 ax2
```

下面将不同图窗中的坐标区转换为子图。由于图例和颜色栏不会随相关坐标区一起复制，因此图例随坐标区一起复制。运行程序，输出图形如图 4-26 所示。

```
fnew=figure(3);                            % 指定新图窗
ax1_copy=copyobj(ax1,fnew);                % 创建 Axes 对象 ax1 的副本
subplot(2,1,1,ax1_copy)

copies=copyobj([ax2,lgd],fnew);            % 图例及坐标区一起复制
   ax2_copy=copies(1);
subplot(2,1,2,ax2_copy)
```

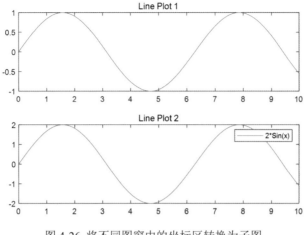

图 4-26 将不同图窗中的坐标区转换为子图

4.4 坐标轴信息

坐标轴是数学中用于表示点、线、面等图形位置的参考线，帮助读者测量、绘制和分析图形、方程和数据。在坐标轴上通常包括轴线、轴标签、轴刻度等信息。

4.4.1 添加轴标签

在 MATLAB 中，利用函数 xlabel() 可以为当前坐标区中的 X 轴添加一个标签，其调用格式如下：

```
xlabel(txt)              % 对当前坐标区或独立可视化的 X 轴加标签
xlabel(target,txt)       % 为指定的目标对象添加标签
xlabel(___,Name,Value)   % 使用一个或多个"名称 - 值"对组参数修改标签外观
t=xlabel(___)            % 返回用作 X 轴标签的文本对象
```

另外，利用函数 ylabel() 及 zlabel() 可以为当前坐标区中的 Y 轴、Z 轴添加标签。它们的调用方式一致。

【例 4-19】添加轴标签。

解： 在编辑器窗口中输入以下语句。运行程序，输出图形如图 4-27 所示。

```
subplot(1,2,1)
plot((1:10).^2)
```

```
xlabel({'Population','(in thousands)'})        % 使用字符向量元胞数组创建多行标签

subplot(1,2,2)
x=linspace(-2*pi,2*pi);
y=sin(x);
plot(x,y)
xlabel('-2\pi \leq x \leq 2\pi')               % 使用 TeX 标记将特殊字符包括在标签中
```

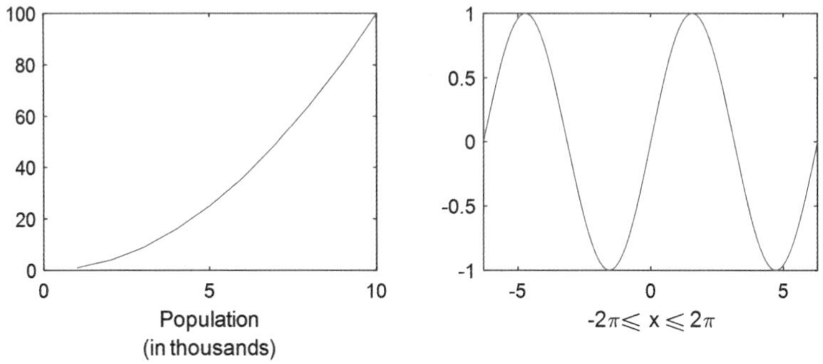

图 4-27 添加轴标签

4.4.2 设置坐标轴范围

在 MATLAB 中，利用函数 xlim() 可以设置当前坐标区中的 X 坐标轴的范围，其调用格式如下：

```
xlim(limits)          % 设置当前坐标区或图的 x 坐标轴范围
                      % limits 指定为 [xmin xmax] 形式的二元素向量
xl=xlim               % 以二元素向量形式返回当前范围
xlim(limitmethod)     % 指定自动范围选择的限制方法，可省略括号
                      % 包括 'tickaligned'、'tight' 或 'padded'（XLimitMethod 属性）
   xlim(limitmode)    % 指定自动或手动范围选择，括号可省略
                      % 'auto' 启用自动范围选择 'manual' 将 X 轴范围冻结在当前值
m=xlim('mode')        % 返回当前 X 坐标轴范围模式：'auto' 或 'manual'
```

另外，利用函数 ylim() 及 zlim() 可以设置当前坐标区中的 Y 坐标轴、Z 坐标轴的范围。它们的调用方式一致。

【例 4-20】设置坐标轴范围。

解：在编辑器窗口中输入以下语句。运行程序，输出图形如图 4-28 所示。

```
figure(1)
subplot(2,2,1)
```

```
x=linspace(0,10);
y=sin(x);
plot(x,y)
xlim([0 10])                        % 将 X 坐标轴范围设置为 0~10

subplot(2,2,2)
[X,Y,Z]=peaks;
surf(X,Y,Z)
xlim([0 inf])                       % 仅显示大于 0 的 x 值

subplot(2,2,[3,4])
x=linspace(-10,10,200);
y=sin(4*x)./exp(x);
plot(x,y)
xlim([0 10])                        % 指定 X 坐标轴范围
ylim([-0.4 0.8])                    % 指定 Y 坐标轴范围
```

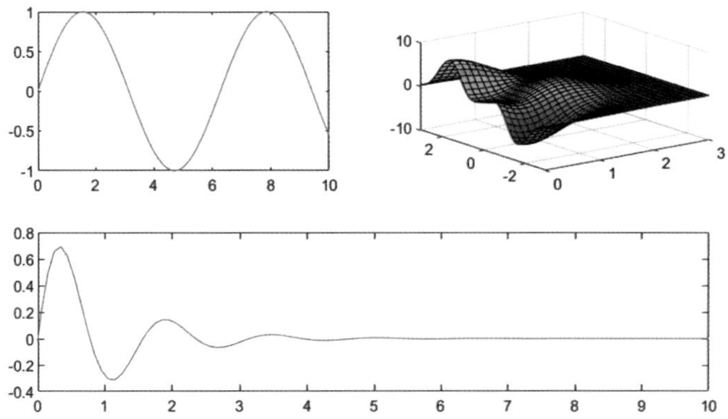

图 4-28　设置坐标轴范围 1

继续在编辑器窗口中输入以下语句。运行程序，输出图形如图 4-29 所示。

```
figure(2)
[X,Y,Z]=peaks;
subplot(1,2,1)
surf(X,Y,Z);
zlim([-3 5])                        % 将 Z 坐标轴范围设置为 -3~8

subplot(1,2,2)
mesh(X,Y,Z)
zlim([0 inf])                       % 仅显示大于 0 的 z 值
```

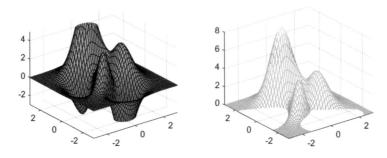

图 4-29 设置坐标轴范围 2

继续在编辑器窗口中输入以下语句。运行程序，输出图形如图 4-30 所示。

```
figure(3)
tiledlayout(2,1)
x=linspace(0,5,1000);
y=sin(100*x)./exp(x);
ax1=nexttile;
plot(ax1,x,y)

ax2=nexttile;
plot(ax2,x,y)
xlim(ax2,[0 1])                    % 设置底部图的 X 坐标轴范围
```

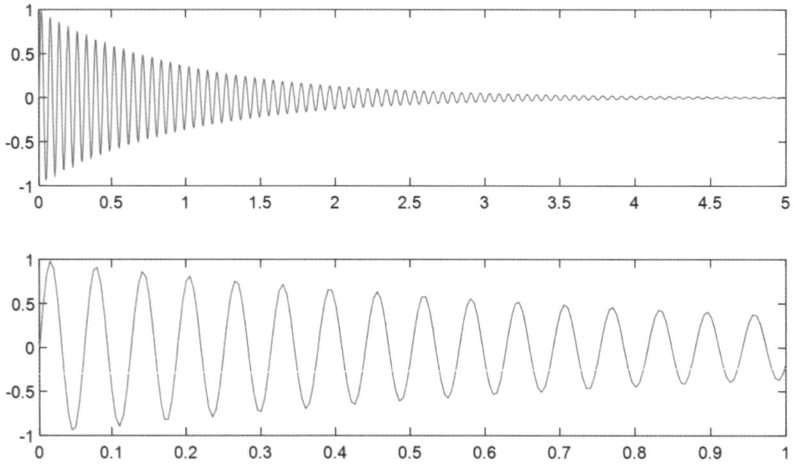

图 4-30 设置坐标轴范围 3

4.4.3 设置坐标轴刻度

在 MATLAB 中，利用函数 xticks() 可以设置当前坐标区中的 X 坐标轴的刻度值，其调用格式如下：

```
xticks(ticks)        % 设置 X 轴刻度值，即 X 轴上显示刻度线的位置，ticks 递增值向量
xt=xticks            % 以向量形式返回当前 X 轴刻度值
xticks('auto')       % 设置自动模式，使坐标区确定 X 轴刻度值
xticks('manual')     % 设置手动模式，将 X 轴刻度值冻结在当前值
m=xticks('mode')     % 返回当前 X 轴刻度值模式：'auto' 或 'manual'
```

另外，利用函数 yticks() 及 zticks() 可以设置当前坐标区中的 Y 坐标轴、Z 坐标轴的刻度值。它们的调用方式一致。

【例 4-21】设置坐标轴刻度示例。

解：在编辑器窗口中输入以下语句。运行程序，输出图形如图 4-31 所示。

```
subplot(2,2,1)
x=linspace(0,10);
y=x.^2;
plot(x,y)
xticks([0 5 10])                        % 在值 0、5 和 10 处显示 X 轴的刻度线
xticklabels({'x=0','x=5','x=10'})       % 为每个刻度线指定一个标签

subplot(2,2,2)
x=linspace(-5,5);
y=x.^2;
plot(x,y)
xticks([-5 -2.5 -1 0 1 2.5 5])          % 沿 X 轴以介于 -5 和 5 之间的非均匀值显示刻度线

subplot(2,2,3)
x=linspace(0,50);
y=sin(x/2);
plot(x,y)
xticks(0:10:50)                         % 沿 X 轴以 10 为增量显示刻度线，从 0 开始，到 50 结束

subplot(2,2,4)
x=linspace(0,6*pi);
y=sin(x);
plot(x,y)
xlim([0 6*pi])
xticks(0:pi:6*pi)                       % 默认用数值标注刻度线
xticklabels({'0','\pi','2\pi','3\pi','4\pi','5\pi','6\pi'})
                                        % 通过为每个标签指定文本来更改标签以显示 π
```

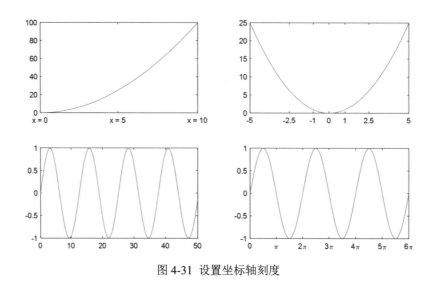

图 4-31 设置坐标轴刻度

4.4.4 设置坐标轴刻度标签

在 MATLAB 中，利用函数 xticklabels() 可以设置当前坐标区中 X 坐标轴的刻度标签，其调用格式如下：

```
xticklabels(labels)          % 设置当前坐标区的 X 轴刻度标签
                             % labels 指定为字符串数组或字符向量元胞数组
xl=xticklabels               % 返回当前坐标区的 X 轴刻度标签
xticklabels('auto')          % 设置自动模式，使坐标区确定 X 轴刻度标签
xticklabels('manual')        % 设置手动模式，将 X 轴刻度标签冻结在当前值
m=xticklabels('mode')        % 返回 X 轴刻度标签模式的当前值：'auto' 或 'manual'
```

另外，利用函数 yticklabels() 及 zticklabels() 可以设置当前坐标区中的 Y 坐标轴、Z 坐标轴的刻度标签。它们的调用方式一致。

【例 4-22】设置坐标轴刻度标签。

解：在编辑器窗口中输入以下语句。运行程序，输出图形如图 4-32（a）所示。

```
clear, clf
x=linspace(0,10);
y=x.^2;
plot(x,y)
xticks([0 5 10])                        % 在值 0、5 和 10 处显示 X 轴的刻度线
xticklabels({'x=0','x=5','x=10'})       % 为每个刻度线指定一个标签
```

```
stem(1:10)
xticks([1 4 6 10])                                    % 指定 X 轴刻度值
xticklabels({'A','B','C','D'})                        % 指定 X 轴刻度值对应的标签
```

将 X 轴刻度标签设置回默认标签，可采用下面的语句，输出如图 4-32（b）所示。

```
xticks('auto')
xticklabels('auto')
```

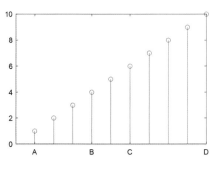

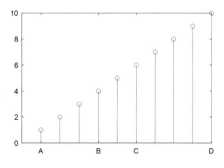

（a）指定刻度值对应的标签　　　　　　　　　　（b）设置回默认标签

图 4-32 设置坐标轴刻度标签

4.4.5 旋转坐标轴刻度标签

在 MATLAB中，利用函数 xtickangle() 可以旋转当前坐标区中 X 坐标轴的刻度标签，其调用格式如下：

```
xtickangle(angle)          % 将当前坐标区的 X 轴刻度标签旋转到指定角度（以度为单位）
                           % 其中 0 表示水平，正值表示逆时针旋转，负值表示顺时针旋转
xtickangle(ax,angle)       % 旋转 ax 指定的坐标区的刻度标签，而非旋转当前坐标区
ang=xtickangle            % 以标量值形式返回当前坐标区的 X 轴刻度标签的旋转角度
ang=xtickangle(ax)        % 使用 ax 指定的坐标区，而不是使用当前坐标区
```

另外，利用函数 ytickangle() 及 ztickangle() 可以旋转当前坐标区中的 Y 坐标轴、Z 坐标轴的刻度值标签。它们的调用方式一致。

【例 4-23】旋转坐标轴刻度标签。

解：在编辑器窗口中输入以下语句。运行程序，输出图形如图 4-33 所示。

```
subplot(1,3,1)
x=linspace(0,10,21);
y=x.^2;
stem(x,y)
```

```
xtickangle(45)                    % 旋转 X 轴刻度标签，使其与水平平面呈 45° 角显示

subplot(1,3,2)
stem(x,y)
ytickangle(90)                    % 将 Y 轴刻度标签旋转 90°，以使它们垂直显示

subplot(1,3,3)
[x,y,z]=peaks;
surf(x,y,z)                       % 创建一个曲面图
ztickangle(-45)                   % 将 Z 轴刻度标顺时针旋转 45°
```

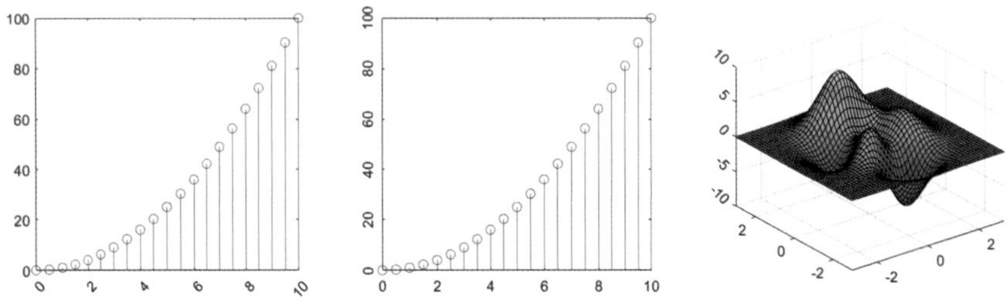

图 4-33 旋转坐标轴刻度标签

4.4.6 显示坐标区轮廓

在 MATLAB 中，使用 box 命令可以开启或封闭二维图形的坐标框，默认坐标框处于开启状态。其调用格式如下：

```
box on          % 通过将当前坐标区的 Box 属性设置为 'on' 在坐标区周围显示框轮廓
box off         % 通过将当前坐标区的 Box 属性设置为 'off' 去除坐标区周围的框轮廓
box             % 切换框轮廓的显示
box(ax,___)     % 使用 ax 指定的坐标区，而不是使用当前坐标区
```

【例 4-24】显示坐标区轮廓。

解： 在编辑器窗口中输入以下语句。运行程序，输出图形如图 4-34 所示。

```
subplot(2,2,1)
[X,Y,Z]=peaks;
surf(X,Y,Z)
box on

subplot(2,2,2)
surf(X,Y,Z)
box on
```

```
ax=gca;
ax.BoxStyle='full';              % 设置 BoxStyle 属性, 显示围绕整个坐标区的轮廓

x=rand(20,1);
y=rand(20,1);
subplot(2,2,3)
scatter(x,y)
box on                           % 显示围绕坐标区的框轮廓

subplot(2,2,4)
scatter(x,y)
box on                           % 显示围绕坐标区的框轮廓
ax=gca;
ax.XColor='red';                 % 设置坐标区的 XColor 属性, 更改 X 轴方向的框轮廓的颜色
```

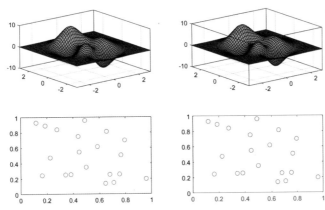

图 4-34　显示坐标区轮廓

4.4.7　设置坐标轴范围和纵横比

通常, MATLAB 可以自动根据曲线数据的范围选择合适的坐标系, 从而使曲线尽可能清晰地显示出来。当对自动产生的坐标轴不满意时, 利用函数 axis() 可以设置当前坐标区中坐标轴的范围和纵横比, 其调用格式如下:

```
axis(limits)      % 指定当前坐标区的范围, 以包含 4、6 或 8 个元素的向量形式指定范围
axis style        % 使用预定义样式设置轴范围和尺度
                  % 指定为 tight、padded、fill、equal、image、square、vis3d、normal
axis mode         % 设置是否自动选择范围。指定为 manual、auto 或半自动选项, 如 'auto x'
axis ij           % 将原点放在坐标区的左上角, y 值按从上到下的顺序逐渐增加
```

```
                        % 默认为 xy，即将原点放在左下角，y 值按从下到上的顺序逐渐增加
axis off                % 关闭坐标区背景的显示，坐标区中的绘图仍会显示，默认为 on
lim=axis                % 返回当前坐标区的 X 轴和 Y 轴范围
[m,v,d]=axis('state')   % 返回坐标轴范围选择、坐标区可见性和 Y 轴方向的当前设置
```

（1）在笛卡儿坐标下，通过以下形式指定范围 limits。

- [xmin xmax ymin ymax]：X 坐标轴范围设置为 xmin~xmax，Y 坐标轴范围设置为 ymin~ymax。

- [xmin xmax ymin ymax zmin zmax]：另外将 Z 坐标轴范围设置为 zmin~zmax。

- [xmin xmax ymin ymax zmin zmax cmin cmax]：另外将颜色范围设置为 cmin~cmax。在颜色图中，cmin、cmax 分别对应第一种和最后一种颜色的数据值。

（2）在极坐标下，通过以下形式指定范围 limits。

- [thetamin thetamax rmin rmax]：将 theta 坐标轴范围设置为 thetamin~thetamax，r 坐标轴范围设置为 rmin~rmax。

（3）坐标轴范围和尺度控制参数 style 的取值如表 4-1 所示。

表4-1 坐标轴范围和尺度控制方法

格　式	功　能
axis-tickaligned	将坐标区框的边缘与最接近数据的刻度线对齐，但不排除任何数据
axis-tight	数据范围设为坐标范围，使轴框紧密围绕数据
axis-padded	坐标区框紧贴数据，只留很窄的填充边距。边距的宽度大约是数据范围的7%
axis-equal	沿每个坐标轴使用相同的数据单位长度，即纵轴、横轴采用等长刻度
axis-image	沿每个坐标区使用相同的数据单位长度，并使坐标区框紧密围绕数据
axis-square	使用相同长度的坐标轴线，相应调整数据单位之间的增量
axis-fill	启用"伸展填充"行为（默认值）。Manual方式起作用，坐标充满整个绘图区
axis-vis3d	保持宽高比不变，确保三维旋转时避免图形大小变化
axis-normal	还原默认矩形坐标系形式

【例 4-25】设置坐标轴范围和纵横比。

解：在编辑器窗口中输入以下语句。运行程序，输出图形如图 4-35 所示。

```
subplot(2,2,1)
x=linspace(0,2*pi);
y=sin(x);
plot(x,y,'-o')              % 绘制正弦函数，采用默认显示范围
axis([0 2*pi -1.5 1.5])     % 更改坐标轴范围，X 轴的范围为 0 ~ 2π，Y 轴的范围为 -1.5~1.5
```

```
subplot(2,2,2)
x=0:12;
y=sin(x);
stairs(x,y)                          % 创建一个阶梯图
axis padded                          % 在图和图框之间添加填充边距

subplot(2,2,3)
C=eye(12);
pcolor(C)                            % 创建颜色图
colormap summer                      % 使用 summer 颜色图

subplot(2,2,4)
pcolor(C)
colormap summer
axis ij                              % 反转坐标系,这样 y 的值按从上到下的顺序逐渐增加
```

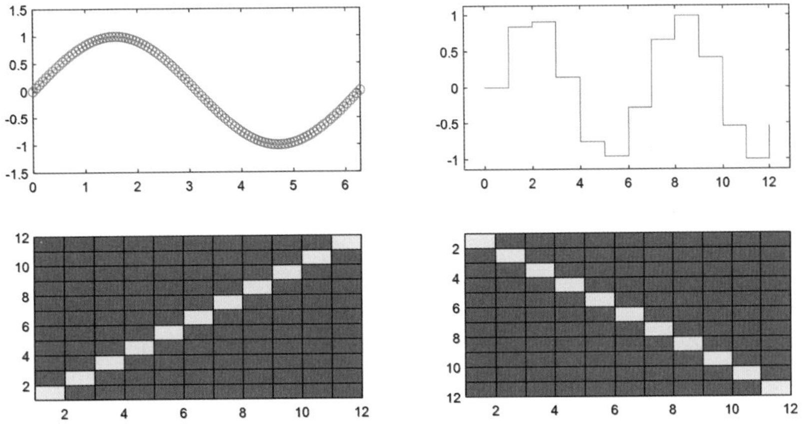

图 4-35 设置坐标轴范围和纵横比

【例4-26】尝试使用不同的MATLAB 坐标轴控制指令,观察各种坐标轴控制指令的影响。

解: 在编辑器窗口中输入以下语句。运行程序,输出图形如图 4-36 所示。

```
clear, clf
t=0:2*pi/99:2*pi;
x=1.15*cos(t);
y=3.25*sin(t);                               % 椭圆
subplot(2,3,1),plot(x,y),grid on;            % 子图 1
axis normal,title('normal');
subplot(2,3,2),plot(x,y),grid on;            % 子图 2
axis equal,title('equal');
subplot(2,3,3),plot(x,y),grid on;            % 子图 3
```

```
axis square,title('Square')
subplot(2,3,4),plot(x,y),grid on;                    % 子图 4
axis image,box off,
title('Image and Box off')
subplot(2,3,5),plot(x,y);grid on;                    % 子图 5
axis image fill,
box off,title('Image and Fill')
subplot(2,3,6),plot(x,y),grid on;                    % 子图 6
axis tight,
box off,title('Tight')
```

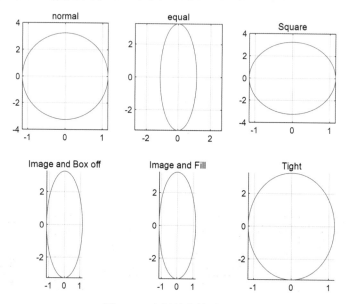

图 4-36　坐标轴变换对比图

4.4.8　显示或隐藏坐标区网格线

在 MATLAB 中，利用 grid 命令可以设置显示或隐藏坐标区网格线，其调用格式如下：

```
grid on          % 显示 gca 命令返回的当前坐标区的主网格线，主网格线从每个刻度线延伸
grid off         % 删除当前坐标区或图上的所有网格线
grid             % 切换改变主网格线的可见性
grid minor       % 切换改变次网格线的可见性，次网格线出现在刻度线之间
grid(target,___) % 使用 target 指定的坐标区或独立可视化，而不是使用当前坐标区
```

【例 4-27】显示或隐藏坐标区网格线。

解：在编辑器窗口中输入以下语句。运行程序，输出图形如图 4-37 所示。

```
x=linspace(0,10);
y=sin(x);

subplot(1,2,1)
plot(x,y)
grid on                                    % 显示网格线

subplot(1,2,2)
plot(x,y)
grid on
grid minor                                 % 显示正弦图的主网格线和次网格线
```

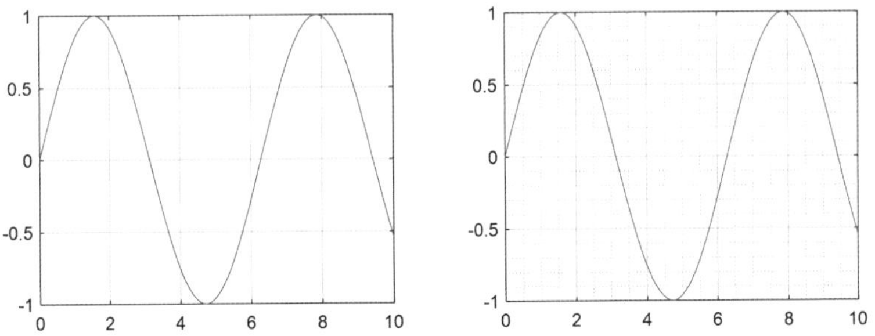

图 4-37　显示坐标区网格线

【例 4-28】绘制不同刻度的二维图形，并分别显示和关闭栅格。

解：在编辑器窗口中输入以下语句。运行程序，输出图形如图 4-38 所示。

```
clear, clf
x=0:0.1:10;
y=2*x+3;
subplot(221);plot(x,y);                    % 使用 plot 函数进行常规绘图
grid on
title('plot')
subplot(222);semilogy(x,y);                % X 轴为线性刻度，Y 轴为对数刻度
grid on
title('semilogy')
subplot(223);x=0:1000;
y=log(x);
semilogy(x,y);                             % X 轴为对数刻度，Y 轴为线性刻度
grid on
title('semilogx')
subplot(224);plot(x,y);
grid off                                   % 关闭栅格
title('grid off')
```

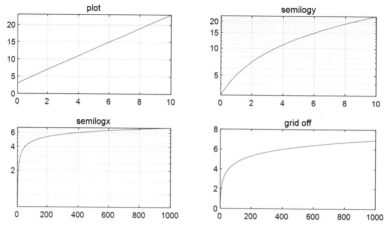

图 4-38　不同刻度的二维图

4.4.9　创建双 Y 轴图

在 MATLAB 中，利用 yyaxis 命令可以创建双 Y 轴图，其调用格式如下：

```
yyaxis left   % 激活当前坐标区中与左侧 Y 轴关联的一侧，后续图形命令的目标为左侧
              % 若当前坐标区中无双 Y 轴，则添加第二个 Y 轴；若没有坐标区，则首先创建坐标区
yyaxis right       % 激活当前坐标区中与右侧 Y 轴关联的一侧，后续图形命令的目标为右侧
yyaxis(ax,___)     % 指定 ax 坐标区（而不是当前坐标区）的活动侧
```

【例 4-29】绘制双 Y 轴数据图。

解：在编辑器窗口中输入以下语句。运行程序，输出图形如图 4-39 所示。

```
subplot(1,2,1)
x=linspace(0,10);
y=sin(3*x);
z=sin(3*x).*exp(0.5*x);

yyaxis left                          % 激活左侧
plot(x,y)                            % 基于左侧 Y 轴绘图
yyaxis right                         % 激活右侧
plot(x,z)                            % 基于右侧 Y 轴绘图
ylim([-150 150])                     % 为右侧 Y 轴设置范围

subplot(1,2,2)
load('accidents.mat','hwydata')
ind=1:51;
```

```
drivers=hwydata(:,5);                    % 获取 hwydata 中的第 5 列数据
yyaxis left                              % 激活左侧
scatter(ind,drivers)                     % 绘制散点图
title('Highway Data')
xlabel('States')
ylabel('Licensed Drivers (thousands)')

pop=hwydata(:,7);                        % 获取 hwydata 中的第 7 列数据
yyaxis right                             % 激活右侧
scatter(ind,pop)
ylabel('Vehicle Miles Traveled (millions)')
```

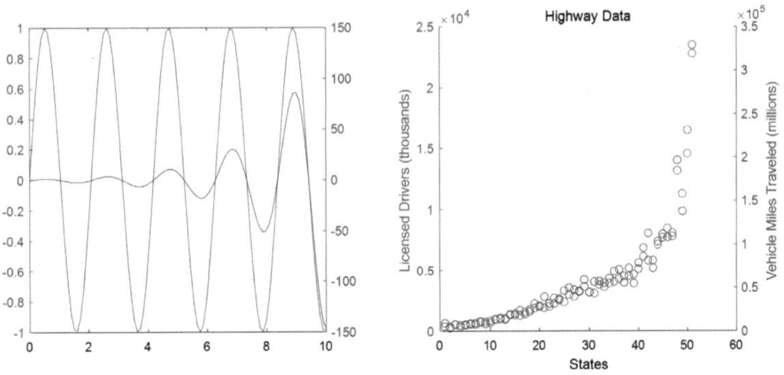

图 4-39　绘制双 Y 轴数据图

【例 4-30】在每一侧绘制多组数据。

解：在编辑器窗口中输入以下语句。运行程序，输出图形如图 4-40（a）所示。

```
x=linspace(0,10);
yl1=sin(x);
yl2=sin(x/2);
yyaxis left
plot(x,yl1)
hold on             % 继续基于左侧绘图，同时影响左侧和右侧 Y 轴，不需要多次发出该命令
plot(x,yl2)

yr1=x;
yr2=x.^2;
yyaxis right
plot(x,yr1)
plot(x,yr2)
hold off
```

通过激活左侧并使用 cla 命令可以清除左侧的图，语句如下，输出图形如图 4-40（b）所示。

```
yyaxis left
cla
```

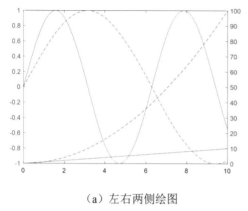

（a）左右两侧绘图

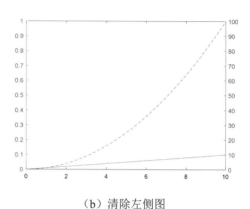

（b）清除左侧图

图 4-40 绘制多组数据

4.5 添加标题与图例

标题通常是指位于图的上方或下方的简短文字，通常包含图的主标题和副标题两种，用于概括性地描述图的主题或内容，通常用于引导读者理解图的主要信息。

图例是指向数据系列的一种小图形标签，通常可以视作数据系列的标题。图例通常包含一个图形标签（数据系列图形）和一个文本标签（数据系列的标题或主题文本）。本节介绍如何在 MATLAB 中添加图例。

4.5.1 添加标题

在 MATLAB 中，利用函数 title() 可以在当前坐标区中添加一个标题。

```
title(titletext)                    % 将指定的标题添加到当前坐标区中
title(titletext,subtitletext)       % 在标题下添加副标题
title(___,Name,Value)               % 使用一个或多个"名称 - 值对"组参数修改标题外观
title(target,___)                   % 将标题添加到指定的目标对象
t=title(___)                        % 返回用于标题的对象
[t,s]=title(___)                    % 返回用于标题和副标题的对象
```

【例 4-31】添加标题示例。

解：在编辑器窗口中输入以下语句。运行程序，输出图形如图 4-41 所示。

```
subplot(1,2,1)
plot((1:10).^2)
title('My Title')                    % 在当前坐标区中添加标题

subplot(1,2,2)
plot((1:10).^2)
title(date)                          % 调用可返回文本的函数，date 返回包含今日日期的文本
```

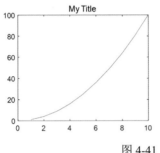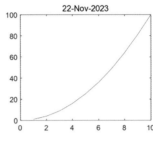

图 4-41　添加标题

【例 4-32】创建标题和副标题。

解：在编辑器窗口中输入以下语句。运行程序，输出图形如图 4-42 所示。

```
clear, clf
plot([0 1])
[t,s]=title('Straight Line','Slope=1,y-Intercept=0',…
            'Color','blue');         % 'Color' "名称 – 值对"组参数自定义文本行

t.FontSize=16;                       % 将标题的字体大小更改为 16
s.FontAngle='italic';                % 将副标题的字体角度更改为 'italic'
```

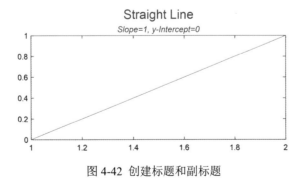

图 4-42　创建标题和副标题

【例 4-33】在指定的坐标区上添加标题。

解：在编辑器窗口中输入以下语句。运行程序，输出图形如图 4-43 所示。

```
clear, clf
tiledlayout(1,2)              % 创建一个 2×1 分块图布局
ax1=nexttile;                 % 创建坐标区对象 ax1
plot(ax1,(1:10).^2)
ax2=nexttile;
plot(ax2,(1:10).^3)

title(ax1,'Top Plot')        % 将 ax1 传递给 title 函数，为该坐标区添加标题
title(ax2,'Bottom Plot')
```

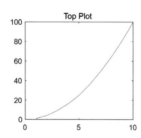 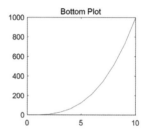

图 4-43 在指定的坐标区上添加标题

4.5.2 添加副标题

在 MATLAB 中，利用函数 subtitle() 可以在当前坐标区中添加一个副标题。

```
subtitle(txt)                 % 将指定的副标题文本添加到当前坐标区
subtitle(___,Name,Value)      % 使用一个或多个"名称-值对"组参数设置文本对象的属性
subtitle(target,___)          % 指定副标题的目标对象（坐标区、分块图布局或对象数组）
t=subtitle(___)               % 返回副标题的文本对象
```

【例 4-34】添加副标题。

解：在编辑器窗口中输入以下语句。运行程序，输出图形如图 4-44 所示。

```
clear, clf
plot([0 2],[1 5])
title('Straight Line')                            % 添加标题
subtitle('Slope=2, y-Intercept=1')                % 添加副标题，输出略
subtitle('Slope=2, y-Intercept=1','Color','red')  % 更改副标题颜色

slopevalue=4;                                      % 定义数值变量
yintercept=1;
txt=['Slope=' int2str(slopevalue) ···
    ', y-Intercept=' int2str(yintercept)];         % 将值转换为字符向量
subtitle(txt)                                      % 添加副标题
```

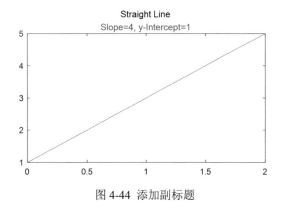

图 4-44 添加副标题

【例 4-35】添加包括希腊符号、上标和下标的副标题。

解： 在编辑器窗口中输入以下语句。运行程序，输出图形如图 4-45 所示。

```
clear, clf
subplot(1, 2, 1)
histogram(5*randn(1,50)+10)          % 创建直方图
title('Population Data')             % 添加标题
txt='{\it\mu}=10,{\it\sigma}=5';     % 创建包含希腊符号的 TeX 标记的字符向量
subtitle(txt)

subplot(1, 2, 2)
x=-10:0.1:10;
y1=x.^2;
y2=2*x.^2;
plot(x,y1,x,y2);
title('Exponential Functions')
txt='y_1=x^2 and y_2=2x^{2+k}';      % 创建包含下标和上标的 TeX 标记的字符向量
subtitle(txt)
```

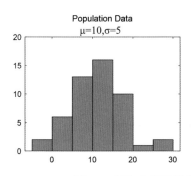
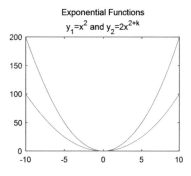

图 4-45 添加包括希腊符号、上标和下标的副标题

4.5.3 添加副标题到子图网格

在 MATLAB 中，利用函数 sgtitle() 可以在子图网格中添加标题。

```
sgtitle(txt)                    % 在当前图窗或新创建图窗子图的网格上方添加标题
sgtitle(target,txt)             % 将标题添加到指定的图窗、面板或选项卡中的子图网格
sgtitle(___,Name,Value)         % 使用一个或多个"名称-值对组"参数修改文本属性
sgt=sgtitle(___)                % 返回用于创建标题的子图 Text 对象
```

【例 4-36】创建带有 4 个子图的图窗，并为每个子图添加标题，同时将总标题添加到子图网格中。

解：在编辑器窗口中输入以下语句。运行程序，输出图形如图 4-46 所示。

```
clear, clf
subplot(2,2,1)
title('First Subplot')
subplot(2,2,2)
title('Second Subplot')
subplot(2,2,3)
title('Third Subplot')
subplot(2,2,4)
title('Fourth Subplot')
sgtitle('Subplot Grid Title')                    % 添加总标题
```

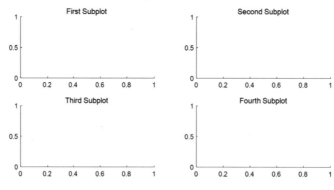

图 4-46 在子图网格上添加标题

【例 4-37】通过设置属性来修改标题外观。

解：在编辑器窗口中输入以下语句。运行程序，输出图形如图 4-47 所示。

```
clear, clf
subplot(1,2,1)
```

```
title('First Subplot')
subplot(1,2,2)
title('Second Subplot')

sgt=sgtitle('Subplot Grid Title','Color','red');      % 更改 Color 属性
sgt.FontSize=20;                                      % 更改 FontSize 属性
```

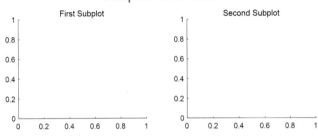

图 4-47 修改标题外观

4.5.4 添加图例

在 MATLAB 中，利用函数 legend() 可以为每个绘制的数据序列创建一个带有描述性标签的图例。

```
legend                      % 为每个绘制的数据序列创建一个带有描述性标签的图例
legend(vsbl)                % 控制图例的可见性，其中 vsbl 为 'hide'、'show' 或 'toggle'
legend('off')               % 删除图例

legend(label1,…,labelN)      % 设置图例标签，以字符向量或字符串列表形式指定标签
legend(labels)               % 使用字符向量元胞数组、字符串数组或字符矩阵设置标签
                             %legend('Jan','Feb') 同 legend({'Jan','Feb'})

legend(subset,___)           % 仅在图例中包括 subset 中列出的数据序列的项
legend(target,___)           % 使用 target 指定的坐标区或独立可视化，而非使用当前坐标区
legend(___,'Location',lcn)        % 设置图例位置
legend(___,'Orientation',ornt)    %ornt 为 'horizontal' 时并排显示图例项
                                  % 默认为垂直堆叠图例项
legend(___,Name,Value)   % 使用一个或多个"名称 – 值"对组参数来设置图例属性
legend(bkgd)             %bkgd 为 'boxoff' 时删除图例背景和轮廓，默认显示图例背景和轮廓
lgd=legend(___)          % 返回 Legend 对象
```

【例 4-38】绘制线条并在当前坐标区上添加图例。

解： 在编辑器窗口中输入以下语句。运行程序，输出图形如图 4-48 所示。

```
clear, clf
x=linspace(0,pi);
y1=cos(x);
y2=cos(2*x);
y3=cos(3*x);
plot(x,y1, x,y2)
legend('cos(x)','cos(2x)')              % 将图例标签指定为 legend 函数的输入参数

hold on
plot(x,y3,'DisplayName','cos(3x)')
hold off
```

通过下面的语句可以直接删除图例：

```
legend('off')                           % 删除图例
```

> 注意 如果不希望在坐标区中添加或删除数据序列时自动更新图例，可将图例的 **AutoUpdate** 属性设置为 'off'。

【例 4-39】在执行绘图命令的过程中指定图例标签，随后添加图例。

解：在编辑器窗口中输入以下语句。运行程序，输出图形如图 4-49 所示。

```
clear, clf
x=linspace(0,pi);
y1=cos(x);
plot(x,y1,'DisplayName','cos(x)')        % 将 DisplayName 属性设置为所需文本

hold on
y2=cos(2*x);
plot(x,y2,'DisplayName','cos(2x)')
hold off

legend
```

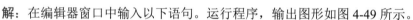

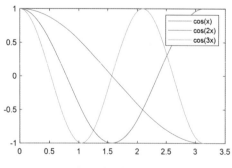
图 4-48 在当前坐标区上添加图例

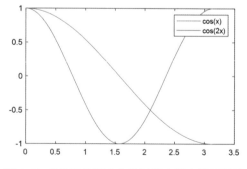
图 4-49 在执行绘图命令的过程中指定图例标签

【例 4-40】将标签指定为 '' 来排除零位置虚线的图例。

解：在编辑器窗口中输入以下语句。运行程序，输出图形如图 4-50 所示。

```
clear, clf
x=0:0.2:10;
plot(x,sin(x),x,sin(x+1));
hold on
yline(0,'--')                          % 在零位置添加一条水平虚线
legend('sin(x)','sin(x+1)','')         % 将标签指定为空字符向量或字符串，删除图例
```

【例 4-41】指定图例位置和列数。

解：在编辑器窗口中输入以下语句。运行程序，输出图形如图 4-51 所示。

```
clear, clf
x=linspace(0,pi);
y1=cos(x);
y2=cos(2*x);
y3=cos(3*x);
y4=cos(4*x);

plot(x,y1)
hold on
plot(x,y2)
plot(x,y3)
plot(x,y4)
hold off

legend({'cos(x)','cos(2x)','cos(3x)','cos(4x)'},…
       'Location','northwest',…        % 使用 Location 属性指定图例位置
       'NumColumns',2)                  % 使用 NumColumns 属性指定图例列数
```

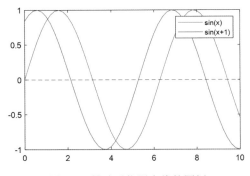

图 4-50 排除零位置虚线的图例

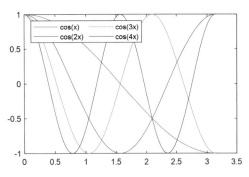

图 4-51 指定图例位置和列数

【例4-42】在布局的一个单独图块中显示两个或多个图之间的共享图例。

解：在编辑器窗口中输入以下语句。运行程序，输出图形如图 4-52 所示。

```
clear, clf
t=tiledlayout('flow','TileSpacing','compact');
nexttile
plot(rand(5))
nexttile
plot(rand(5))
nexttile
plot(rand(5))

lgd=legend;
lgd.Layout.Tile=4;                    % 将图例放置在图块网格（第4个图块）中

nexttile
plot(rand(5))
lgd.Layout.Tile='east';               % 将图例放置在外侧图块 east 中
```

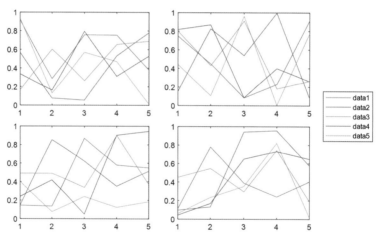

图 4-52 在分块图布局中显示共享图例

【例4-43】将绘制的部分图形对象包含在图例中。

解：在编辑器窗口中输入以下语句。运行程序，输出图形如图 4-53 所示。

```
clear, clf
x=linspace(0,pi);
y1=cos(x);
p1=plot(x,y1);                        % 返回创建的 Line 对象
```

```
hold on
y2=cos(2*x);
p2=plot(x,y2);

y3=cos(3*x);
p3=plot(x,y3);
hold off

legend([p1 p3],{'First','Third'})          % 指定为要包含的 Line 对象的向量
```

【例 4-44】 添加包含 LaTeX 标记的图例。

解： 在编辑器窗口中输入以下语句。运行程序，输出图形如图 4-54 所示。

```
clear, clf
x=0:0.1:10;
y=sin(x);
dy=cos(x);
plot(x,y,x,dy);
legend('$sin(x)$','$\frac{d}{dx}sin(x)$',…   % 利用符号 $ 将标记括起来
       'Interpreter','latex');               % 将 Interpreter 属性设置为 'latex'

legend('boxoff')                             % 删除图例的背景和轮廓
```

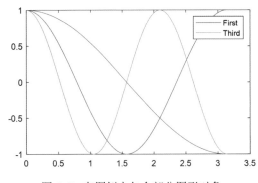

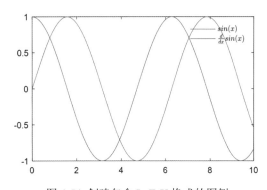

图 4-53 在图例中包含部分图形对象   图 4-54 创建包含 LaTeX 格式的图例

【例 4-45】 为图例添加标题。

解： 在编辑器窗口中输入以下语句。运行程序，输出图形如图 4-55 所示。

```
clear, clf
x=linspace(0,pi);
y1=cos(x);
plot(x,y1)
```

```
hold on
y2=cos(2*x);
plot(x,y2)
hold off

lgd=legend('cos(x)','cos(2x)');
title(lgd,'Legend Title')
```

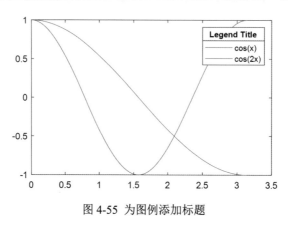

图 4-55 为图例添加标题

4.6 本章小结

本章介绍了 MATLAB 绘图图窗的基本内容，包括创建图窗窗口、分块图与子图布局、坐标轴信息调整以及添加标题与图例等。这些内容构成了绘图的基础，掌握这些内容有助于实现图形的美化，包括坐标轴、标题和图例等。

第 5 章

二维图绘制

数据可视化的目的在于通过图形观察大量离散数据之间的内在关系，感受图形所传递的内在本质。在 MATLAB 中，二维图形绘制是数据可视化和分析的重要内容。本章将介绍如何使用 MATLAB 绘制二维图形，包括从基本的数据绘图到函数图的绘制，再到特殊坐标图的创建等。

5.1 基于数据绘图

绘制图形时掌握基本的绘图步骤可以起到事半功倍的效果。本节先介绍图形绘制的基本步骤，然后结合基本绘图函数 plot() 讲解二维图的绘制。

5.1.1 图形绘制的基本步骤

在介绍 MATLAB 中的基本绘图函数前，先介绍二维图形的绘制步骤，以规范作图过程。图形的基本绘制步骤如下：

步骤 01 数据准备。选定要表现的范围，产生自变量采样向量，计算相应的函数值向量。对于二维曲线，需要准备横坐标和纵坐标数据；对于三维曲面，则要准备矩阵参变量和对应的 Z 坐标。语句格式如下：

```
t=pi*(0:100)/100;
y=sin(t).*sin(9*t);
```

步骤 02 指定图形窗口和子图位置。可以使用函数 figure() 指定图形窗口，默认打开 figure 1 或当前窗口和当前子图。还可以使用函数 subplot() 指定当前子图。语句格式如下：

```
figure(1)                                      % 指定 1 号图形窗口
subplot(2,2,3)                                 % 指定 3 号子图
```

步骤 03 绘制图形。根据数据绘制曲线，设置曲线的绘制方式（包括线型、色彩、数据点型等）。语句格式如下：

```
plot(t,y,'b-')                                 % 用蓝实线绘制曲线
```

步骤 04 设置坐标轴和图形注释。设置坐标轴包括坐标的范围、刻度和坐标分隔线等，图形注释包括图名、坐标名、图例、文字说明等。语句格式如下：

```
title(' 调制波形 ')                             % 图名
xlabel('t');ylabel('y')                        % 轴名
legend('sin(t)')                               % 图例
text(2,0.5,'y=sin(t)')                         % 文字
axis([0,pi,-1,1])                              % 设置轴的范围
grid on                                        % 绘制坐标分隔线
```

步骤 05 图形的精细修饰。图形的精细修饰可以利用对象或图形窗口的菜单和工具条进行设置，属性值使用图形句柄进行操作。语句格式如下：

```
set(h,'MarkerSize',10)                         % 设置数据点大小
```

步骤 06 按指定格式保存或导出图形。将绘制的图形窗口保存为 .fig 文件，或转换成其他图形文件。

【例 5-1】绘制 $y = e^{2\cos x}, x \in [0, 4\pi]$ 的函数图形。

解： 按照前面介绍的绘图步骤，在编辑器窗口中输入以下语句。运行程序，输出图形如图 5-1 所示。

```
clear, clf
% 数据准备
x=0:0.1:4*pi;
y=exp(2*cos(x));
figure(1)                      % 指定图形窗口
plot(x,y,'b.')                 % 绘制图形，如图 5-1（a）所示
```

```
% 设置图形注释和坐标轴, 对图形进行修饰
title('Ding Test')                          % 图名
xlabel('x'); ylabel('y')                    % 轴名
txt1='e^{2cosx}';
legend(txt1,Location='southeast')           % 图例
txt2='y=e^{2cosx}';
text(2,-0.2,txt2)                           % 文字
axis([0,4*pi,-0.5,1])                       % 设置轴的范围
grid on                                     % 绘制坐标分隔线, 最终如图 5-1 (b) 所示
```

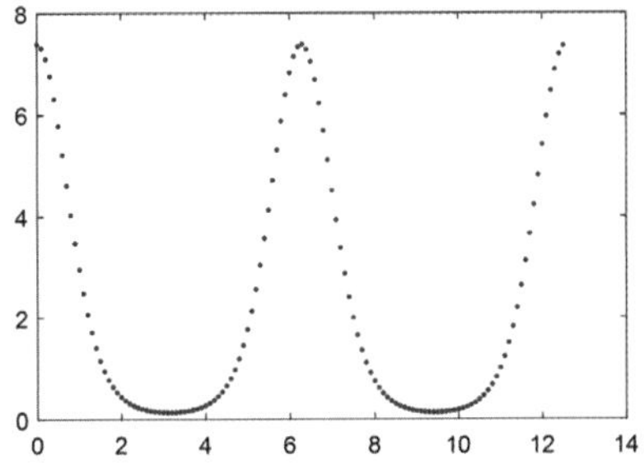

（a）函数图形 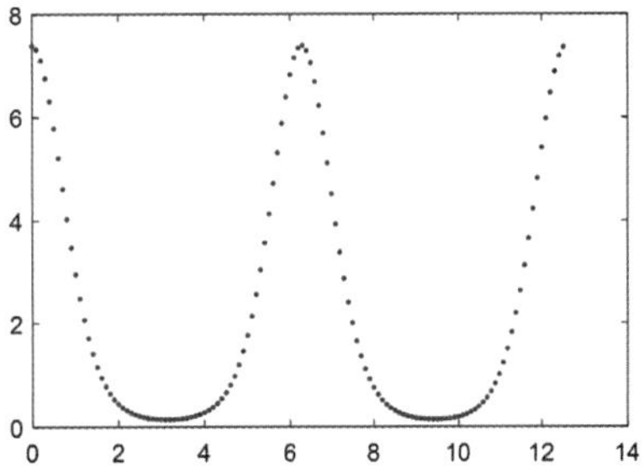 （b）图形修饰

图 5-1 绘制函数图形并对其进行修饰

5.1.2 基本绘图函数

在 MATLAB 中, 函数 plot() 是最基本的二维绘图函数, 本小节通过介绍该函数来帮助读者掌握 MATLAB 的绘图要点。其调用格式如下:

```
plot(Y)       % 绘制 Y 对一组隐式 X 坐标的曲线
              % 若 Y 为实数向量, 以向量元素的下标为横坐标, 元素值为纵坐标绘制曲线
              % 若 Y 为实数矩阵, 按列绘制每列元素值对应下标的曲线, 数目等于 Y 矩阵的列数
              % 若 Y 为复数矩阵, 按列分别以元素实部和虚部为横、纵坐标绘制多条曲线
plot(Y,LineSpec)        % 指定线型、标记和颜色
plot(X,Y)               % 创建 Y 中数据与 X 中对应值的二维线图
              % 若 X 和 Y 均为同维向量, 绘制以 X、Y 元素为横坐标和纵坐标的曲线
              % 若 X 为向量, Y 为有一维与 X 等维的矩阵, 则绘出多根不同颜色的曲线, X 作为共同坐标
              % 若 X 为矩阵, Y 为向量, 则绘出多条不同颜色的曲线, Y 作为共同坐标
              % 若 X、Y 为同维实矩阵, 则以 X、Y 对应的元素为横坐标和纵坐标分别绘制曲线
plot(X,Y,LineSpec)          % 使用指定的线型、标记和颜色创建绘图
plot(X1,Y1,…,Xn,Yn)         % 根据指定坐标对绘制折线, 也可以将坐标指定为矩阵形式
plot(X1,Y1,LineSpec1,…,Xn,Yn,LineSpecn)        % 为每对 x-y 指定线型、标记和颜色
```

```
plot(___,Name,Value)          % 使用一个或多个"名称 – 值"参数指定 Line 属性
plot(ax,___)                  % 在目标坐标区(指定坐标区)上显示绘图
p=plot(___)                   % 返回一个 Line 对象或 Line 对象数组
```

> **说明** 最后三种调用格式,基本上是所有的绘图函数均具有的通用格式,在后文的介绍中,将不再给出这三种通用的函数调用格式。

【例 5-2】线图绘制。

解: 在编辑器窗口中输入以下语句。运行程序,输出图形如图 5-2 所示。

```
clear, clf
figure(1)
subplot(2,2,1)
x=0:pi/10:2*pi;
y1=sin(x);
y2=sin(x-0.25);                          % 设置相移为 −0.25
y3=sin(x-0.5);                           % 设置相移为 −0.5
plot(x,y1,x,y2,'--',x,y3,'+')            % 指定线型

subplot(2,2,2)
plot(x,y1,'g',x,y2,'b--o',x,y3,'r*')

subplot(2,2,3)
t=(0:pi/20:5*pi)';                       % 横坐标列向量
k=0.2:0.2:1;                             %5 个幅值
Y=cos(t)*k;                              %5 个函数值矩阵
plot(t,Y)

subplot(2,2,4)
x=linspace(0,10);
y=sin(x);
plot(x,y,'-o','MarkerIndices',1:5:length(y))    % 指定标记符号
```

继续在编辑器窗口中输入以下语句。运行程序,输出图形如图 5-3 所示。

```
figure(2)
x=0:0.05:5;
y=sin(x.^2);
subplot(122); plot(x,y)                  % 创建已知 x 和 y 值的简单线图
y1=sin(x.^2);
y2=cos(x.^2);
plot(x,y1,x,y2)
subplot(121); plot(x,y)                  % 创建 x 对应多组 y 值的简单线图
```

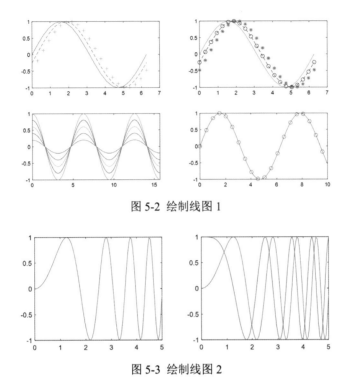

图 5-2　绘制线图 1

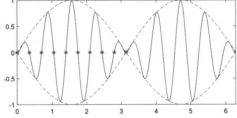

图 5-3　绘制线图 2

【例 5-3】 用图形表示连续调制波形及其包络线。

解： 在编辑器窗口中输入以下语句。运行程序，输出图形如图 5-4 所示。

```
clear, clf
t=(0:pi/100:4*pi)';                        % 长度为 101 的时间采样序列
y1=sin(t)*[1,-1];                          % 包络线函数值，101×2 矩阵
y2=sin(t).*sin(9*t);                       % 长度为 101 的调制波列向量
t3=pi*(0:9)/9;
y3=sin(t3).*sin(9*t3);
plot(t,y1,'r--',t,y2,'b',t3,y3,'b*')       % 绘制三组曲线
axis([0,2*pi,-1,1])                        % 控制轴的范围
```

图 5-4　连续调制波形及其包络线图

【例 5-4】用复数矩阵形式绘制图形。

解：在编辑器窗口中输入以下语句。运行程序，输出图形如图 5-5 所示。

```
clear, clf
t=linspace(0,2*pi,100)';                    % 产生100个数
X=[cos(t),cos(2*t),cos(3*t)]+i*sin(t)*[1,1,1];   %100×3的复数矩阵
plot(X),axis square;                        % 使坐标轴长度相同
legend('1','2','3')                         % 图例
```

【例 5-5】采用模型 $\dfrac{x^2}{a^2}+\dfrac{y^2}{25-a^2}=1$ 绘制一组椭圆。

解：在编辑器窗口中输入以下语句。运行程序，输出图形如图 5-6 所示。

```
clear, clf
th=[0:pi/50:2*pi]';
a=[0.5:0.5:4.5];
X=cos(th)*a;
Y=sin(th)*sqrt(25-a.^2);
plot(X,Y)
axis('equal')
```

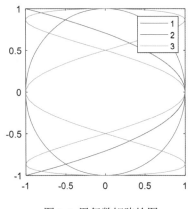

图 5-5 用复数矩阵绘图

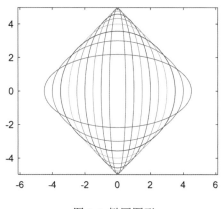

图 5-6 椭圆图形

【例 5-6】依据矩阵数据进行绘图。

解：在编辑器窗口中输入以下语句。运行程序，输出图形如图 5-7 所示。

```
Z=peaks;                        % 矩阵为49×49
subplot(1,2,1);plot(Z)          % 依据矩阵Z绘制曲线

y=1:length(peaks);
subplot(1,2,2);plot(peaks,y)    % 横坐标为矩阵，纵坐标为向量，绘制多条不同颜色的曲线
```

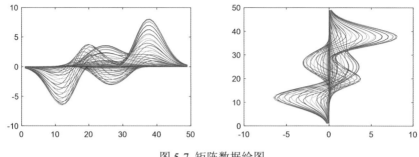

图 5-7 矩阵数据绘图

5.1.3 工作区绘图

在 MATLAB 中，除函数绘图方式外，还有一种较为简单的方法，就是使用工作区进行绘图。

绘图时，在工作区选中变量，然后执行"绘图"选项卡→"绘图"选项组中相应的绘图命令，如图 5-8 所示，即可根据需要绘制图形。

图 5-8 "绘图"选项组

工作区绘图的操作方法比较简单，都是根据数据的特点执行相应的绘图命令。工作区绘图命令均有对应的绘图函数，而利用绘图函数绘图比较灵活，因此工作区绘图不是本书介绍的重点，不做过多介绍。

5.2 函数图绘制

在 MATLAB 中，快速绘制函数图的函数包括泛函绘图函数 fplot() 及一元函数绘图函数 ezplot()。另外，利用函数 fimplicit() 可以绘制隐函数的图形。

5.2.1 泛函绘图

在 MATLAB 中，利用函数 fplot() 可以绘制表达式或函数的图形，其调用格式如下：

```
fplot(f)                        % 在默认区间 [-5 5]（对于 x）绘制由函数 y=f(x) 定义的曲线
                                % f 为要绘制的函数，指定为命名或匿名函数的函数句柄
fplot(f,xinterval)              % 在指定区间上绘图，区间形式为 [xmin xmax] 的二元素向量
fplot(fx,fy)                    % 在默认区间上绘制由 x=fx(t) 和 y=fy(t) 定义的曲线
fplot(fx,fy,tinterval)          % 在指定区间上绘图
fplot(___,LineSpec)             % 指定线型、标记符号和线条颜色
[x,y]=fplot(___)                % 返回函数的纵坐标和横坐标，而不创建绘图
```

【例 5-7】①绘制函数 $y=x-\cos(x^2)-\sin(2x^3)$ 的图形，②参数化曲线 $x=\cos3t$、$y=\sin2t$。

解：在编辑器窗口中输入以下语句。运行程序，输出图形如图 5-9 所示。

```
clear, clf
subplot(1,2,1);
fplot(@(x) x-cos(x.^2)-sin(2*x.^3),[-4,4])          % 指定为函数句柄

xt=@(t) cos(3*t);
yt=@(t) sin(2*t);
subplot(1,2,2); fplot(xt,yt)                        % 指定为函数句柄
```

上面的语句也可以采用符号表达式的形式：

```
clear, clf
syms x;
subplot(1,2,1);
fplot(x-cos(x.^2)-sin(2*x.^3),[-4,4])               % 指定为符号表达式

syms t
xt=cos(3*t);
yt=sin(2*t);
subplot(1,2,2); fplot(xt,yt)                        % 指定为符号表达式
```

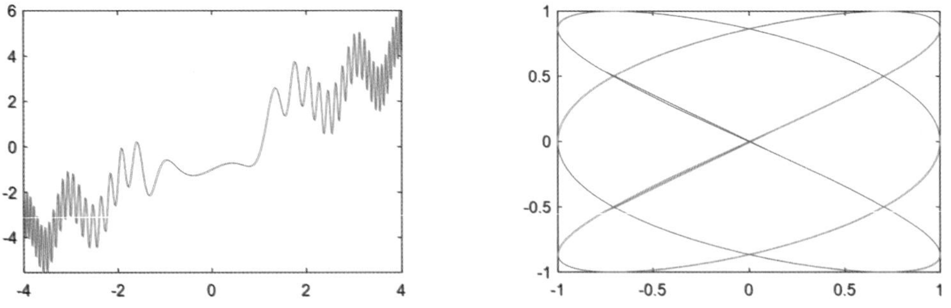

(a) 函数图形　　　　　　　　　　　　(b) 参数化曲线

图 5-9 方程式绘图

【例 5-8】比较 fplot() 函数与一般绘图函数的绘图效果。

解：在编辑器窗口中输入以下语句。运行程序，输出图形如图 5-10 所示。

```
clear, clf
subplot(1,2,1);
fp=fplot(@(x)cos(tan(pi*x)),[-0.4,1.4]);
title('泛函绘图')

subplot(1,2,2)
n=length(fp. XData);
t=(-0.4:1.8/n:1.4)';
plot(t,cos(tan(pi*t)))
title('等分采样')
```

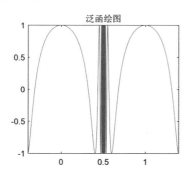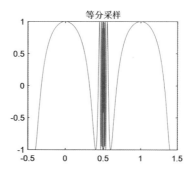

图 5-10 不同的绘图方式对比

5.2.2 一元函数绘图

　　类似于 fplot() 函数，在 MATLAB 中，利用 ezplot() 函数可以绘制显函数 $y=f(x)$ 的图形，也可绘制隐函数 $f(x, y)=0$ 及参数式的图形，该函数会自动将标题和轴标签添加到绘图中。其调用格式如下：

```
ezplot(f)               % 在默认区间 [-2π 2π] (对于 x) 上绘制由函数 y=f(x) 定义的曲线
ezplot(f,xinterval)     % 在指定区间上绘图，区间形式为 [xmin xmax] 的二元素向量
ezplot(f2)              % 在默认区间上绘制由隐函数 0=f2(x,y) 定义的曲线
ezplot(f2,xyinterval)        % 将在指定区间上绘图
ezplot(fx, fy)          % 在默认区间 [0 2π] 上绘制由 x=fx(u) 和 y=fy(u) 定义的平面曲线
ezplot(fx, fy,uinterval)        % 将在指定区间绘图
```

> **注意** f 为要绘制的函数，f2 为要绘制的隐函数，可以指定为字符向量、字符串标量或函数句柄（包括命名函数或匿名函数）。

【例 5-9】①绘制函数 $f(x)=x^2$ 的图形，②参数化曲线 $x=\cos(3t)$, $y=\sin(5t)$, $t\in[0,2\pi]$。

解：在编辑器窗口中输入以下语句。运行程序，输出图形如图 5-11 所示。

```
clear, clf
subplot(1,2,1)
ezplot('x^2')                          % 指定为字符向量

xt='cos(3*t)';
yt='sin(5*t)';
subplot(1,2,2);ezplot(xt,yt)           % 指定为字符向量
```

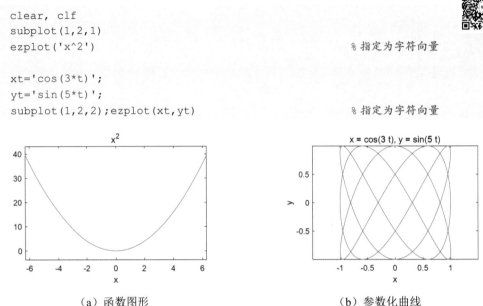

（a）函数图形　　　　　　　　　　　（b）参数化曲线

图 5-11　方程式绘图

上面的语句也可以采用符号表达式的形式：

```
syms x;
subplot(1,2,1)
ezplot(x^2)                            % 指定为符号表达式

syms t
xt=cos(3*t);
yt=sin(5*t);
subplot(1,2,2)
ezplot(xt,yt)                          % 指定为符号表达式
```

还可以采用函数句柄的形式：

```
subplot(1,2,1)
ezplot(@(x) x.^2)                      % 指定为函数句柄

xt=@(t) cos(3*t);
yt=@(t) sin(5*t);
subplot(1,2,2)
ezplot(xt,yt)                          % 指定为函数句柄
```

【例 5-10】绘制 $y = \dfrac{2}{3}\mathrm{e}^{-\frac{t}{2}}\cos\dfrac{\sqrt{3}}{2}t$ 和它的积分 $s(t) = \displaystyle\int_0^t y(t)\mathrm{d}t$ 在 $[0.3\pi]$ 的图形。

解：在编辑器窗口中输入以下语句。运行程序，输出图形如图 5-12 所示。

```
clear, clf
syms t tao;
y=2/3*exp(-t/2)*cos(sqrt(3)/2*t);
subplot(1,2,1)
ezplot(y,[0,3*pi])
grid on
title(' 原函数图形 ')

s=subs(int(y,t,0,tao),tao,t);
subplot(1,2,2)
ezplot(s,[0,3*pi])
grid on
title(' 积分函数图形 ')
```

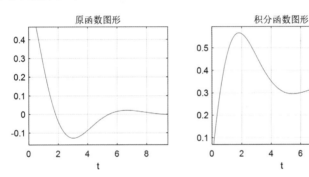

图 5-12　原函数及积分函数图形

5.2.3　隐函数绘图

在 MATLAB 中，利用函数 fimplicit() 可以绘制隐函数 $f(x,y) = 0$ 的图形。其调用格式如下：

```
fimplicit(f)                % 在默认区间 [-5 5]（对 x 和 y）上绘制 f(x,y)=0 定义的隐函数
fimplicit(f,interval)       % 为 x 和 y 指定绘图区间
fimplicit(___,LineSpec)     % 指定线型、标记符号和线条颜色
```

【例 5-11】绘制隐函数图形。

解：在编辑器窗口中输入以下语句。运行程序，输出图形如图 5-13 所示。

```
clear, clf
fun1=@(x,y) x.^2-y.^2-1;
```

```
subplot(1,2,1)
fimplicit(fun1);
grid on

fun2=@(x,y) y.*sin(x)+x.*cos(y)-1;
subplot(1,2,2)
fimplicit(fun2, [-10 10])
grid on
```

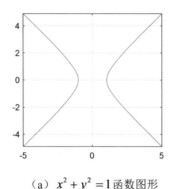 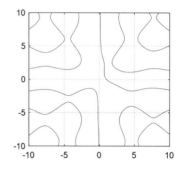

（a）$x^2 + y^2 = 1$ 函数图形　　　　（b）$x\cos y + y\sin x = 1$ 函数图形

图 5-13　隐函数图形

5.3　图形修饰

MATLAB 在绘制二维图形的时候，还提供了多种修饰图形的方法，包括颜色、线型、点型（标记）、坐标轴等，可以使图形更加美观、精确。其中坐标轴、标题、图例等在前面的章节中已经介绍过了。

5.3.1　线型、标记和颜色

利用函数 plot() 绘图时，参数 LineSpec 用于指定线型、标记和颜色，指定为包含符号的字符向量或字符串。

符号可以按任意顺序显示，如 '--or' 表示带有圆形标记的红色虚线。使用时不需要同时指定所有三个特征（线型、标记和颜色）。默认线型为实线，颜色从蓝色到白色循环。颜色与线型符号如表 5-1 所示。点型符号（标记）如表 5-2 所示。

表5-1　色彩与线型符号

线　型	符　号	'-'		'--'		':'		'-.'	
	含　义	实线		虚线		点线		点划线	
颜　色	符　号	'r'	'g'	'b'	'c'	'm'	'y'	'k'	'w'
	颜色名	'red'	'green'	'blue'	'cyan'	'magenta'	'yellow'	'black'	'white'
	含　义	红	绿	蓝	青	品红	黄	黑	白
	RGB三元组	[1-0-0]	[0-1-0]	[0-0-1]	[0-1-1]	[1-0-1]	[1-1-0]	[0-0-0]	[1-1-1]

表5-2　点型符号

符　号	含　义	符　号	含　义	符　号	含　义
'+'	加号（十字符）	'o'	空心圆	'^'	上三角
'*'	星号（八线符）	's'	方形（方块符）	'v'	下三角
'.'	实心点	'd'	菱形	'>'	右三角
'_'	水平线条	'p'	五角形	'<'	左三角
'|'	垂直线条	'h'	六角形	'x'	叉字符

【例5-12】在 MATLAB 中演示颜色、线型及数据点型示例。

解：在编辑器窗口中输入以下语句。运行程序，输出图形如图 5-14 所示。

```
clear, clf
A=ones(1,10);                          % A 为 10 个 1 的行向量，用于画横线
subplot(1,2,1);hold on                 % 绘图保持
plot(A,'b-')   ;plot(2*A,'g-');        % 蓝色、绿色的实线
plot(3*A,'r:') ;plot(4*A,'c:');        % 红色、青色的虚线
plot(5*A,'m-.');plot(6*A,'y-.');       % 品红、黄色的点画线
plot(7*A,'k--');plot(8*A,'w--');       % 黑色、白色的双画线
axis([0,11,0,9]);                      % 定义坐标轴
hold off                               % 取消绘图叠加效果

B=ones(1,10);
subplot(1,2,2);hold on
plot(B,'.');     plot(2*B,'+');
plot(3*B,'*');  plot(4*B,'^');
plot(5*B,'<');  plot(6*B,'>');
plot(7*B,'V');  plot(8*B,'d');
plot(9*B,'h');  plot(10*B,'o');
plot(11*B,'p'); plot(12*B,'s');
plot(13*B,'x');
axis([0,11,0,14]);
hold off
```

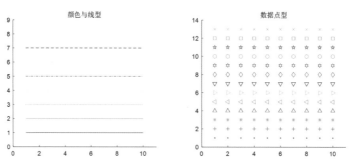

图 5-14 各种颜色和线型的图形

5.3.2 "名称－值对"参数

在 MATLAB 中，通过 Name,Value（名称－值对）参数来修改目标图形对象的属性。读者可以指定可选的、以逗号分隔的 Name,Value 对组参数。其中，Name 为参数名称，必须放在单引号中，Value 为对应的值。

读者可采用任意顺序指定多个"名称－值对"组参数，如 Name1,Value1,…,NameN, ValueN 所示。针对函数 plot()，"名称－值对"组参数如表 5-3 所示，此处列出的图形线条属性只是一个子集。本书后面讲解函数时不再列出。

表5-3 "名称－值对"组参数子集

选　项	功　能	取　值
Color	设置线条颜色	[0 0.4470 0.7410]（默认）、RGB三元组、十六进制颜色代码、'r'、'g'、'b'、…
LineStyle	设置线型	'-'（默认）、'--'、':'、'-.'、'none'
LineWidth	设置线条宽度	0.5（默认）、正值
Marker	设置标记符号	'none'（默认）、'o'、'+'、'*'、'.'、…
MarkerIndices	要显示标记的数据点的索引	1:length(YData)（默认）、正整数向量、正整数标量
MarkerEdgeColor	标记轮廓颜色	'auto'（默认）、RGB三元组、十六进制颜色代码、'r'、'g'、'b'、…
MarkerFaceColor	标记填充颜色	'none'（默认）、'auto'、RGB三元组、十六进制颜色代码、'r'、'g'、'b'、…
MarkerSize	设置标记大小	6（默认）、正值
DatetimeTickFormat	datetime刻度标签的格式	字符向量、字符串
DurationTickFormat	duration刻度标签的格式	字符向量、字符串

【例 5-13】创建并修改线条。

解：在编辑器窗口中输入以下语句。运行程序，输出图形如图 5-15 所示。

```
subplot(1,2,1)
x=linspace(-2*pi,2*pi);
y1=sin(x);
y2=cos(x);
plot(x,y1,x,y2);

subplot(1,2,2)
plot(x,y1,'LineWidth',0.5,'Color','r','LineStyle','-.');
hold on
plot(x,y2,'LineWidth',1,'Color','m','LineStyle','--');
hold off
```

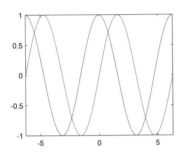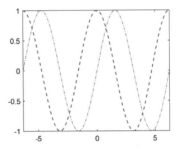

图 5-15　创建并修改线条

上面第二幅图也可以通过下面的语句实现。

```
h=plot(x,y1,'-.r',x,y2,'--m');
h(1).LineWidth=0.5;
h(2).LineWidth=1;
```

5.3.3　图案填充

MATLAB 除可以直接绘制单色二维图外，还可以使用 patch() 函数在指定的两条曲线和水平轴所包围的区域填充指定的颜色，其调用格式如下：

```
patch(X,Y,C)      % 使用 X 和 Y 的元素作为每个顶点的坐标，绘制一个或多个填充多边形区域
                  % C 为三元向量 [R G B]，其中 R 表示红色，G 表示绿色，B 表示蓝色
patch(X,Y,Z,C)    % 使用 X、Y 和 Z 在三维坐标中创建多边形，C 确定多边形的填充颜色
```

例如，在 MATLAB 命令行窗口中输入如下命令，可以输出如图 5-16 所示的图形。

```
clear, clf
x=[2 5; 2 5; 8 8];
y=[4 0; 8 2; 4 0];
c=[0 3; 6 4; 4 6];
patch(x,y,c)
colorbar
box
```

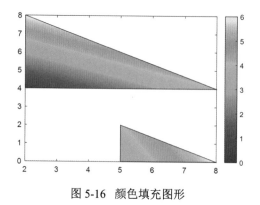

图 5-16 颜色填充图形

【例 5-14】图案填充示例一。

解：在编辑器窗口中输入以下语句。运行程序，输出图形如图 5-17（a）所示。

```
clear, clf
x=-1:0.01:1;
y=-1.*x.*x;
y1=-2.*x.*x;
y2=-4.*x.*x;
y3=-8.*x.*x;

hold on
plot(x,y,'-','LineWidth',1)
plot(x,y1,'r-','LineWidth',1)
plot(x,y2,'g--','LineWidth',1)
plot(x,y3,'k--','LineWidth',1)
box
```

继续在编辑器窗口中输入以下语句。运行程序，输出图形如图 5-17（b）所示。图中两条实线之间填充红色（见图中的①），两条虚线之间填充黑色（见图中的②）。

```
Ya=y;
X=[x x(end:-1:1)];
Y=[Ya y1(end:-1:1)];
patch(X,Y,'r')                          % 填充红色①

Yb=y2;
Y=[Yb y3(end:-1:1)];
patch(X,Y,'b')                          % 填充蓝色②
hold off
```

在 MATLAB 中，还可以利用函数 fill() 填充二维多边形，其调用格式同函数 patch()，在某些情况下函数 patch() 可以与函数 fill() 互换使用。

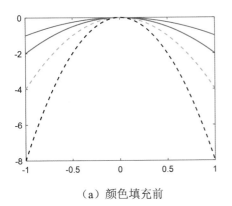

（a）颜色填充前

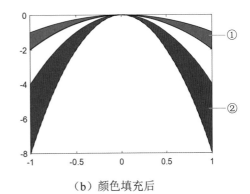

（b）颜色填充后

图 5-17　颜色填充前后对比

【例 5-15】图案填充示例二。

解：在编辑器窗口中输入以下语句。运行程序，输出图形如图 5-18（a）所示。

```
clear, clf
x=-5:0.01:5;
ls=length(x);
y1=2*x.^2+12*x+6;                    % y1 是一个长 ls 的行向量
y2=3*x.^3-9*x+24;                    % y2 是一个长 ls 的行向量

hold on
plot(x,y1,'r-');
plot(x,y2,'b--');
box
```

继续在编辑器窗口中输入以下语句。运行程序，输出图形如图 5-18（b）所示。图中实线和虚线之间的区域填充了红色。

```
y1_y2=[y1;y2];                       % 是 2×ls 的矩阵，第一行为 y1，第二行为 y2
maxY1vsY2=max(y1_y2);                % 是 1×ls 的行向量，表示 y1_y2 每一列的最大值
                                     % 即 x 相同时 y1 与 y2 的最大值
minY1vsY2=min(y1_y2);                % 是 1×ls 的行向量，表示 y1_y2 每一列的最小值
                                     % 即 x 相同时 y1 与 y2 的最小值
yFill=[maxY1vsY2,fliplr(minY1vsY2)];
xFill=[x,fliplr(x)];
fill(xFill,yFill,'r','FaceAlpha',0.5,'EdgeAlpha',0.5,'EdgeColor','r');
hold off
```

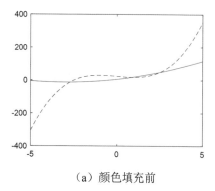 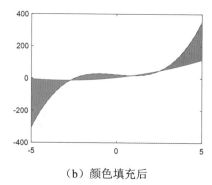

（a）颜色填充前　　　　　　　　　　　　（b）颜色填充后

图 5-18　颜色填充前后对比

【例 5-16】绘制函数 $y = \sin x - x^3 \cos x$ 的曲线，并在这条曲线上、下方的一个函数标准差的区域内填充红色。

解：在编辑器窗口中输入以下语句。运行程序，输出图形如图 5-19（a）所示。

```
clear, clf
x=0:0.005:50;
y=sin(x)-x.^3.*cos(x);                    % 指定函数
stdY=std(y);                              % 标准差
y_up=y+stdY;                              % 上限值
y_low=y-stdY;                             % 下限值
plot(x,y,'b-','LineWidth',1);             % 绘制曲线图像
hold on
```

继续在编辑器窗口中输入以下语句。运行程序，输出图形如图 5-19（b）所示。

```
yFill=[y_up,fliplr(y_low)];
xFill=[x,fliplr(x)];
fill(xFill,yFill,'r','FaceAlpha',0.5,'EdgeAlpha',1,'EdgeColor','r')
```

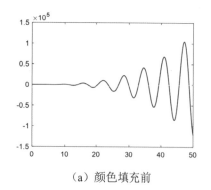 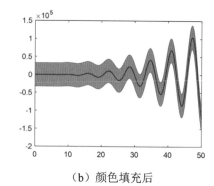

（a）颜色填充前　　　　　　　　　　　　（b）颜色填充后

图 5-19　函数曲线图

5.4 特殊坐标图

使用基本的绘图函数绘制出的图形坐标轴刻度均为线性刻度。但是，当实际的数据出现指数变化时，线性刻度就无法直观地从图形上展现出来。此时，需要在特殊坐标系下绘制图形。

特殊坐标系是与均匀直角坐标系不同的坐标系，包括对数坐标系、极坐标系、柱坐标系和球坐标系等。MATLAB 提供了多种特殊的绘图函数，用于实现特殊图形的绘制。

5.4.1 极坐标图

在 MATLAB 中，利用函数 polar() 可以实现极坐标系下的图形绘制。其调用格式如下：

```
polar(theta,rho)        % 创建角 theta 对半径 rho 的极坐标图
                        %theta 是从 X 轴到半径向量所夹的角（弧度），rho 为半径向量长度（数据空间）
polar(theta,rho,LineSpec)    % 指定线型、绘图符号以及极坐标图中绘制线条的颜色
```

【例 5-17】绘制极坐标图。

解：在编辑器窗口中输入以下语句，运行程序，输出图形如图 5-20 所示。

```
clear, clf
theta=0:0.01:2*pi;                      % 极坐标角度
subplot(1,2,1); polar(theta,abs(cos(5*theta)))

a=-2*pi:.001:2*pi;                      % 设定角度
b=(1-sin(a));                           % 设定对应角度的半径
subplot(1,2,2); polar(a, b,'r')         % 绘制一个包含心形图案的极坐标图色
```

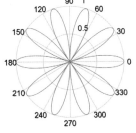 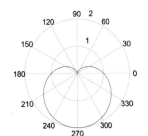

（a）普通极坐标图　　　　　　　　　　（b）心形极坐标图

图 5-20　polar() 函数绘制极坐标图

在 MATLAB 中，利用函数 polarplot() 也可以实现极坐标系下的图形绘制。其调用格式如下：

```
polarplot(theta,rho)          % 在极坐标中绘制线条，要求输入长度相等的向量或大小相等的矩阵
                              % 若输入为矩阵，则绘制 rho 的列对 theta 的列的图
polarplot(theta,rho,LineSpec)              % 设置线条的线型、标记符号和颜色
polarplot(theta1,rho1,…,thetaN,rhoN)       % 绘制多对 rho,theta
polarplot(theta1,rho1,LineSpec1,…,thetaN,rhoN,LineSpecN)
                              % 分别指定每个线条的线型、标记符号和颜色
polarplot(rho)                % 按 0~2π 内等间距角度绘制 rho 中的半径值
polarplot(rho,LineSpec)       % 设置线条的线型、标记符号和颜色
polarplot(Z)                  % 绘制 Z 中的复数值
polarplot(Z,LineSpec)         % 设置线条的线型、标记符号和颜色
```

【例 5-18】绘制极坐标图。

解：在编辑器窗口中输入以下语句，运行程序，输出图形如图 5-21 所示。

```
clear, clf
theta=0:0.01:2*pi;
rho=sin(2*theta).*cos(2*theta);
subplot(1,2,1); polarplot(theta,rho)

theta=linspace(0,360,50);
rho=0.005*theta/10;
theta_radians=deg2rad(theta);          % 将 theta 中的值从度转换为弧度
subplot(1,2,2); polarplot(theta_radians,rho)
```

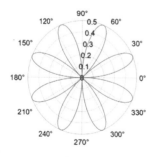

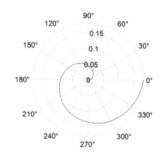

（a）普通极坐标图　　　　　　　　　（b）渐开线极坐标图

图 5-21 polarplot() 函数绘制极坐标图

5.4.2 对数坐标图

在 MATLAB 中，利用函数 semilogx() 可以实现半对数坐标图（X 轴为对数刻度）的绘制，其调用格式如下：

```
semilogx(X,Y)          % 在 X 轴以 10 为底的对数刻度、Y 轴使用线性刻度来绘制 (X,Y) 的图形
                       % 若 X、Y 为相同长度的向量，则绘制由线段连接的一组坐标
```

```
                           % 若 X 或 Y 中至少一个为矩阵，则在同一组坐标轴上绘制多组坐标
semilogx(X,Y,LineSpec)        % 使用指定的线型、标记和颜色创建绘图
semilogx(X1,Y1,…,Xn,Yn)      % 在同一组坐标轴上绘制多对 X 和 Y 坐标
semilogx(X1,Y1,LineSpec1,…,Xn,Yn,LineSpecn)
                           % 分别指定每个线条的线型、标记符号和颜色
  semilogx(Y)                % 绘制 Y 对一组隐式 X 坐标的图
                           % 若 Y 为向量，则 X 坐标范围从 1 到 length(Y)
                           % 若 Y 为矩阵，则对于 Y 中的每个列，图中包含一个对应的行
                           % 若 Y 包含复数，则绘制 Y 的虚部对 Y 的实部的图
semilogx(Y,LineSpec)         % 指定线型、标记和颜色
```

另外，在 MATLAB 中，函数 semilogy() 用于绘制半对数坐标图（Y 轴为对数刻度），函数 loglog() 用于绘制双对数坐标图，它们的调用格式与函数 semilogx() 相同。

注意　若 Y 为复数向量或矩阵，则 semilogx(Y) 等价于 semilogx(real(Y). imag(Y))。

【例 5-19】对数坐标系绘图示例。

解：在编辑器窗口中输入以下语句。运行程序，输出图形如图 5-22 所示。

```
clear, clf
x=logspace(-1,2,10000);
y=5+3*sin(x);
subplot(1,2,1);loglog(x,y)
yticks([3 4 5 6 7])
xlabel('x')
ylabel('5+3sin(x)')

x=logspace(-1,2,10000);
y1=5+3*sin(x/4);
y2=5-3*sin(x/4);
subplot(1,2,2); loglog(x,y1,x,y2,'--')
legend('Signal 1','Signal 2','Location','northwest')
```

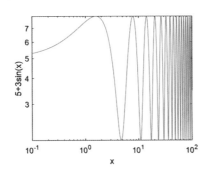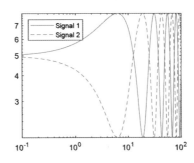

图 5-22 双对数坐标图

继续在编辑器窗口中输入以下语句。运行程序，输出图形如图 5-23 所示。

```
x=logspace(1,4,100);
v=linspace(-50,50,100);
y1=100*exp(-1*((v+5).^2)./200);
y2=100*exp(-1*(v.^2)./200);
subplot(1,2,1)
semilogx(x,y1,x,y2,'--')
legend('Measured','Estimated')
grid on

x=1:100;
y1=x.^2;
y2=x.^3;
subplot(1,2,2)
semilogy(x,y1,x,y2)
grid on
```

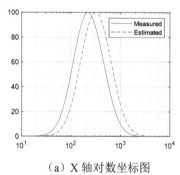

（a）X 轴对数坐标图

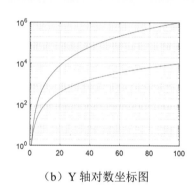

（b）Y 轴对数坐标图

图 5-23 半对数坐标图

【例 5-20】把直角坐标和对数坐标轴合并绘图。

解：在编辑器窗口中输入以下语句。运行程序，输出图形如图 5-24 所示。

```
clear, clf
t=0:900;
A=1000;
a=0.005;
b=0.005;
z1=A*exp(-a*t);                      % 对数函数
z2=sin(b*t);                         % 正弦函数
[haxes,hline1,hline2]=plotyy(t,z1, t,z2,'semilogy','plot');
axes(haxes(1));ylabel(' 对数坐标 ')
axes(haxes(2));ylabel(' 直角坐标 ')
set(hline2,'LineStyle','--' )
```

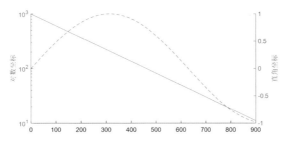

图 5-24　直角坐标和对数坐标轴合并绘图

5.4.3　柱坐标／球坐标图

在 MATLAB 中，不存在直接绘制柱坐标系和球坐标系下数据图形的函数。当需要绘制柱坐标系或球坐标系下的图形时，可以将对应坐标值转换为直角坐标系下的坐标值，然后利用绘图函数（plot3()、mesh() 等）在直角坐标系下绘制。

在 MATLAB 中，利用函数 pol2cart() 可以将极坐标系或柱坐标系下的坐标值转换为直角坐标系下的坐标值，其调用格式如下：

```
[x,y]=pol2cart(theta,rho)
        % 将极坐标数组 theta 和 rho 的对应元素转换为二维笛卡儿坐标或 x、y 坐标
[x,y,z]=pol2cart(theta,rho,z)
        % 将柱坐标数组 theta、rho 和 z 的对应元素转换为三维笛卡儿坐标或 x、y、z 坐标
```

在 MATLAB 中，利用函数 sph2cart() 可以将球坐标系下的坐标值转换成直角坐标系下的坐标值，其调用格式如下：

```
[x,y,z]=sph2cart(azimuth,elevation,r)
        % 将球面坐标数组 azimuth、elevation 及 r 的对应元素转换为笛卡儿坐标，即 x、y、z 坐标
```

【例 5-21】在直角坐标下绘制柱坐标及球坐标图。

解：在编辑器窗口中输入以下语句。运行程序后，输出图形如图 5-25 所示。

```
clear, clf
theta=0:pi/20:2*pi;
rho=sin(theta);
[t,r]=meshgrid(theta,rho);
z=r.*t;
[X,Y,Z]=pol2cart(t,r,z);          % 将柱坐标转换为笛卡儿坐标
subplot(1,2,1); mesh(X,Y,Z)
```

147

```
[X,Y,Z]=sph2cart(t,r,z);          % 将球坐标转换为笛卡儿坐标
subplot(1,2,2); mesh(X,Y,Z)
```

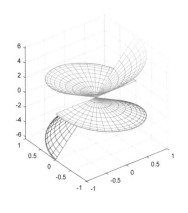

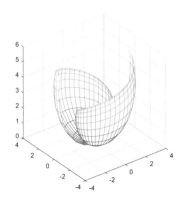

（a）柱坐标图　　　　　　　　　　　　（b）球坐标图

图 5-25　柱坐标图与球坐标图的绘制

5.5　本章小结

　　本章介绍了 MATLAB 二维图形的绘制。在介绍图形的基本绘制步骤的基础上，重点对二维绘图的基本绘图函数 plot() 及函数图的绘制方法进行了详细讲解。另外，本章还通过举例介绍了多种特殊坐标图形的绘制方法，以及图形的修饰等。希望读者在本章的学习中获得丰富的经验，并能够将这些技能成功运用于实际工作和研究中。

第6章

三维图绘制

MATLAB 提供了多种函数显示三维图形，利用这些函数可以在三维空间中绘制曲线或曲面。MATLAB 还提供了颜色用于代表第四维，即伪色彩。通过改变视角，我们还可以观看三维图形的不同侧面。通过学习本章的内容，读者可以掌握灵活使用三维绘图函数和图形属性进行数据绘制的技巧，使数据具有一定的可读性，并能够表达出特定的信息。

6.1 三维图形绘制

MATLAB 中的三维图形包括三维折线、曲线图以及三维曲面图等。创建三维图形和创建二维图形的过程类似，都包括数据准备、绘图区选择、绘图、设置和标注，以及图形的打印或输出。不过，三维图形具有更多元素的设置和标注选项，如颜色过渡、光照和视角等。

6.1.1 基本绘图步骤

在 MATLAB 中创建三维图形的基本步骤如表 6-1 所示。相较于二维绘图，三维绘图多了颜色表、颜色过渡、光照等专门针对三维图形的设置项，其他步骤与二维绘图类似。

表6-1 三维绘图基本步骤

基 本 步 骤	M代码举例	备 注
清理空间	clear-all	清空空间的数据
数据准备	x=-8:0.1:8; [X,Y]=meshgrid(x); Z=(exp(X)-exp(Y)).*sin(X-Y);	三维图形用一般的数组创建即可 三维网格图和曲面图所需网格数据需要通过 meshgrid()函数创建
图窗与绘图区选择	figure	创建绘图窗口和选定绘图子区
绘图	surf(X,Y,Z)	创建三维曲线图或网格图、曲面图
设置视角	view([75-25])	设置观察者查看图形的视角和Camera属性
设置颜色表	colormap-hsv shading-interp	为图形设置颜色表，用颜色显示z值的大小变化。 对曲面图和三维片块模型还可以设置颜色过渡模式
设置光照效果	light('Position', [1-0.5-0.5]) lighting-gouraud material-metal	设置光源位置和类型。对曲面图和三维片块模型还 可以设置反射特性
设置坐标轴 刻度和比例	axis-square set(gca,'ZTickLabel',' ')	设置坐标轴范围、刻度和比例
标注图形	xlabel('x') ylabel('y') colorbar	设置坐标轴标签、标题等标注元素
保存、打印或导出	print	将绘图结果打印或导出为标准格式图像

【例 6-1】按照上述三维图形的绘制步骤绘制图形示例。

解：在编辑器窗口中输入以下语句。运行程序，输出图形如图 6-1 所示。

```
clear all                             % 清空空间的数据
x=-8:0.1:8;
[X,Y]=meshgrid(x);                    % 创建网格数据
Z=(exp(X)-exp(Y)).*sin(X-Y);
figure
surf(X,Y,Z)
view([75 25])
colormap hsv                          % 为图形设置颜色表
shading interp                        % 设置颜色过渡模式
light('Position',[1 0.5 0.5])         % 设置光源位置和类型
lighting gouraud                      % 设置照明模式
material metal                        % 控制光效果材质
axis square                           % 使坐标轴长度相同
set(gca,'ZTickLabel','')
xlabel('x')
```

```
ylabel('y')
colorbar                                        % 显示色阶的色度条
print
```

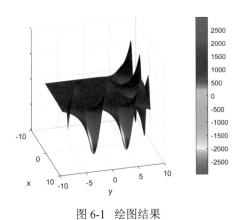

图 6-1 绘图结果

6.1.2 基本绘图函数

绘制二维折线或曲线时，可以使用 plot() 函数。与该函数类似，MATLAB 提供了一个绘制三维折线或曲线的基本函数 plot3()，其调用格式如下：

```
plot3(X,Y,Z)                        % 绘制三维空间中的坐标。X、Y、Z 指定为向量或矩阵
plot3(X,Y,Z,LineSpec)               % 使用指定的线型、标记和颜色创建绘图
plot3(X1,Y1,Z1,…,Xn,Yn,Zn)          % 在同一组坐标轴上绘制多组坐标
plot3(X1,Y1,Z1,LineSpec1,…,Xn,Yn,Zn,LineSpecn)
                                    % 为每个 XYZ 三元组指定特定的线型、标记和颜色
```

plot3() 函数的功能、使用方法、参数含义与 plot() 函数类似，区别在于 plot3() 绘制的是三维图形，多了一个 Z 方向上的参数。

【例 6-2】绘制三维曲线示例。

解：在编辑器窗口中输入以下语句。运行程序，输出图形如图 6-2 所示。由图 6-2 可知，二维图形的基本特性在三维图形中都存在，函数 subplot()、title()、xlabel()、grid() 等都可以扩展到三维图形中。

```
clear, clf
t=0:0.1:10;
figure
subplot(1,4,1);plot3(sin(t),cos(t),t);         % 绘制三维曲线
```

```
text(0,0,0,'0');                                    % 在 x=0、y=0、z=0 处标记 0
title(' 三维曲线 ');
xlabel('sin(t)'),ylabel('cos(t)'),zlabel('t');grid
subplot(1,4,2);plot(sin(t),t);
title('x-z面投影 ');                                  % 三维曲线在 x-z 平面的投影
xlabel('sin(t)'),ylabel('t');grid
subplot(1,4,3);plot(cos(t),t);
title('y-z面投影 ');                                  % 三维曲线在 y-z 平面的投影
xlabel('cos(t)'),ylabel('t');grid
subplot(1,4,4);plot(sin(t),cos(t));
title('x-y面投影 ');                                  % 三维曲线在 x-y 平面的投影
xlabel('sin(t)'),ylabel('cos(t)');grid
```

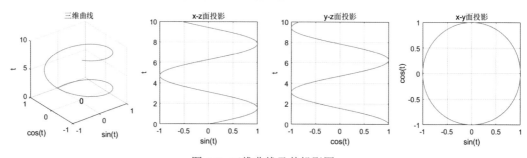

图 6-2　三维曲线及其投影图

【例 6-3】在 $(x,y) \in [-5,5]$ 时绘制函数图形① $z = \sqrt{x^2 + y^2}$ 和② $z = x(-x^3 - y^2)$。
解： 在编辑器窗口中输入以下语句。运行程序，输出图形如图 6-3 所示。

```
clear, clf
x=-5:0.1:5;
y=-5:0.1:5;
[X,Y]=meshgrid(x,y);               % 将向量 x、y 指定的区域转换为矩阵 X、Y
Z=sqrt(X.^2+Y.^2);                 % 产生函数值 Z
subplot(1,2,1);mesh(X,Y,Z)
title(' 函数图形 1')

[X,Y]=meshgrid(-5:0.1:5);          % 同 [X,Y]=meshgrid(x,x)，返回方形网格坐标
Z=X.*(-X.^3-Y.^3);
subplot(1,2,2);plot3(X,Y,Z,'b')
title(' 函数图形 2')
```

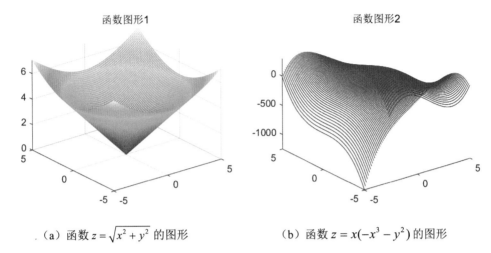

（a）函数 $z = \sqrt{x^2 + y^2}$ 的图形　　　（b）函数 $z = x(-x^3 - y^2)$ 的图形

图 6-3　函数图形

【例 6-4】 螺旋线绘制示例。

解： 在编辑器窗口中输入以下语句。运行程序，输出图形如图 6-4 所示。

```
% 圆锥螺旋线
clear, clf
a=0:0.1:20*pi;
subplot(1,2,1);
h=plot3(a.*cos(a),a.*sin(a),2.*a,'b');
axis([-60,60,-60,60,0,150]);
grid on
axis('square')
set(h,'linewidth',1,'markersize',22)
title(' 圆锥螺旋线 ')

% 圆柱螺旋线
t=0:0.1:10*pi; r=0.5;
x=r.*cos(t);
y=r.*sin(t);
z=t;
subplot(1,2,2);plot3(x,y,z,'h','linewidth',1);     %'h' 表示采用六角形标记
grid on
axis('square')
title(' 圆柱螺旋线 ')
```

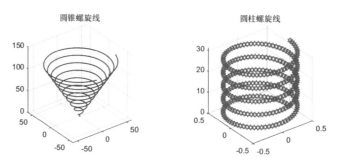

图 6-4　螺旋线

6.1.3　图形的修饰

在 MATLAB 中，三维图形的修饰与二维图形的修饰相同。在二维图形章节中介绍的函数同样可以应用到三维图形中。前面的章节在介绍函数的调用格式时，也将对应的三维图形的调用格式进行了介绍，这里就不再赘述了。

【例 6-5】利用函数为 $x=2\sin t$、$y=3\cos t$ 的三维螺旋线图形添加标题说明。

解： 在编辑器窗口中输入以下语句。运行程序，输出如图 6-5 所示的图形。

```
clear, clf
t=0:pi/100:9*pi;
x=2*sin(t);
y=3*cos(t);
z=t;
plot3(x,y,z)
axis('square')
xlabel('x=2sin(t)');ylabel('y=3cos(t)');zlabel('z=t')
title(' 三维螺旋图形 ')
```

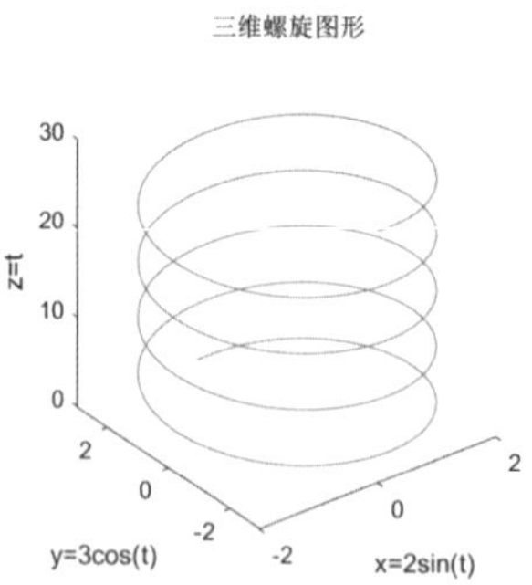

三维螺旋图形

图 6-5　添加标记的三维螺旋线图

6.2　网格与曲面图

三维网格曲面是由一些四边形相互连接在一起构成的一种曲面。这些四边形的 4 条边所围成的区域内颜色与图形窗口的背景色相同，且无色调的变化，呈现的是一种线架图的形式。

绘制网格曲面时，需要知道各个四边形顶点的 3 个坐标值 (X, Y, Z)，然后使用 MATLAB 提供的网格曲面绘图函数，如 mesh()、meshc()、surf()、surfc() 等，绘制不同形式的网格曲面。

6.2.1　生成栅格数据

栅格数据是按网格单元的行与列排列、具有不同灰度或颜色的阵列数据。每一个单元（像素）的位置由它的行列号定义，所表示的实体位置隐含在栅格行列位置中，数据组织中的每个数据表示地物或现象的非几何属性或指向其属性的指针。

在绘制网格曲面之前，必须给出各个四边形顶点的三维坐标值。通常，在绘制曲面时，首先给出四边形各个顶点的二维坐标 (X, Y)，然后利用某个函数公式计算出四边形各个顶点的 Z 坐标。

此处的二维坐标值 (X, Y) 是一种栅格形的数据点，可由 MATLAB 所提供的 meshgrid() 函数产生，该函数的调用格式如下：

```
[X,Y]=meshgrid(x,y)        %基于向量 x 和 y 中包含的坐标返回二维网格坐标
                           %X 是一个矩阵，每一行是 x 的一个副本；Y 也是一个矩阵，每一列是 y 的一个副本
[X,Y]=meshgrid(x)          % 同 [X,Y]=meshgrid(x,x)，返回方形网格坐标
[X,Y,Z]=meshgrid(x,y,z)    % 返回由向量 x、y 和 z 定义的三维网格坐标
[X,Y,Z]=meshgrid(x)        % 同 [X,Y,Z]=meshgrid(x,x,x)，返回立方体三维网格坐标
```

> 🎮➕说明 ①向量 x 和 y 分别代表三维图形在 X 轴、Y 轴方向上的取值数据点；② x 和 y 分别代表 1 个向量，而 X 和 Y 分别代表 1 个矩阵。

【例 6-6】查看 meshgrid() 函数功能的执行效果。

解：在命令行窗口中依次输入以下语句，随后会输出相应的结果。

```
>> clear
>> x=[1 2 3 4 5 6 7 8 9];
>> y=[3 5 7];
>> [X ,Y]=meshgrid(x,y)
X=
     1      2      3      4      5      6      7      8      9
```

```
    1       2       3       4       5       6       7       8       9
    1       2       3       4       5       6       7       8       9
Y=
    3       3       3       3       3       3       3       3       3
    5       5       5       5       5       5       5       5       5
    7       7       7       7       7       7       7       7       7
```

【例 6-7】利用 meshgrid() 函数绘制矩形网格。

解：在编辑器窗口中输入以下语句。运行程序，输出图形如图 6-6 所示，该图形给出了矩形网格的顶点。

```
clear, clf
x=-1:0.2:1;
y=1:-0.2:-1;
[X,Y]=meshgrid(x,y);
plot(X,Y,'o')
```

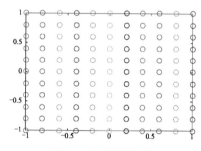

图 6-6　矩形网格图

在命令行窗口中输入 whos 命令查看工作区变量属性，得到的结果如下：

```
>> whos
  Name      Size           Bytes  Class     Attributes
  X        11x11             968  double
  Y        11x11             968  double
  x         1x11              88  double
  y         1x11              88  double
```

6.2.2 数据生成函数

在 MATLAB 中，利用函数 sphere()、cylinder()、ellipsoid() 可以绘制不同的三维曲面或生成三维曲面数据，利用函数 peaks() 生成多峰函数数据。

（1）sphere() 函数用于绘制三维球面或生成三维球面数据，其调用格式如下：

```
[X,Y,Z]=sphere        % 返回半径为 1 且包含 20×20 个面的球面的 X、Y 和 Z 坐标，不绘图
                      % 以三个 21×21 的矩阵形式返回 X、Y 和 Z 坐标
[X,Y,Z]=sphere(n)     % 返回半径为 1 且包含 n×n 个面的球面的 X、Y 和 Z 坐标
                      % 以三个 (n+1)×(n+1) 的矩阵形式返回 X、Y 和 Z 坐标
sphere(___)           % 绘制球面而不返回坐标
```

（2）cylinder() 函数用于绘制三维柱面或生成三维柱面数据，其调用格式如下：

```
[X,Y,Z]=cylinder      % 返回三个 2×21 的矩阵，其中包含圆柱的 X、Y 和 Z 坐标，但不绘图
                      % 圆柱半径为 1，圆周上有 20 个等间距点，底面平行于 xy 平面
```

```
[X,Y,Z]=cylinder(r)          % 返回指定剖面曲线 r 和圆周上 20 个等距点圆柱的 X、Y 和 Z 坐标
                             % 将 r 中的每个元素视为沿圆柱单位高度等距高度的半径
                             % 每个坐标矩阵的大小为 m×21，m=numel(r)。若 r 是标量，则 m=2
[X,Y,Z]=cylinder(r,n)        % 返回指定剖面曲线 r 和圆周上 n 个等距点圆柱的 X、Y 和 Z 坐标
                             % 每个坐标矩阵的大小为 m×(n+1)，其中 m=numel(r)
cylinder(___)                % 绘制圆柱而不返回坐标
```

（3）多峰函数 peaks() 常用于 contour()、mesh()、pcolor() 和 surf() 等图形函数的演示，它是通过平移和缩放高斯分布获得的。其函数形式为：

$$f(x,y) = 3(1-x^2)e^{-x^2-(y+1)^2} - 10\left(\frac{x}{5} - x^3 - y^5\right)e^{-x^2-y^2} - \frac{1}{3}e^{-(x+1)^2-y^2}$$

其中，$-3 \leqslant x,\ y \leqslant 3$。

多峰函数 peaks() 的调用格式如下：

```
Z=peaks                      % 返回在一个 49×49 网格上计算的 peaks 函数的 Z 坐标
Z=peaks(n)                   % 返回在一个 n×n 网格上计算的 peaks 函数
                             % 若将 n 指定为长度为 k 的向量，则在一个 k×k 网格上计算该函数
Z=peaks(Xm,Ym)               % 返回在 Xm 和 Ym 指定的点上计算的 peaks 函数
[X,Y,Z]=peaks(___)           % 返回 peaks 函数的 X、Y 和 Z 坐标
```

【例 6-8】绘制三维标准曲面。

解：在编辑器窗口中输入以下语句。运行程序，输出图形如图 6-7 所示。

```
clear, clf
t=0:pi/20:2*pi;
[x,y,z]=sphere;
subplot(1,3,1);surf(x,y,z)
axis('square')
xlabel('x'),ylabel('y'),zlabel('z')
title(' 球面 ')

[x,y,z]=cylinder(2+sin(2*t),30);
subplot(1,3,2);surf(x,y,z)           % 因柱面函数的 R 选项 2+sin(2*t)，柱面为正弦型
axis('square')
xlabel('x'),ylabel('y'),zlabel('z')
title(' 柱面 ')

[x,y,z]=peaks(20);
subplot(1,3,3);surf(x,y,z)
axis('square')
xlabel('x'),ylabel('y'),zlabel('z')
title(' 多峰 ')
```

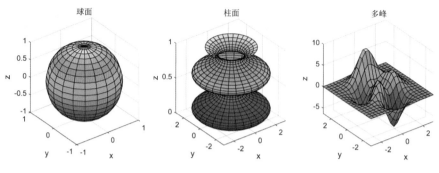

图 6-7　三维标准曲面图

6.2.3　绘制网格图

在 MATLAB 中，通过 mesh() 函数可以绘制三维网格图。其调用格式如下：

```
mesh(X,Y,Z)      % 创建网格图，有边颜色（因 Z 指定的高度而异），无面颜色
                 % 将矩阵 Z 中的值绘制为由 X 和 Y 定义的 x-y 平面中的网格上方的高度
mesh(Z)          % 创建一个网格图，并将 Z 中元素的列索引和行索引作为 X 坐标和 Y 坐标
                 % 即 [n,m]=size(Z)，X=1:n，Y=1:m，Z 为定义在矩形划分区域上的单值函数
mesh(___,C)      % 由 C 指定边的颜色
```

另外，在 MATLAB 中还有两个 mesh() 的派生函数：meshc() 和 meshz()。其中 meshc() 在绘图的同时，在 x-y 平面上绘制网格在 Z 轴方向上的等高线；meshz() 则在网格图基础上在图形的底部外侧绘制平行于 Z 轴的边框线。它们的调用方式与 mesh() 函数类似。

【例 6-9】绘制网格图示例。

解：在编辑器窗口中输入以下语句。运行程序，输出图形如图 6-8 所示。

```
clear, clf
[X,Y]=meshgrid(-3:.125:3);
Z=peaks(X,Y);
subplot(1,2,1);mesh(X,Y,Z);              % 绘制三维网格图 1
axis('square')
title(' 三维网格图 1')

x=-8:0.5:8;
y=x;
[X,Y]=meshgrid(x,y);
R=sqrt(X.^2+Y.^2)+eps;                    % 待可视化的函数
Z=sin(R)./R;
subplot(1,2,2);mesh(X,Y,Z)               % 绘制三维网格图 2
```

```
axis('square')
title(' 三维网格图 2')
```

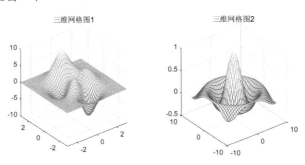

图 6-8 网格图 1

继续在编辑器窗口中输入以下语句。运行代码，得到如图 6-9 所示的绘图结果。

```
[X,Y]=meshgrid(-3:.5:3);
Z=2*X.^2-3*Y.^2;                        % 待可视化的函数
subplot(1,4,1);plot3(X,Y,Z)
title('plot3')
subplot(1,4,2);mesh(X,Y,Z)
title('mesh')
subplot(1,4,3);meshc(X,Y,Z)
title('meshc')
subplot(1,4,4);meshz(X,Y,Z)
title('meshz')
```

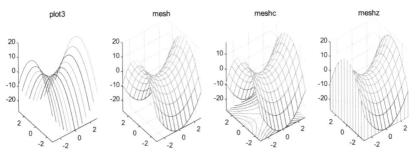

图 6-9 网格图 2

由图可知，plot3() 函数只绘制 X、Y、Z 的对应列表示的一系列三维曲线，只要求 X、Y、Z 三个数组具有相同的尺寸，并不要求 (X,Y) 必须定义网格点。

mesh() 函数则要求 (X,Y) 必须定义为网格点，且在绘图结果中可以把邻近网格点对应的三维曲面点 (X,Y,Z) 用线条连接起来。

此外，plot3() 函数按照 MATLAB 绘制图线的默认颜色顺序循环使用颜色区分各条三维曲线，而 mesh() 绘制的网格曲面图中的颜色用来表征 Z 值的大小，通过 colormap() 函数可以显示表示图形中颜色和数值对应关系的颜色表。

【例 6-10】 抛物面绘制示例。

解： 在编辑器窗口中输入以下语句。运行程序，输出图形如图 6-10 所示。

```
clear, clf
% 旋转抛物面
[X,Y]=meshgrid(-5:0.1:5);
Z=(X.^2+Y.^2)./4;
subplot(1,3,1);meshc(X,Y,Z)
axis('square')
title(' 旋转抛物面 ')

% 椭圆抛物面
Z=X.^2./9+Y.^2./4;
subplot(1,3,2);meshc(X,Y,Z)
axis('square')
title(' 椭圆抛物面 ')

% 双曲抛物面
Z=X.^2./8-Y.^2./6;
subplot(1,3,3);meshc(X,Y,Z)
view(80,25)
axis('square')
title(' 双曲抛物面 ')
```

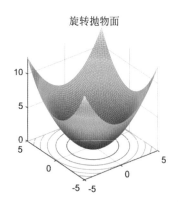
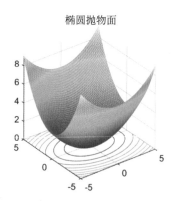
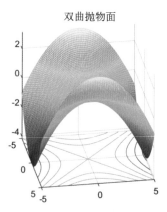

图 6-10 抛物面图

6.2.4　绘制曲面图

在 MATLAB 中，利用函数 surf() 可以绘制三维曲面图，绘制的曲面被网格线分割成小块，每一小块可看作一块补片，嵌在线条之间。其调用格式如下：

```
surf(X,Y,Z)      % 按照 X、Y 形成的格点矩阵创建一个渐变的三维曲面，Z 确定曲面高度和颜色
surf(Z)          % 创建一个曲面图，Z 中元素的列索引和行索引作为 x、y 坐标
surf(___,C)      % 通过 C 指定曲面颜色
```

另外，在 MATLAB 中还有两个 surf() 的派生函数：surfc() 和 surfl()。其中 surfc() 在绘图的同时，在 x-y 平面上绘制曲面在 Z 轴方向的等高线；surfl() 则在曲面图的基础上添加光照效果（基于颜色图）。它们的调用方式与 surf() 函数类似。

【例 6-11】绘制球体的三维图形。

解：在编辑器窗口中输入以下语句。运行程序，输出图形如图 6-11 所示。

```
clear, clf
[X,Y,Z]=sphere(30);                      % 计算球体的三维坐标
subplot(1,3,1);surf(X,Y,Z);              % 绘制球体的三维图形
xlabel('x'),ylabel('y'),zlabel('z')
axis('square')
title(' 球面 ')

[X,Y,Z]=peaks(50);
subplot(1,3,2);surfc(X,Y,Z)
axis('square')
title(' 添加等高线 ')

subplot(1,3,3);surfl(X,Y,Z)
axis('square')
title(' 添加光照 ')
```

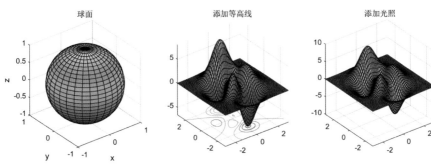

图 6-11　曲面图

6.2.5 绘制函数图

在 MATLAB 中，利用函数 fsurf() 可以绘制函数的三维曲面图。其调用格式如下：

```
fsurf(f)                  % 在默认区间 [-5 5]（对于 x 和 y）为函数 z=f(x,y) 创建曲面图
fsurf(f,interval)         % 将在指定区间绘图
fsurf(fx,fy,fz)           % 在默认区间 [-5 5]（对于 u 和 v）绘制参数化曲面
                          % 曲面由 x=fx(u,v)、y=fy(u,v)、z=fz(u,v) 定义
fsurf(fx,fy,fz,interval)  % 将在指定区间绘图
fsurf(___,LineSpec)       % 设置线型、标记符号和曲面颜色
```

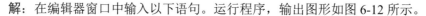 说明 interval 指定为二元向量 [min max] 表示对 x、y（或 u、v）使用相同的区间，指定为 [xmin xmax ymin ymax] 四元向量表示使用不同的区间。

同样地，在 MATLAB 中，利用函数 fmesh() 可以绘制函数的三维网格图。其调用格式同函数 fsurf()，这里不再赘述。

【例 6-12】快速绘制函数图示例。

解： 在编辑器窗口中输入以下语句。运行程序，输出图形如图 6-12 所示。

```
clear, clf
subplot(1,3,1);fsurf(@(x,y) sin(x)+cos(y))
title(' 函数绘图 ')

r=@(u,v) 2+sin(7.*u+5.*v);
fx=@(u,v) r(u,v).*cos(u).*sin(v);
fy=@(u,v) r(u,v).*sin(u).*sin(v);
fz=@(u,v) r(u,v).*cos(v);
subplot(1,3,2);fsurf(fx,fy,fz,[0 2*pi 0 pi])
% camlight                              % 添加光照
title(' 参数化曲面 ')

f=@(x,y) y.*sin(x)-x.*cos(y);
subplot(1,3,3);fsurf(f,[-2*pi 2*pi],'ShowContours','on')
title(' 显示曲面下等高线 ')
xlabel('x');ylabel('y');zlabel('z');
box on
```

将上面代码中的函数 fsurf() 更换为函数 fmesh()，运行程序，可以输出网格图，读者可自行尝试。

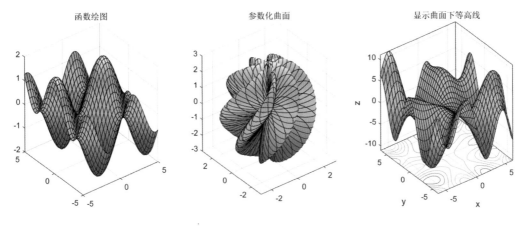

图 6-12 绘制函数图

另外，MATLAB 还提供了函数 ezsurf() 以实现三维彩色曲面图的绘制，其调用格式基本与函数 fsurf() 相同，在此不再赘述。

【例 6-13】 ①在圆域上绘制 $z=x^2y$ 的图形，②使用球坐标参量绘制部分球壳。

解： 在编辑器窗口中输入以下语句。运行程序，输出图形如图 6-13 所示。

```
clear, clf
% 在圆域上绘制图形
subplot(1,2,1)
ezsurf('x*x*y','circ');            %'circ' 表示在以该区间为中心的圆上绘制
title(' 在圆域上绘制图形 ')
shading flat;
view([-15,25])

% 使用球坐标参量绘制部分球壳
x='cos(s)*cos(t)';
y='cos(s)*sin(t)';
z='sin(s)';
subplot(1,2,2);ezsurf(x,y,z,[0,pi/2,0,3*pi/2])
title(' 绘制部分球壳 ')
view(17,40);shading interp;colormap(spring)
light('position',[0,0,-10],'style','local')
light('position',[-1,-0.5,2],'style','local')
material([0.5,0.5,0.5,10,0.3])
```

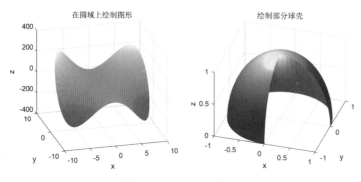

图 6-13　ezsurf() 函数绘图

6.3　三维图形的控制

三维图形的控制主要指视角位置和坐标轴设置。本节将详细介绍三维图形中的视角位置和坐标轴设置方法。

6.3.1　设置视角

为了使图形的效果更逼真，有时需要从不同的角度观看图形。前面绘制的三维图形是以 30° 视角向下看 $z=0$ 平面，以视角 $-37.5°$ 看 $x=0$ 平面。视点与 $z=0$ 平面所成的方向角称为仰角，与 $x=0$ 平面的夹角叫方位角，如图 6-14 所示。因此，默认的三维视角为仰角 30°，方位角 $-37.5°$；默认的二维视角为仰角 90°，方位角 0°。

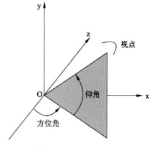

图 6-14　定义视角

在 MATLAB 中，利用函数 view() 可以改变所有类型的图形视角，即可以从不同的角度观察图形。其调用格式如下：

```
view(az,el)          % 为当前坐标区设置相机视线的方位角 az 和仰角 el
view(v)              % 根据 v（二元素或三元素数组）设置视线
                     %v 为二元素数组时，是方位角和仰角
                     %v 为三元素数组时，是从中心到相机位置所形成向量的 X、Y 和 Z 坐标
view(dim)            % 对二维（dim 为 2）或三维（dim 为 3）绘图使用默认视线
[caz,cel]=view(___)  % 分别将方位角和仰角返回为 caz 和 cel
```

另外，MATLAB 还可以利用函数 viewmtx() 给出指定视角的正交变换矩阵，利用函数 rotate3d() 实现使用鼠标来旋转视图。限于篇幅，这些函数本书不再介绍。

【例 6-14】从不同的视角观察曲线。

解：在编辑器窗口中输入以下语句。运行程序，输出图形如图 6-15 所示。

```
clear, clf
x=-4:4;
y=-4:4;
[X,Y]=meshgrid(x,y);
Z=X.^2+Y.^2;

subplot(2,2,1);surf(X,Y,Z);              %绘制三维曲面
ylabel('y'),xlabel('x'),zlabel('z');
title('(a) 默认视角 ')

subplot(2,2,2);surf(X,Y,Z);              %绘制三维曲面
ylabel('y'),xlabel('x'),zlabel('z');
title('(b) 仰角75°，方位角 -45° ')
view(-45,75)                             %将视角设为仰角75°，方位角 -45°

subplot(2,2,3);surf(X,Y,Z);              %绘制三维曲面
ylabel('y'),xlabel('x'),zlabel('z');
title('(c) 视点为 (2,1,1)')
view([2,1,1])                            %将视点设为 (2,1,1) 指向原点

subplot(2,2,4);surf(X,Y,Z);              %绘制三维曲面
ylabel('y'),xlabel('x'),zlabel('z');
title('(d) 仰角120°，方位角30° ')
view(45,0)                               %将视角设为仰角0°，方位角45°
```

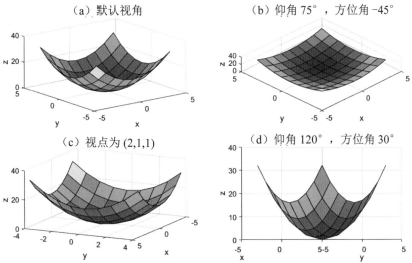

图 6-15　不同视角下的曲面图

6.3.2 设置坐标轴

三维图形下坐标轴的设置和二维图形的设置类似，都是通过带参数的函数 axis() 设置坐标轴显示范围和显示比例。其中针对三维坐标轴设置调用格式如下：

```
axis([xmin xmax ymin ymax zmin zmax])
                % 设置显示范围，数组元素分别确定了每一坐标轴显示的最大值和最小值
```

【例 6-15】坐标轴设置函数 axis() 使用实例。

解：在编辑器窗口中输入以下语句。运行结果如图 6-16 所示。

```
clear, clf
fx=@(t,s) sin(t).*cos(s);
fy=@(t,s) sin(t).*sin(s);
fz=@(t,s) cos(t);
subplot(1,3,1);ezsurf(fx,fy,fz,[0,2*pi,0,2*pi])
axis auto;title('auto')

subplot(1,3,2);ezsurf(fx,fy,fz,[0,2*pi,0,2*pi])
axis equal;title('equal')

subplot(1,3,3);ezsurf(fx,fy,fz,[0,2*pi,0,2*pi])
axis square;title('square')
```

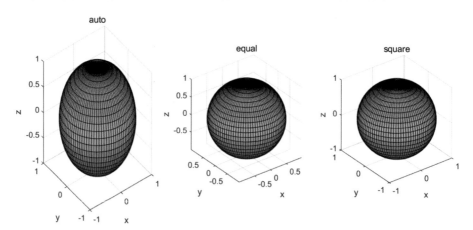

图 6-16 设置坐标轴

6.3.3 透视、镂空与裁切

1. 透视

　　MATLAB 在绘制三维网格图和曲面图时，一般会进行消隐处理。利用 hidden 命令可以消除网格图中的隐线，也可以得到透视效果，该命令的调用格式如下：

```
hidden on      % 对当前网格图启用隐线消除模式，网格后的线条被网格前的遮住（默认）
hidden off     % 对当前网格图禁用隐线消除模式
hidden         % 切换隐线消除状态
```

【例 6-16】透视效果演示。

　　解：在编辑器窗口中输入以下语句。运行程序，结果如图 6-17 所示。

```
clear, clf
[X0,Y0,Z0]=sphere(25);         % 产生单位球面的三维坐标
X=3*X0;
Y=3*Y0;
Z=3*Z0;                        % 产生半径为 3 的球面坐标
surf(X0,Y0,Z0);               % 绘制单位球面
shading interp                 % 对球的着色进行浓淡细化处理
hold on;                       % 绘图保持
mesh(X,Y,Z)                    % 绘制大球
colormap(hot);                % 定义色表
hold off                       % 取消绘图叠加效果
hidden off                     % 产生透视效果
axis equal,axis off            % 坐标等轴并隐藏
```

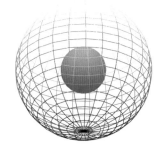

图 6-17　透视球

【例 6-17】对绘制的网格曲面进行显示和关闭隐藏线操作。

　　解：在编辑器窗口中输入以下语句。运行程序，得到如图 6-18 所示的图形。

```
clear, clf
x=-8:0.5:8;
y=x;
[X,Y]=meshgrid(x,y);
R=sqrt(X.^2+Y.^2)+eps;
Z=sin(R)./R;

subplot(1,2,1);mesh(X,Y,Z)
hidden on
grid on
title('hidden on')

subplot(1,2,2);mesh(X,Y,Z)
hidden off
grid on
title('hidden off')
```

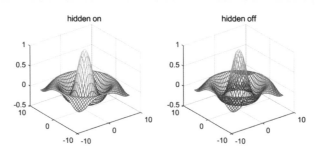

图 6-18　显示和关闭隐藏线

2．裁剪

在 MATLAB 中，可以利用非数（NaN）对图形进行裁剪处理。

【例 6-18】利用 NaN 对图形进行裁剪处理。

解：在编辑器窗口中输入以下语句。运行程序，输出图形如图 6-19 所示。

```
clear, clf
t=linspace(0,2*pi,100);              % 产生参数
r=1-exp(-t/2).*cos(4*t);             % 旋转母线
[X,Y,Z]=cylinder(r,60);              % 创建圆柱
ii=find(X<0&Y<0);                    % 确定 x-y 平面第四象限的坐标
subplot(1,2,1);surf(X,Y,Z)
colormap(spring),shading interp
title(' 待处理图形 ')

Z(ii)=NaN;                           % 裁剪数据
subplot(1,2,2);surf(X,Y,Z)
```

```
colormap(spring),shading interp
light('position',[-3,-1,3],'style','local')          % 设置光源
title(' 剪切后的图形 ')
```

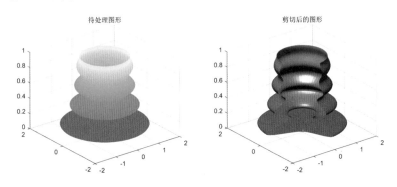

图 6-19　图形裁剪

3. 镂空

在 MATLAB 中，也可以利用非数（NaN）对图形进行镂空处理。

【例 6-19】利用 NaN 对图形进行镂空处理。

解： 在 MATLAB 编辑器窗口中输入以下语句。运行程序，结果如图 6-20 所示。

```
clear, clf
P=peaks(25);
P(17:21,8:18)=NaN;                % 镂空处理
surfc(P);colormap(summer)         % 加投影等高线的曲面
light('position',[40,-8,5]),
lighting flat
material([0.8,0.8,0.9,14,0.5])
box
```

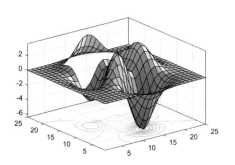

图 6-20　三维镂空图

> **注意** 利用非数值（NaN）处理不能产生切面，为看清图形需要剪切的表面，需要把被切部分强制为 0 或其他恒定数值。

169

【例 6-20】绘制三维切面图。

解：在编辑器窗口中输入以下语句。运行程序，结果如图 6-21 所示。

```
clear, clf
x=[-8:0.05:8];
y=x;[X,Y]=meshgrid(x,y);          % 产生格点数据
ZZ=X.^2-Y.^2;                     % 计算函数值
ii=find(abs(X)>6|abs(Y)>6);       % 确定超出 [-6,6] 的格点下标
ZZ(ii)=zeros(size(ii));           % 强制为 0，实现切面
surf(X,Y,ZZ),
shading interp;
colormap(copper)
light('position',[0,-15,1]);
lighting phong
material([0.8,0.8,0.5,10,0.5])
```

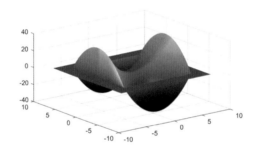

图 6-21　图形切面图

6.3.4　颜色控制

1．用色风格

在 MATLAB 中，利用函数 colordef()、whitebg() 可以调整图窗原色的用色风格，它们的调用格式如下：

```
colordef C                        % 将屏幕上所有子对象设置为默认值
colordef(fig,C)                   % 将图窗 fig 的所有子对象设置为默认值
h=colordef('new',C)               % 对新图窗进行设置

whitebg                           % 使当前图形窗背景色在黑白间切换
whitebg(fig)                      % 切换指定窗
whitebg(C)                        % 使当前图形窗背景色变为 C 指定的颜色
```

其中，针对第一条语句，C 的取值所代表的含义如下：

```
colordef white    % 将轴背景、轴线条和标签以及图窗背景设为默认系统颜色
colordef black    % 将轴背景色设为黑色，轴线条和标签设为白色，图窗背景色设为深灰色
colordef none     % 使轴背景和图窗背景的颜色相同，图窗背景色设置为黑色
```

在 MATLAB 中，背景颜色定义如表 6-2 所示。

表6-2　背景颜色

C	轴背景色	图背景色	轴标色	色 图	画线用色次序
white	白	淡灰	黑	jet	蓝，深绿，红，青，洋红，黄，黑
black	黑	黑	白	jet	黄，洋红，青，红，淡绿，蓝，淡灰

一种颜色用 [R,G,B] 基色三元行数组表示，R、G、B 的取值均为 (0,1)。常用颜色的 RGB 值如表 6-3 所示。

表6-3　常用颜色的RGB值

R	G	B	颜 色	色 符	R	G	B	颜 色	色 符
0	0	1	蓝色（Blue）	B	1	0	1	洋红（Magenta）	M
0	1	0	绿色（Green）	G	1	1	0	黄色（Yellow）	Y
1	0	0	红色（Red）	R	0	0	0	黑色（Black）	B
0	1	1	青色（Cyan）	C	1	1	1	白色（White）	W

MATLAB 的每一个图形窗里只能有一个色图，色图为 $m \times 3$ 的矩阵，m 默认为 64。表 6-4 为定义的色度矩阵（颜色图）。

表6-4　色度矩阵（颜色图）

颜 色 图	含 义	颜 色 图	含 义	颜 色 图	含 义
autumn	红、黄浓淡色	gray	灰色调	prism	光谱交错色
bone	蓝色调浓淡色	hot	黑-红-黄-白	spring	青、黄浓淡色
colorcube	三浓淡多彩交错色	hsv	红-红饱和色	summer	绿、黄浓淡色
cool	青、品红浓淡色	jet	蓝-红饱和色	winter	蓝、绿浓淡色
copper	纯铜色调线性浓淡色	lines	采用plot色	white	全白色
flag	红-白-蓝-黑交错色	pink	淡粉红色图		

2. 颜色图

在 MATLAB 中，利用函数 colormap() 可以查看并设置当前颜色图，其调用格式如下：

```
colormap map              % 将当前图窗的颜色图设置为预定义的颜色图之一
colormap(map)             % 将当前图窗的颜色图设置为 map 指定的颜色图
colormap(target,map)      % 为 target 指定的图窗、坐标区或图形设置颜色图，而非为当前图窗
cmap=colormap             % 返回当前图窗的颜色图，形式为 RGB 三元组组成的三列矩阵
cmap=colormap(target)     % 返回 target 指定的图窗、坐标区或图的颜色图
```

【例6-21】查看并设置当前颜色图示例。

解：在编辑器窗口中输入以下语句。

运行程序，输出图形如图 6-22 所示。

```
clear, clf
[x,y]=meshgrid(-5:0.1:5);
                % 以 0.1 的间隔形成格点矩阵
z=peaks(x,y);
surfl(x,y,z);
shading interp
colormap(winter)
axis([-4 4 -4 4 -10 10])
```

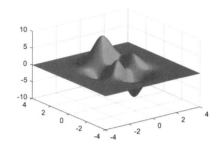

图 6-22　具有亮度的曲面图

3. 色度条

在 MATLAB 中，利用函数 colorbar() 可以显示色阶的色度条，其调用格式如下：

```
colorbar               % 在当前坐标区或图的右侧显示一个垂直色度条，指示数据值到颜色图的映射
colorbar(location)           % 在指定位置显示颜色栏
colorbar(___,Name,Value)       % 使用一个或多个"名称－值"对组参数修改颜色栏外观
colorbar(target,___)      % 在 target 指定的坐标区或图上添加一个颜色栏
c=colorbar(___)         % 返回 ColorBar 对象，在创建颜色栏后可以使用此对象设置属性
colorbar('off')           % 删除与当前坐标区或图关联的所有颜色栏
```

【例6-22】用 MATLAB 预定义的两个色图矩阵构成一个更大的色图阵。

解：在编辑器窗口中输入以下语句。运行程序，得到的结果如图 6-23 所示。

```
clear, clf
Z=peaks(25);                    % 产生 25×25 的典型 peaks() 函数
C=Z;                           % 设置颜色分量等于函数值
Cmin=min(min(C));              % 计算颜色的最大值
Cmax=max(max(C));              % 计算颜色的最小值
DC=Cmax-Cmin;                  % 计算颜色最大值、最小值的差
CM=[autumn;winter];            % 用两个已知的色图构成新的色图
colormap(CM)                   % 给窗口设置颜色图
subplot(1,3,1);surf(Z,C)       % 在子图 1 上绘制曲面
caxis([Cmin+DC*2/5,Cmax-DC*2/5])   % 把色轴范围定义为比 C 小
colorbar('horiz')              % 显示水平色度条
subplot(1,3,2);surf(Z,C);
colorbar('horiz')
subplot(1,3,3);surf(Z,C);
caxis([Cmin,Cmax+DC])
colorbar('horiz')
```

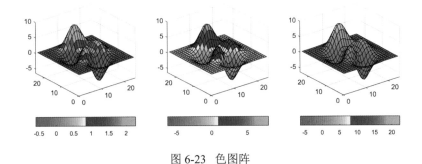

图 6-23　色图阵

4．颜色浓淡处理

在 MATLAB 中，利用函数 shading() 可以控制曲面和补片图形对象的颜色着色，即对图形颜色的浓淡进行处理，其调用格式如下：

```
shading faceted      % 分层式。叠加黑色网格线的单一着色（默认）
shading flat         % 平滑式。每个网格线段和面具有恒定颜色（单一颜色）
                     % 该颜色由线段的端点或面的角边处具有最小索引的颜色值确定
shading interp       % 插补式，通过对颜色图索引或真彩色值插值来改变每个线条或面中的颜色
```

【例 6-23】比较 3 种浓淡处理方式的效果。

解： 在编辑器窗口中输入以下语句。运行程序，得到如图 6-24 所示的结果。

```
clear, clf
Z=peaks(25);
colormap(jet)
subplot(1,3,1); surf(Z)
title('shading faceted')
subplot(1,3,2); surf(Z);
shading flat
title('shading flat')
subplot(1,3,3); surf(Z);
shading interp
title('shading interp')
```

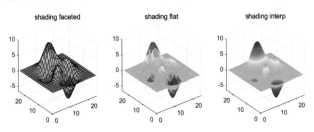

图 6-24　浓淡处理方式效果对比

6.3.5 照明和材质处理

MATLAB 不指定光照，图形采用强度各处相等的漫射光。如果需要对光源、照明模式和材质进行处理，可以使用如下方式。

1. 设置光源

在 MATLAB 中，利用函数 light() 可以创建光源对象，其调用格式如下：

```
light('color',c1,'style',s1,'position',p1)
                %c1 代表光的颜色，用 [r,g,b] 表示，默认为 [1 1 1]
                %s1 代表光源类型，'infinite' 表示无穷远光（默认），'local' 表示近光
                %p1 代表光源位置，取决于 Style 属性的值，近光指定为 [x,y,z]
```

2. 设置照明模式

在 MATLAB 中，利用函数 lighting() 可以设置照明模式，即指定光照算法，其调用格式如下：

```
lighting flat       % 在图形对象上产生均匀分布的光照，即光线均匀洒落在图形对象上（默认）
lighting gouraud    % 计算顶点法向量并在各个面中线性插值，即采用插补光线
lighting phong      % 计算反射光，效果最好
lighting none       % 关闭光照
```

3. 控制光效果的材质

```
material shiny              % 使对象比较明亮，镜反射大
material dull               % 使对象比较暗淡，漫反射大
material metal              % 使对象带金属光泽（默认模式）
material default            % 返回默认模式
material([ka kd ks n sc])   % 对反射五要素设置
```

其中，ka 表示均匀背景光的强度，kd 表示漫反射的强度，ks 表示反射光的强度，n 表示控制镜面亮点大小，sc 表示控制镜面颜色的反射系数。

另外，在 MATLAB 中还可以利用 lightangle() 函数在球坐标中创建或定位（由方位角和仰角指定）光源对象，利用 camlight() 函数在相机坐标系中创建或移动光源对象。限于篇幅，这些函数本书不再介绍。

【例 6-24】比较不同灯光、照明、材质条件下的球形效果。

解：在编辑器窗口中输入以下语句。运行程序，输出图形如图 6-25 所示。读者在学习时，建议一条一条执行语句，观察图形窗口的变化。

```
clear, clf
[X,Y,Z]=sphere(35);                                    % 球形坐标
colormap(jet)                                          % 选定色图
subplot(1,2,1);surf(X,Y,Z);
shading interp                                         % 在子图 1 上绘制曲面
light('position',[2,-2,2],'style','local')            % 近白光
lighting phong                                         % 照明模式
material([0.4,0.4,0.4,11,0.5])                         % 材质

subplot(1,2,2);surf(X,Y,Z,-Z);
shading flat                                           % 在子图 2 上绘制曲面
light;                                                 % 用光源 1
lighting flat                                          % 照明模式
light('position',[-1,-2,-1],'color','y')              % 用光源 2
light('position',[-2,0.5,2],'style','local','color','w')   % 用光源 3
material([0.5,0.3,0.4,11,0.4])                         % 材质
```

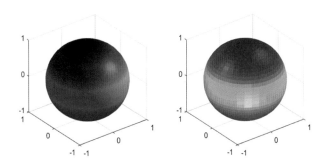

图 6-25 不同灯光、照明、材质条件下的球形效果对比

6.4 本章小结

    本章讲述了 MATLAB 中三维绘图的知识，包括基本的三维曲线图和三维曲面图的绘制、三维图形显示方法的设置以及专用绘图函数等内容。其中，着重介绍了基本的三维图形的绘制和显示设置，特别强调了网格曲面和其他各种三维图形之间的区别。读者需要认真体会和理解这些内容。

第7章

专业图绘制

MATLAB 的图形绘制功能提供了丰富多彩的工具，旨在满足专业用户对于可视化数据和函数的高度需求。除了前面章节介绍的基础图形绘制函数外，MATLAB 还提供了众多专业图绘制函数，为读者呈现了一个广泛且强大的图形绘制工具箱。本章将详细介绍基于这些专业图的绘制函数。

7.1 线图

线图是数据可视化领域中最基本且常用的表达形式之一，通过 MATLAB 提供的多样化函数，可以轻松创建符合自己需求的图形。前面的章节已经介绍了利用 plot() 函数绘制线图，本节介绍其他专业线图的绘制函数。

7.1.1 创建阶梯图

在 MATLAB 中，利用函数 stairs() 可以创建阶梯图，其调用格式如下：

```
    stairs(Y)              % 绘制 Y 中元素的阶梯
                           % 若 Y 为向量，则绘制一个线条；若 Y 为矩阵，则为每个矩阵列绘制一个线条
  stairs(X,Y)              % 在 Y 中由 X 指定的位置绘制元素，X 和 Y 必须是相同大小的向量或矩阵
                           % X 可以是行或列向量，Y 必须是包含 length(X) 行的矩阵
  stairs(___,LineSpec)     % 指定线型、标记符号和颜色
  stairs(___,Name,Value)   % 使用一个或多个名称 - 值对组参数修改阶梯图
  [xb,yb]=stairs(___)      % 不创建绘图，返回矩阵 xb 和 yb，利用 plot(xb,yb) 绘制阶梯图
```

【例 7-1】 创建阶梯图。

解： 在编辑器窗口中输入以下语句。运行程序，输出图形如图 7-1 所示。

```
X1=linspace(0,4*pi,50)';
Y1=[0.5*cos(X1), 2*cos(X1)];
subplot(1,2,1)
stairs(Y1)                 % 在 0~4 π 区间内的 50 个均匀分布的值处计算的两个余弦波阶梯图

X2=linspace(0,4*pi,20);
Y2=sin(X2);
subplot(1,2,2)
stairs(Y2, '-.or')         % 线型设置为点画线，将标记符号设置为圆，将颜色设置为红色
```

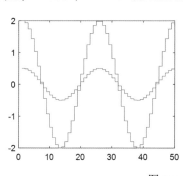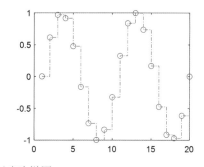

图 7-1　创建阶梯图

继续在编辑器窗口中输入以下语句。运行程序，观察输出图形，结果略。

```
stairs(X1,Y1)              % 在指定的 x 值处绘制多个数据序列，输出略

[xb,yb]=stairs(X1,Y1);     % 返回两个大小相等的矩阵 xb 和 yb，不绘图
plot(xb,yb)                % 使用 plot 函数通过 xb 和 yb 创建阶梯图，输出略
```

7.1.2　含误差条的线图

在 MATLAB 中，利用函数 errorbar() 可以创建含误差条的线图，其调用格式如下：

errorbar(y,err)	% 创建 y 中数据的线图,并在每个数据点处绘制一个垂直误差条
	%err 中的值确定数据点上方和下方的每个误差条的长度
errorbar(x,y,err)	% 绘制 y 对 x 的图,并在每个数据点处绘制一个垂直误差条
errorbar(x,y,neg,pos)	% 在每个数据点处绘制一个垂直误差条
	%neg 确定数据点下方的长度,pos 确定数据点上方的长度
errorbar(___,ornt)	% 设置误差条的方向
	%ornt 可为 'horizontal'、'both'、'vertical'(默认)
errorbar(x,y,yneg,ypos,xneg,xpos)	% 绘制 y 对 x 的图,并同时绘制水平和垂直误差条
	%yneg 和 ypos 输入分别设置垂直误差条下部和上部的长度
	%xneg 和 xpos 输入分别设置水平误差条左侧和右侧的长度
errorbar(___,LineSpec)	% 设置线型、标记符号和颜色

【例 7-2】含误差条的线图绘制。

解:在编辑器窗口中输入以下语句。运行程序,输出图形如图 7-2 所示。

```matlab
x=1:10:100;
y=[20 30 45 40 60 65 80 75 95 90];
err=[5 8 2 9 3 3 8 3 9 3];

subplot(2,2,1)
errorbar(x,y,err)

subplot(2,2,2)
errorbar(x,y,err,'both','o')

subplot(2,2,3)
x=linspace(0,10,15);
y=sin(x/2);
err=0.3*ones(size(y));
errorbar(x,y,err,'-s','MarkerSize',5,…        % 在每个数据点处显示标记
        'MarkerEdgeColor','red', …            % 指定标记轮廓颜色
        'MarkerFaceColor','red')              % 指定标记内部颜色

subplot(2,2,4)
x=1:10:100;
y=[20 30 45 40 60 65 80 75 95 90];
yneg=[1 3 5 3 5 3 6 4 3 3];
ypos=[2 5 3 5 2 5 2 2 5 5];
xneg=[1 3 5 3 5 3 6 4 3 3];
xpos=[2 5 3 5 2 5 2 2 5 5];
errorbar(x,y,yneg,ypos,xneg,xpos,'o')
```

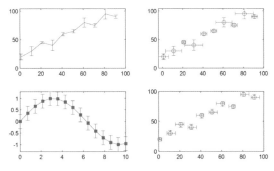

图 7-2 含误差条的线图

7.1.3 面积图

在 MATLAB 中，利用函数 area() 可以创建面积图，其调用格式如下：

```
area(X,Y)        %绘制 Y 中的值对 x 坐标 X 的图，并根据 Y 的形状填充曲线之间的区域
                 %若 Y 是向量，则包含一条曲线，并填充该曲线和水平轴之间的区域
                 %若 Y 是矩阵，则对 Y 中的每列都包含一条曲线，填充曲线之间的区域并将其堆叠
area(Y)          %绘制 Y 对一组隐式 x 坐标的图，并填充曲线之间的区域
                 %若 Y 是向量，则 x 坐标范围从 1 到 length(Y)
                 %若 Y 是矩阵，则 x 坐标范围是从 1 到 Y 中的行数
area(___,basevalue)       %指定区域图的基准值（水平基线），并填充曲线和基线间的区域
```

【例 7-3】面积图绘制。

解：在编辑器窗口中输入以下语句。运行程序，输出图形如图 7-3 所示。

```
Y=[1 5 3; 3 2 7; 1 5 3; 2 6 1; 4 3 3];
subplot(1,3,1)
area(Y)                          %创建包含多条曲线的面积图（堆叠）

subplot(1,3,2)
basevalue=-2;
area(Y,basevalue)                %在基准值为 -2 的区域图中显示 Y 的值

subplot(1,3,3)
area(Y,'LineStyle','--')         %指定区域图的线型
```

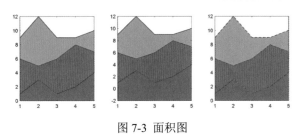

图 7-3 面积图

7.1.4 堆叠线图

在 MATLAB 中，利用函数 stackedplot() 可以绘制具有公共 X 轴的几个变量的堆叠线图，其调用格式如下：

```
stackedplot(tbl)          % 在堆叠图中绘制表或时间表的变量，最多 25 个变量
                          % 在垂直层叠的单独 Y 轴中绘制变量，这些变量共享一个公共 X 轴
                          % 若 tbl 是表，则绘制变量对行号的图；若是时间表，则绘制变量对行时间的图
stackedplot               % 绘制 tbl 的所有数值、逻辑、分类、日期时间和持续时间变量
                          % 忽略具有任何其他数据类型的表变量
stackedplot(tbl,vars)                  % 仅绘制 vars 指定的表或时间表变量
stackedplot(___,'XVariable',xvar)      % 指定为堆叠图提供 x 值的表变量，仅支持表
stackedplot(X,Y)                       % 绘制 Y 列对向量 X 的图，最多 25 列
stackedplot(Y)                         % 绘制 Y 列对其行号的图。X 轴的刻度范围是从 1 到 Y 的行数
```

【例 7-4】绘制时间表变量堆叠线图。

解：在编辑器窗口中输入以下语句。运行程序，输出图形如图 7-4 所示。

```
tbl=readtimetable('outages.csv', 'TextType', 'string');
                          % 将电子表格中的数据读取到一个时间表中
head(tbl,5)               % 查看前 5 行，输出略
tbl=sortrows(tbl);        % 对时间表进行排序，使其行时间按顺序排列
head(tbl,5)               % 查看排序后的前 5 行，输出略
stackedplot(tbl)
```

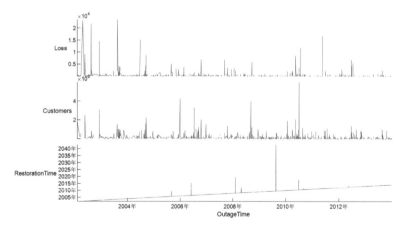

图 7-4 绘制时间表变量堆叠线图

【例 7-5】绘制表变量堆叠线图。

解：在编辑器窗口中输入以下语句。运行程序，输出图形如图 7-5 所示。

```
tbl=readtable("patients.xls","TextType","string");          % 根据患者数据创建表
head(tbl,3)
stackedplot(tbl,["Height","Weight","Systolic"])             % 绘制表中的 3 个变量
```

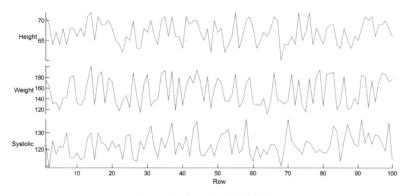

图 7-5　绘制表变量堆叠线图

7.1.5　等高线图

在 MATLAB 中，利用函数 contour3() 可以绘制三维等高线图，其调用格式如下：

```
contour3(Z)             % 创建包含矩阵 Z 的等值线的三维等高线图，Z 包含 x-y 平面上的高度值
                        % Z 的列和行索引分别是平面中的 x 和 y 坐标
contour3(X,Y,Z)         % 指定 Z 中各值的 x 和 y 坐标
contour3(___,levels)    % 在 n 个 (levels) 层级（高度）上显示等高线（n 条等高线）
                        % levels 指定为单调递增值的向量，表示在某些特定高度绘制等高线
                        % levels 指定为二元素行向量 [k k]，表示在一个高度 (k) 绘制等高线
contour3(___,LineSpec)  % 指定等高线的线型和颜色
```

利用函数 clabel() 可以为等高线图添加高程标签，其调用格式如下：

```
clabel(C,h)             % 为当前等高线图添加标签，将旋转文本插入每条等高线
clabel(C,h,v)           % 为由向量 v 指定的等高线层级添加标签
clabel(C,h,'manual')    % 通过鼠标选择位置添加标签，图窗中按 Return 键终止
                        % 单击鼠标或按空格键可标记最接近十字准线中心的等高线
clabel(C)               % 使用 '+' 符号和垂直向上的文本为等高线添加标签
clabel(C,v)             % 将垂直向上的标签添加到由向量 v 指定的等高线层级
```

 注意　参数 (C,h) 必须为等高线图函数族函数的返回值。

【例 7-6】绘制函数 peaks() 的曲面及其对应的三维等高线。

解：在编辑器窗口中输入以下语句。运行程序，得到如图 7-6 所示的结果。

```
clear, clf
x=-3:0.1:3;
y=x;
[X,Y]=meshgrid(x,y);
Z=peaks(X,Y)
subplot(1,2,1),mesh(X,Y,Z)
xlabel('x'),ylabel('y'),zlabel('z')
title('Peaks 函数图形 ')
axis('square')

subplot(1,2,2),[c,h]=contour3(x,y,Z);
clabel(c,h)
xlabel('x'),ylabel('y'),zlabel('z')
title('Peaks 函数等高线图 ')
axis('square')
```

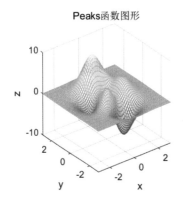

图 7-6 函数曲面及其等高线图

【例 7-7】在特殊坐标系中绘制等高线图。

解： 在编辑器窗口中输入以下语句。运行程序，输出图形如图 7-7 所示。

```
clear, clf
[th,r]=meshgrid((0:5:360)*pi/180,0:.05:1);
[X,Y]=pol2cart(th,r);                          % 将极坐标转换为笛卡儿坐标
Z=X+1i*Y;
f=(Z.^4-1).^(1/4);
subplot(1,2,1);contour(X,Y,abs(f),30)          % 在笛卡儿坐标系中创建等高线图
axis([-1 1 -1 1 ])

subplot(1,2,2);polar([0 2*pi],[0 1])
hold on
contour(X,Y,abs(f),30)                          % 在极坐标系中绘制等高线图
```

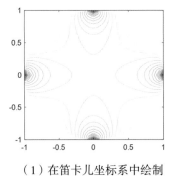

（1）在笛卡儿坐标系中绘制

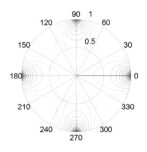

（2）在极坐标系中绘制

图 7-7　等高线图

7.2　分布图

分布图是一种用于展示数据分布情况的图表。它可以帮助读者了解数据集的中心趋势、离散度以及异常值等信息。

7.2.1　直方图

在 MATLAB 中，利用函数 histogram() 可以创建直方图，其调用格式如下：

```
histogram(X)                          %基于X创建直方图，使用自动分bin算法，然后返回均匀宽度的bin
                                      %bin可涵盖X中的元素范围并显示分布的基本形状
histogram(X,nbins)                    %使用标量nbins指定的bin数量
histogram(X,edges)                    %将X划分为由向量edges来指定bin边界的bin
                                      %每个bin都包含左边界，但不包含右边界，最后一个bin除外
histogram('BinEdges',edges,'BinCounts',counts)
                                      %手动指定bin边界和关联的bin计数
histogram(C)                          %通过为C（分类数组）中的每个类别绘制一个条形来绘制直方图
histogram(C,Categories)                       %仅绘制Categories指定的类别的子集
histogram('Categories',Categories,'BinCounts',counts)
                                      %手动指定类别和关联的bin计数
```

【例 7-8】创建直方图。

解：在编辑器窗口中输入以下语句。运行程序，输出图形如图 7-8 所示。

```
x=randn(1000,1);
nbins=25;                             %分类为15个等距bin
subplot(2,2,1)
h=histogram(x,nbins)                  %绘制直方图
```

```
counts=h.Values                                        % 求 bin 计数，输出略
subplot(2,2,2)
h=histogram(x,'Normalization','probability')           % 指定归一化的直方图
S=sum(h.Values)                          % 计算条形高度的总和，输出为 1

subplot(2,2,3)                           % 在同一图窗中针对每个向量绘制一个对应的直方图
x=randn(2000,1);
y=1 + randn(5000,1);
h1=histogram(x);
hold on
h2=histogram(y);

subplot(2,2,4)               % 对直方图进行归一化，所有条形高度和为 1，使用统一的 bin 宽度
h1=histogram(x);
hold on
h2=histogram(y);
h1.Normalization='probability';
h1.BinWidth=0.25;
h2.Normalization='probability';
h2.BinWidth=0.25;
```

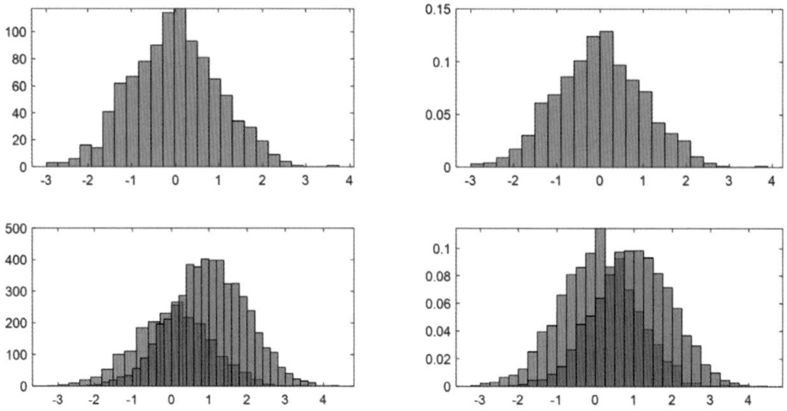

图 7-8 创建直方图

说明 通过该归一化，每个条形的高度等于在该 bin 间隔内选择观测值的概率，并且所有条形的高度总和为 1。

7.2.2 创建条形图

在 MATLAB 中，利用函数 bar() 可以创建条形图，其调用格式如下：

```
bar(y)                    % 创建一个条形图，y 中的每个元素对应一个条形
                          % 如果 y 是 m×n 的矩阵，则 bar 创建每组包含 n 个条形的 m 个组
bar(x,y)                  % 在 x 指定的位置绘制条形
bar(___,width)            % 设置条形的相对宽度以控制组中各个条形的间隔，width 为标量值
bar(___,style)            % 指定条形组的样式（'grouped'、'stacked'、'histc'、'hist'）
bar(___,color)            % 设置所有条形的颜色（'b'、'r'、'g'、'c'、'm'、'y'、'k'、'w'）
```

组样式 style 值的含义如下。

- 'grouped'：将每组显示为以对应的 x 值为中心的相邻条形。

- 'stacked'：将每组显示为一个多色条形，条形的长度是组中各元素之和。若 y 是向量，则与 'grouped' 相同。

- 'histc'：以直方图格式显示条形，同一组中的条形紧挨在一起。每组的尾部边缘与对应的 x 值对齐。

- 'hist'：以直方图格式显示条形。每组以对应的 x 值为中心。

【例 7-9】创建条形图。

解：在编辑器窗口中输入以下语句。运行程序，输出图形如图 7-9 所示。

```
subplot(2,2,1)
y=[2 2 3; 2 5 6; 2 8 9; 2 11 12];
bar(y)                              % 显示 4 个条形组，每一组包含 3 个条形

subplot(2,2,2)
y=[2 2 3; 2 5 6; 2 8 9; 2 11 12];
bar(y,'stacked')      % 为矩阵中的每一行显示一个条形（堆叠条形图），高度为行中元素之和

subplot(2,2,3)
x=[1980 1990 2000];                 % 定义为一个包含 3 个年份值的向量
y=[15 20 -5; 10 -17 21; -10 5 15];  % 定义为包含负值和正值组合的矩阵
bar(x,y,'stacked')                  % 显示具有负数据的堆叠条形

subplot(2,2,4)
x=[1 2 3];
vals=[2 3 6; 11 23 26];             % 定义为一个包含两个数据集的值的矩阵
b=bar(x,vals);

% 在第一个条形序列的末端显示值
xtips1=b(1).XEndPoints;             % 获取条形末端的 X 坐标
ytips1=b(1).YEndPoints;             % 获取条形末端的 Y 坐标
labels1=string(b(1).YData);
text(xtips1,ytips1,labels1,…        % 将这些坐标传递给 text 函数
```

```
                'HorizontalAlignment','center',…        % 指定水平对齐方式
                'VerticalAlignment','bottom')           % 指定垂直对齐方式,居中显示值

% 在第二个条形序列的末端上方显示值
xtips2=b(2).XEndPoints;
ytips2=b(2).YEndPoints;
labels2=string(b(2).YData);
text(xtips2,ytips2,labels2,'HorizontalAlignment','center',…
                'VerticalAlignment','bottom')
```

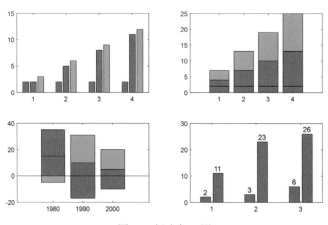

图 7-9 创建条形图

7.2.3 二元直方图

二元直方图是一种数值数据条形图,它将数据分组到二维 bin 中。在 MATLAB 中,利用函数 histogram2() 可以创建二元直方图,其调用格式如下:

```
histogram2(X,Y)                    % 使用自动分 bin 算法创建 X 和 Y 的二元直方图,返回均匀面积的 bin
                                   % 将 bin 显示为三维矩形条形,每个条形的高度表示 bin 中的元素数量
histogram2(X,Y,nbins)              % 指定要在直方图的每个维度中使用的 bin 数量
histogram2(X,Y,Xedges,Yedges)      % 使用向量 Xedges 和 Yedges 指定各维中 bin 的边界
histogram2('XBinEdges',Xedges,'YBinEdges',Yedges,'BinCounts',counts)
                                   % 手动指定 bin 计数,而不执行任何数据分 bin
```

【例 7-10】二元直方图的绘制。

解:在编辑器窗口中输入以下语句。运行程序,输出图形如图 7-10 所示。

```
subplot(2,2,1)
x=randn(10000,1);
y=randn(10000,1);
```

```
h=histogram2(x,y);                  % 创建一个二元直方图
nXnY=h.NumBins                      % 计算每个维度的直方图 bin 数量，输出略
counts=h.Values                     % 计算生成的 bin 计数，输出略

subplot(2,2,2)
h=histogram2(x,y,[1212],'FaceColor','flat');
                     % 每个维度 12 个 bin，FaceColor 指定为 'flat' 按高度对直方图条形着色
%colorbar

subplot(2,2,3)                      % 块状直方图视图
x2=2*x+2;
y2=5*y+3;
h=histogram2(x2,y2,'DisplayStyle','tile',…
    'ShowEmptyBins','on');          % 将 ShowEmptyBins 指定为 'on' 显示空 bin

subplot(2,2,4)
h=histogram2(x,y);
h.FaceColor='flat';                 % 按高度对直方图条形着色
h.NumBins=[10 25];                  % 更改每个方向的 bin 数量
```

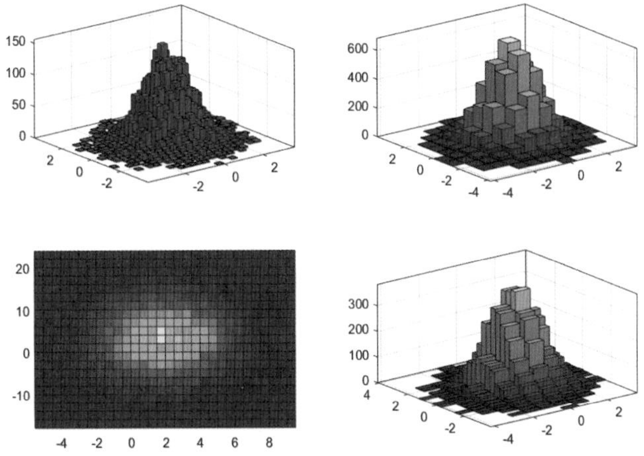

图 7-10 二元直方图

7.2.4 箱线图

箱线图为数据样本提供汇总统计量的可视化表示。箱线图中会显示中位数、下四分位数和上四分位数、任何离群值（使用四分位差计算得出）以及不是离群值的最小值和最大值。在 MATLAB 中，利用函数 boxchart() 可以创建箱线图，其调用格式如下：

```
boxchart(ydata)                          % 为矩阵 ydata 的每列创建一个箱线图
                                         % 若 ydata 是向量，则只创建一个箱线图
boxchart(xgroupdata,ydata)               % xgroupdata 确定每个箱线图在 X 轴上的位置
                                         % 根据 xgroupdata 中的唯一值对向量 ydata 中的数据进行分组
                                         % 并将每组数据绘制为一个单独的箱线图，ydata 必须为向量
boxchart(___,'GroupByColor',cgroupdata)  % 使用颜色来区分箱线图
```

【例 7-11】使用箱线图来比较沿幻方阵的列和行的值的分布。

解：在编辑器窗口中输入以下语句。运行程序，输出图形如图 7-11 所示。

```
subplot(1,2,1)
Y=magic(6);                % 创建一个包含 6 行和 6 列的幻方
boxchart(Y)                % 为每列创建一个箱线图，每列都有一个相似的中位数
xlabel('Column')
ylabel('Value')

subplot(1,2,2)
boxchart(Y')               % 为每行创建一个箱线图，每行都有相似的四分位差，但中位数不同
xlabel('Row')
ylabel('Value')
```

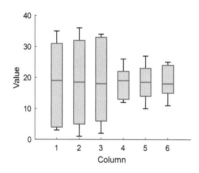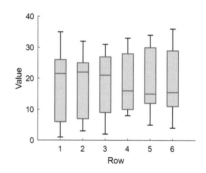

图 7-11 箱线图 1

【例 7-12】针对 patients 数据集，根据年龄对医疗患者进行分组，并为每个年龄组创建一个关于舒张压值的箱线图。其中 Age 和 Diastolic 变量包含 100 个患者的年龄和舒张压水平值。

解：在编辑器窗口中输入以下语句。运行程序，输出图形如图 7-12 所示。

```
load patients                % 加载 patients 数据集
subplot(1,2,1)
min(Age)                     % 查找患者最小年龄，输出略
max(Age)                     % 查找患者最大年龄，输出略
binEdges=25:5:50;            % 将患者数据划分为以 5 年为一档的 bin
bins={'late 20s','early 30s','late 30s','early 40s','late 40s+'};
```

```
groupAge=discretize(Age,binEdges,'categorical',bins);
                                % 对 Age 变量中的值分 bin, 并使用 bins 中的 bin 名称
boxchart(groupAge,Diastolic)    % 为每个年龄组创建一个箱线图, 显示患者的舒张压值
xlabel('Age Group')
ylabel('Diastolic Blood Pressure')

subplot(1,2,2)
% 将 SelfAssessedHealthStatus 转换为有序 categorical 变量
healthOrder={'Poor','Fair','Good','Excellent'};
SelfAssessedHealthStatus=categorical(SelfAssessedHealthStatus, …
    healthOrder,'Ordinal',true);
% 根据患者自我评估的健康状况对患者进行分组, 并找出每组患者的体重均值
meanWeight=groupsummary(Weight,SelfAssessedHealthStatus,'mean');
boxchart(SelfAssessedHealthStatus,Weight)    % 使用箱线图比较各组患者的体重
hold on
plot(meanWeight,'-o')                         % 在箱线图上绘制体重均值
hold off
legend(["Weight Data","Weight Mean"])
```

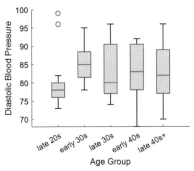 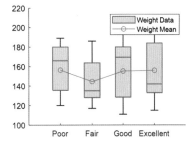

图 7-12　箱线图 2

【例 7-13】指定箱线图的坐标区。

解： 在编辑器窗口中输入以下语句。运行程序, 输出图形如图 7-13 所示。

```
load patients
% 将 Smoker 转换为 categorical 变量, 并使用类别名称 Smoker 和 Nonsmoker, 而非 1 和 0
Smoker=categorical(Smoker,logical([1 0]),{'Smoker','Nonsmoker'});

tiledlayout(1,2)       % 创建一个 1×2 分块图布局

ax1=nexttile;          % 在分块图布局中创建第一个坐标区 ax1
boxchart(ax1,Systolic,'GroupByColor',Smoker)
                       % 显示两个关于收缩压值的箱线图, 一个用于吸烟者, 另一个用于非吸烟者
```

```
ylabel(ax1,'Systolic Blood Pressure')
legend

ax2=nexttile;          % 在分块图布局中创建第二个坐标区 ax2
boxchart(ax2,Diastolic,'GroupByColor',Smoker)
                       % 显示两个关于舒张压值的箱线图，一个用于吸烟者，另一个用于非吸烟者
ylabel(ax2,'Diastolic Blood Pressure')
legend
```

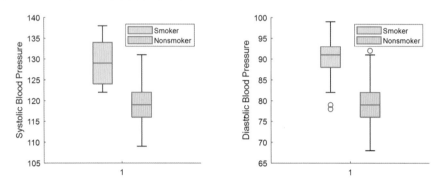

图 7-13 指定坐标区的箱线图

7.2.5 分簇散点图

分簇散点图通常用于展示多个群集（Clusters）中数据点的分布情况。每个群集代表数据的一个子集或类别，而分簇散点图通过在坐标系中的不同区域显示这些群集，帮助观察者理解数据的结构和群集之间的关系。

分簇散点图中的点使用均匀随机值进行抖动，这些值由 y 的高斯核密度估计值和每个 x 位置处的相对点数进行加权。分簇散点图有助于可视化离散的 x 数据以及 y 数据的分布。在 x 中的每个位置，点根据 y 的核密度估计值发生抖动。

在 MATLAB 中，利用函数 swarmchart() 可以创建分簇散点图，其调用格式如下。

（1）针对向量和矩阵数据：

```
swarmchart(x,y)      % 显示一个分簇散点图，点在 x 维度中偏移（抖动），组成不同的形状
                     % 每个形状的轮廓类似于小提琴图。将 x、y 指定为等长向量可以绘制一组点
                     % 将至少 x、y 之一指定为矩阵，可以在同一组坐标区上绘制多组点
swarmchart(x,y,sz)   % 指定标记大小。sz 指定为标量，以相同的大小绘制所有标记
                     % 将 sz 指定为向量或矩阵，绘制具有不同大小的标记
swarmchart(x,y,sz,c) % 指定标记颜色
```

```
swarmchart(____,mkr)                    % 指定不同于默认标记（圆形）的标记
swarmchart(____,'filled')               % 填充标记
swarmchart(x,y,'LineWidth',2)           % 创建一个具有两点标记轮廓的分簇散点图
```

（2）针对表数据：

```
swarmchart(tbl,xvar,yvar)        % 绘制表 tbl 中的变量 xvar 和 yvar
                                 % 要绘制一个数据集，请为 xvar、yvar 分别指定一个变量
                                 % 要绘制多个数据集，请为 xvar、yvar 或两者指定多个变量
swarmchart(tbl,xvar,yvar,'filled')              % 绘制指定的变量并填充标记
swarmchart(tbl,'MyX','MyY','ColorVariable','MyColors')
                    % 根据表中的数据创建一个分簇散点图，并使用表中的数据自定义标记颜色
```

【例 7-14】针对向量和矩阵数据创建分簇散点图。

解：在编辑器窗口中输入以下语句。运行程序，输出图形如图 7-14 所示。

```
subplot(1,2,1)
x=[ones(1,250)   2*ones(1,250)   3*ones(1,250)];        % 创建 X 坐标组成的向量
y=[2*randn(1,250)   3*randn(1,250)+5   5*randn(1,250)+5];          % 随机值
swarmchart(x,y)                                    % 创建一个关于 X 和 Y 的分簇散点图

subplot(1,2,2)
% 创建三组 x 和 y 坐标，使用 randn 函数为 y 生成随机值
x1=ones(1,500);
x2=2*ones(1,500);
x3=3*ones(1,500);
y1=2*randn(1,500);
y2=[randn(1,250)   randn(1,250)+4];
y3=5*randn(1,500)+5;
swarmchart(x1,y1,5)      % 创建第 1 个数据集的分簇散点图，并指定统一标记大小为 5
hold on
swarmchart(x2,y2,5)      % 创建第 2 个数据集的分簇散点图
swarmchart(x3,y3,5)      % 创建第 3 个数据集的分簇散点图
hold off
```

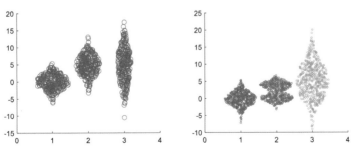

图 7-14 分簇散点图 1

【例 7-15】根据 BicycleCounts.csv 数据集绘制分簇散点图（表数据）。此数据集包含一段时间内的自行车交通流量数据。

解： 在编辑器窗口中输入以下语句。运行程序，输出图形如图 7-15 所示。

```
tbl=readtable(fullfile('BicycleCounts.csv'));
                                    % 将数据集读入名为 tbl 的时间表中
tbl(1:5,:)                          % 显示表的前 5 行，输出略
daynames=["Sunday" "Monday" "Tuesday" "Wednesday" "Thursday"…
          "Friday" "Saturday"];     % 向量 x 包含每个观测值的星期几信息
x=categorical(tbl.Day,daynames);
y=tbl.Total;                        % 向量 y 包含观测到的自行车流量信息
c=hour(tbl.Timestamp);              % 向量 c 包含一天中的小时信息

swarmchart(x,y,'.');   % 指定点标记的分簇散点图，显示一周中交通流量每天的分布情况
```

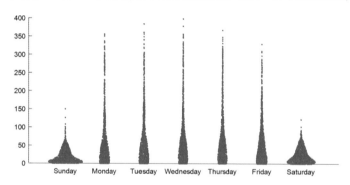

图 7-15 分簇散点图 2

继续在编辑器窗口中输入以下语句。运行程序，输出图形如图 7-16 所示。

```
s=swarmchart(x,y,10,c,'filled');   % 将标记大小指定为 10，颜色指定为向量 c
                % 向量 c 中的值对图窗的颜色图进行索引，颜色根据每个数据点的小时信息而变化
```

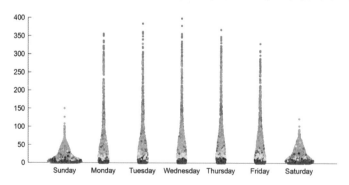

图 7-16 更改抖动类型

继续在编辑器窗口中输入以下语句。运行程序，输出图形如图 7-17 所示。

```
% 在每个 x 位置更改簇的形状，使点均匀随机分布，间距限制为不超过 0.5 个数据单位
s.XJitter='rand';
s.XJitterWidth=0.5;
```

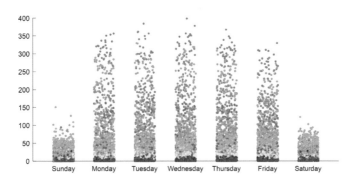

图 7-17　更改抖动宽度

7.2.6　三维分簇散点图

三维分簇散点图有助于可视化离散的 (x, y) 数据以及 z 数据的分布。在每个 (x, y) 位置，点根据 z 的核密度估计值发生抖动。在 MATLAB 中，利用函数 swarmchart3() 可以创建三维分簇散点图，其调用格式如下。

（1）向量数据：

```
swarmchart3(x,y,z)          % 显示一个三维分簇散点图，点在 x 和 y 维度中发生偏移（抖动）
                           % 这些点形成不同形状，每个形状的轮廓类似于小提琴图
swarmchart3(x,y,z,sz)      % 指定标记大小。将 sz 指定为标量以相同的大小绘制所有标记
                           % 将 sz 指定为与 x、y 和 z 大小相同的向量绘制具有不同大小的标记
swarmchart3(x,y,z,sz,c)      % 指定标记颜色
                           %c 指定为颜色名称或 RGB 三元组，以相同的颜色绘制所有标记
                           %c 指定与 x、y 和 z 大小相同的向量为每个标记指定一种不同颜色
swarmchart3(___,mkr)          % 指定不同于默认标记（圆形）的标记
swarmchart3(___,'filled')          % 填充标记
```

（2）表数据：

```
swarmchart3(tbl,xvar,yvar,zvar)    % 绘制表 tbl 中的变量 xvar、yvar 和 zvar
                                  % 为 xvar、yvar 和 zvar 分别指定变量绘制一个数据集
                                  % 为其中至少一个参数指定多个变量绘制多个数据集
swarmchart3(tbl,xvar,yvar,zvar,'filled')          % 用实心圆绘制表中的指定变量
```

【例7-16】三维分簇散点图（向量数据）。

解：在编辑器窗口中输入以下语句。运行程序，输出图形如图7-18所示。

```
subplot(1,2,1)                      % 展示改变标记颜色
x=[zeros(1,500) ones(1,500)];        % 创建包含 0 和 1 的组合的向量 x
y=randi(4,1,1000);                   % 创建包含 1 和 2 的随机组合的向量 y
z=randn(1,1000).^2;                  % 创建为随机数平方的向量 z
c=sqrt(z);                           % 通过创建向量 c 作为 z 的平方根，指定标记的颜色
swarmchart3(x,y,z,10,c,'filled');    % 改变标记颜色

subplot(1,2,2)                       % 展示更改抖动类型和宽度
s=swarmchart3(x,y,z);
s.XJitter='rand';                    % 指定均匀随机抖动
s.XJitterWidth=0.5;                  % 将抖动宽度更改为 0.5 个数据单位
s.YJitter='randn';                   % 指定正态随机抖动
s.YJitterWidth=0.1;                  % 将抖动宽度更改为 0.1 个数据单位
```

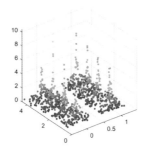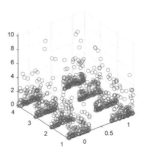

图7-18 三维分簇散点图1

【例7-17】利用 BicycleCounts.csv 数据集创建三维分簇散点图。数据集包含一段时间内的自行车交通流量数据。

解：在编辑器窗口中输入以下语句。运行程序，输出图形如图7-19所示。

```
tbl=readtable(fullfile('BicycleCounts.csv'));
                                     % 将数据集读入名为 tbl 的时间表中
tbl(1:5,:)                           % 显示 tbl 的前 5 行，输出略
daynames=["Sunday" "Monday" "Tuesday" "Wednesday" "Thursday"…
         "Friday" "Saturday"];       % 向量 x 包含每个观测值的星期几信息
x=categorical(tbl.Day,daynames);

ispm=tbl.Timestamp.Hour < 12;
y=categorical;            % 根据观测值的时间创建一个包含值 "pm" 或 "am" 的分类向量 y
y(ispm)="pm";
```

```
y(~ispm)="am";
z=tbl.Eastbound;                %创建东行交通数据的向量 z
swarmchart3(x,y,z,2);           %创建分簇散点图，显示一周中每个白天和晚上的数据分布
```

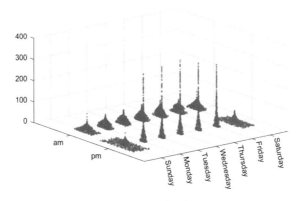

图 7-19　三维分簇散点图 2

7.2.7　气泡图

在 MATLAB 中，利用函数 bubblechart() 可以创建气泡图，其调用格式如下。

（1）向量数据：

```
bubblechart(x,y,sz)      %在向量 x 和 y 指定的位置绘制气泡图，向量 sz 指定气泡大小
bubblechart(x,y,sz,c)    %指定气泡的颜色
                         %对所有气泡使用一种颜色，请指定颜色名称、十六进制颜色代码或 RGB 三元组
                         %要为每个气泡指定一种不同的颜色，请指定与 x 和 y 长度相同的向量
```

（2）表数据：

```
bubblechart(tbl,xvar,yvar,sizevar)          %绘制表 tbl 中的变量 xvar 和 yvar
                         %变量 sizevar 表示气泡大小
                         %要绘制一个数据集，请为 xvar、yvar 和 sizevar 各指定一个变量
                         %绘制多个数据集，请为其中至少一个参数指定多个变量
bubblechart(tbl,xvar,yvar,sizevar,cvar)
                         %使用在变量 cvar 中指定的颜色绘制表中指定的变量
```

【例 7-18】绘制气泡图。

解：在编辑器窗口中输入以下语句。运行程序，输出图形如图 7-20 所示。

```
x=1:20;
y=rand(1,20);
```

```
sz=rand(1,20);
c=1:20;
subplot(1,2,1)
bubblechart(x,y,sz,c);                              % 为每个气泡指定一种不同颜色

subplot(1,2,2)
bubblechart(x,y,sz,c,'MarkerFaceAlpha',0.20);       % 指定透明度
```

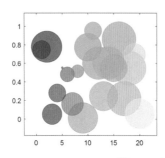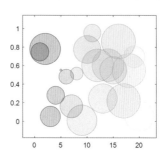

图 7-20 绘制气泡图 1

【例 7-19】根据表中的数据绘制气泡图。

解：在编辑器窗口中输入以下语句。运行程序，输出图形如图 7-21 所示。

```
subplot(1,2,1)
tbl=readtable('patients.xls');              % 以表 tbl 形式读取 patients.xls 数据集
bubblechart(tbl,'Systolic','Diastolic','Weight');       % 绘制气泡图
bubblesize([2 25])                          % 气泡大小的范围更改为介于 2~25

subplot(1,2,2)
bubblechart(tbl,'Height',{'Systolic','Diastolic'},'Weight');
                                            % 同时绘制两个血压变量对 Height 变量的图
bubblesize([2 30])                          % 气泡大小的范围更改为介于 2~30 磅
legend
```

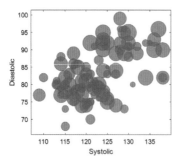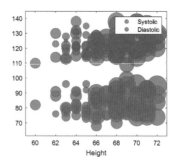

图 7-21 绘制气泡图 2

7.3 散点图和平行坐标图

散点图是研究两个变量之间关系的强大工具，而平行坐标图则扩展了这个概念，使我们能够更好地理解多维数据的结构。

7.3.1 散点图

在 MATLAB 中，利用函数 scatter() 可以创建散点图，其调用格式如下。

（1）向量和矩阵数据：

```
scatter(x,y)            % 在向量 x 和 y 指定的位置创建一个包含圆形标记的散点图
                        % 要绘制一组坐标，请将 x 和 y 指定为等长向量
                        % 要在同一坐标区上绘制多组坐标，至少将 x 和 y 之一指定为矩阵
scatter(x,y,sz)         % 指定圆大小。sz 指定为标量对所有圆使用相同的大小
                        % 指定为向量或矩阵绘制不同大小的每个圆
scatter(x,y,sz,c)       % 指定圆颜色
scatter(___,'filled')   % 填充圆
scatter(___,mkr)        % 指定标记类型
```

（2）表数据：

```
scatter(tbl,xvar,yvar)  % 绘制表 tbl 中的变量 xvar 和 yvar
                        % 要绘制一个数据集，请为 xvar 指定一个变量，为 yvar 指定一个变量
                        % 要绘制多个数据集，请为 xvar、yvar 或两者指定多个变量
scatter(tbl,xvar,yvar,'filled')    % 用实心圆绘制表中的指定变量
```

【例 7-20】创建散点图（向量数据）。

解： 在编辑器窗口中输入以下语句。运行程序，输出图形如图 7-22 所示。

```
subplot(2,2,1)
x=linspace(0,4*pi,200);          % 创建 0~4π 的 200 个等间距值 x
y=cos(x) + rand(1,200);          % 创建带随机干扰的余弦值 y
c=linspace(1,10,length(x));      % 用于指定圆圈颜色
sz=25;                           % 用于指定圆圈标记大小
scatter(x,y,[],c)

subplot(2,2,2)
scatter(x,y,sz,c,'filled')

subplot(2,2,3)
```

```
theta=linspace(0,2*pi,100);
x=sin(theta) + 0.75*rand(1,100);
y=cos(theta) + 0.75*rand(1,100);
sz=40;
scatter(x,y,sz, 'd', …                          % 指定标记符号
        'MarkerEdgeColor',[0 .5 .5],…           % 设置标记边颜色
        'MarkerFaceColor',[0 .7 .7],…           % 设置标记边面颜色
        'LineWidth',1.5)                        % 设置线条宽度

subplot(2,2,4)
x=randn(500,1);
y=randn(500,1);
s=scatter(x,y,'filled');                        % 用填充的标记创建数据的散点图
distfromzero=sqrt(x.^2 + y.^2);
s.AlphaData=distfromzero;                       % 根据与零的距离设置每个点的不透明度
s.MarkerFaceAlpha='flat';
```

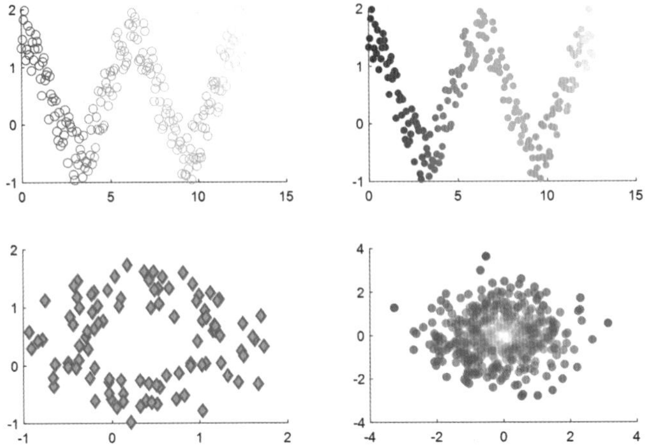

图 7-22 创建散点图 1

【例 7-21】创建散点图（表数据）。

解：在编辑器窗口中输入以下语句。运行程序，输出图形如图 7-23 所示。

```
tbl=readtable('patients.xls');                  % 以表 tbl 的形式读取 patients.xls
subplot(1,2,1)
scatter(tbl,'Systolic','Diastolic');            % 绘制变量间的关系

subplot(1,2,2)
scatter(tbl,'Weight',{'Systolic','Diastolic'}); % 同时绘制多个变量
legend
```

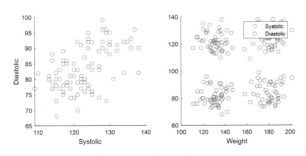

图 7-23　创建散点图 2

7.3.2　三维散点图

在 MATLAB 中，利用函数 scatter3() 可以绘制三维散点图，其调用格式如下。

（1）向量和矩阵数据：

```
scatter3(X,Y,Z)              % 在向量 X、Y 和 Z 指定的位置显示圆圈
scatter3(X,Y,Z,S)            % 使用 S 指定的大小绘制每个圆圈。将 S 指定为标量绘制大小相等的圆
                            % S 指定为向量绘制具有特定大小的每个圆
scatter3(X,Y,Z,S,C)          % 使用 C 指定的颜色绘制每个圆圈
                            % C 是 RGB 三元组、包含颜色名称的字符向量或字符串，则使用指定的颜色
                            % C 是一个三列矩阵，则 C 的每行指定相应圆圈的 RGB 颜色值
                            % C 是向量，则 C 中的值线性映射到当前颜色图中的颜色
scatter3(___,'filled')       % 使用前面的语法中的任何输入参数组合填充这些圆
scatter3(___,markertype)     % 指定标记类型
```

（2）表数据：

```
scatter3(tbl,xvar,yvar,zvar)           % 绘制表 tbl 中的变量 xvar、yvar 和 zvar
                                       % 要绘制一个数据集，请为 xvar、yvar 和 zvar 各指定一个变量
                                       % 要绘制多个数据集，至少为其中之一的参数指定多个变量
scatter3(tbl,xvar,yvar,zvar,'filled')  % 用实心圆绘制表中的指定变量
```

【例 7-22】绘制三维散点图（向量和矩阵数据）。

解：在编辑器窗口中输入以下语句。运行程序，输出图形如图 7-24 所示。

```
[X,Y,Z]=sphere(16);          % 使用 sphere 定义向量 X、Y 和 Z
x=[0.5*X(:); 0.75*X(:); X(:)];
y=[0.5*Y(:); 0.75*Y(:); Y(:)];
z=[0.5*Z(:); 0.75*Z(:); Z(:)];
subplot(1,2,1)
scatter3(x,y,z)
```

```
subplot(1,2,2)
S=repmat([50,25,5],numel(X),1);
C=repmat([1,2,3],numel(X),1);
s=S(:);                           % 定义向量 s 指定每个标记的大小
c=C(:);                           % 定义向量 c 指定每个标记的颜色
scatter3(x,y,z,s,c)
view(40,35)                       % 使用 view 更改图窗中坐标区的角度
```

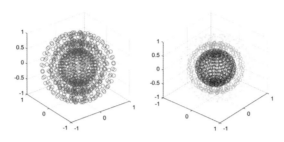

图 7-24　绘制三维散点图 1

【例 7-23】绘制三维散点图（表数据）。

解： 在编辑器窗口中输入以下语句。运行程序，输出图形如图 7-25 所示。

```
tbl=readtable('patients.xls');
subplot(1,2,1)
scatter3(tbl,'Systolic','Diastolic','Weight');

subplot(1,2,2)
scatter3(tbl,{'Systolic','Diastolic'},'Age','Weight');
legend
```

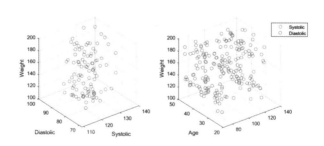

图 7-25　绘制三维散点图 2

7.3.3　分 bin 散点图

在 MATLAB 中，利用函数 binscatter() 可以创建分 bin 散点图，其调用格式如下：

```
binscatter(x,y)          % 显示向量 x 和 y 的分 bin 散点图，将数据空间分成多个矩形 bin
                         % 用不同颜色显示每个 bin 中的数据点数
binscatter(x,y,N)        % 指定要使用的 bin 数，N 可以是标量或二元素向量 [Nx Ny]
                         % 如果 N 是标量，则 Nx 和 Ny 都设置为标量值，每个维度中的最大 bin 数为 250
```

【例 7-24】创建分 bin 散点图。

解：在编辑器窗口中输入以下语句。运行程序，输出图形如图 7-26 所示。

```
subplot(1,2,1)
rng default                  % 设置随机数种子，确保数据可重复
x=randn(1e4,1);
y=randn(1e4,1);
subplot(1,2,1)
h=binscatter(x,y,[30 50]);   % 将随机数划分到 x 维的 30 个和 y 维的 50 个 bin 中

subplot(1,2,2)
h=binscatter(x,y);
h.NumBins=[20 30];           % 准确指定每个方向要使用的 bin 数量
h.ShowEmptyBins='on';        % 开启绘图中空 bin 的显示
xlim(gca,h.XLimits);         % 指定坐标区的范围
ylim(gca,h.YLimits);
h.XLimits=[-2 2];            % 使用向量限制 x 方向的 bin 范围
```

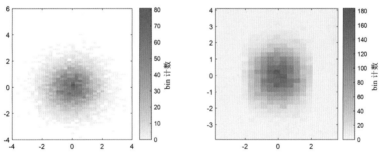

图 7-26　创建分 bin 散点图

7.3.4　带直方图的散点图

在 MATLAB 中，利用函数 scatterhistogram() 可以创建带直方图的散点图，其调用格式如下：

```
scatterhistogram(tbl,xvar,yvar)          % 基于表 tbl 创建一个边缘带直方图的散点图
                 % xvar 输入参数指示沿 X 轴显示的表变量，yvar 输入参数指示沿 Y 轴显示的表变量
scatterhistogram(tbl,xvar,yvar,'GroupVariable',grpvar)
                 % 使用 grpvar 指定的表变量对 xvar 和 yvar 指定的观测值进行分组
```

```
scatterhistogram(xvalues,yvalues)      % 创建 xvalues 和 yvalues 数据的散点图
                    % 沿 X 轴和 Y 轴的边缘分别显示 xvalues 和 yvalues 数据的直方图
scatterhistogram(xvalues,yvalues,'GroupData',grpvalues)
                    % 使用 grpvalues 中的数据对 xvalues 和 yvalues 中的数据进行分组
```

【例 7-25】基于医疗患者数据表创建边缘带直方图的散点图。

解：在编辑器窗口中输入以下语句。运行程序，输出图形如图 7-27 所示。

```
load patients
subplot(2,2,1)
tbl=table(LastName,Age,Gender,Height,Weight);
s=scatterhistogram(tbl,'Height','Weight');

subplot(2,2,2)
tbl=table(LastName,Diastolic,Systolic,Smoker);
s=scatterhistogram(tbl,'Diastolic','Systolic',…        % 比较患者
        'GroupVariable','Smoker');                       % 指定用于对数据进行分组的表变量

subplot(2,2,[3 4])
[idx,genderStatus,smokerStatus]=findgroups(string(Gender),…
        string(Smoker));
SmokerGender=strcat(genderStatus(idx),"-",smokerStatus(idx));
s=scatterhistogram(Diastolic,Systolic,…
        'GroupData',SmokerGender,'LegendVisible','on');
xlabel('Diastolic')
ylabel('Systolic')
```

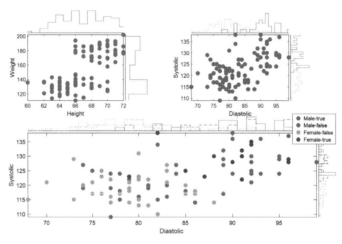

图 7-27 创建带直方图的散点图

【例 7-26】创建一个具有核密度边缘直方图的散点图。

解：在编辑器窗口中输入以下语句。运行程序，输出图形如图 7-28 所示。

```
load carsmall
tbl=table(Horsepower,MPG,Cylinders);
s=scatterhistogram(tbl,'Horsepower','MPG', …
    'GroupVariable','Cylinders','HistogramDisplayStyle','smooth', …
    'LineStyle','-');
```

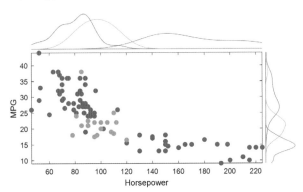

图 7-28　创建具有核密度直方图的散点图

7.3.5　散点图矩阵

在 MATLAB 中，利用函数 plotmatrix() 可以创建散点图矩阵，其调用格式如下：

```
plotmatrix(X,Y)         % 创建一个子坐标区矩阵，包含由 X 的列相对 Y 的列数据组成的散点图
                        % 若 X 是 p×n 且 Y 是 p×m，则生成一个 n×m 子坐标区矩阵
plotmatrix(X)           % 与 plotmatrix(X,X) 相同
                        % 用 X 对应列中数据的直方图替换对角线上的子坐标区
plotmatrix(___,LineSpec)        % 指定散点图的线型、标记符号和颜色
  [S,AX,BigAx,H,HAx]=plotmatrix(___)        % 返回创建的图形对象
                        %S 为散点图的图形线条对象，AX 为每个子坐标区的坐标区对象
                        %BigAx 为容纳子坐标区的主坐标区的坐标区对象，H 为直方图的直方图对象
                        %HAx 为不可见的直方图坐标区的坐标区对象
```

【例 7-27】 创建散点图矩阵。

解： 在编辑器窗口中输入以下语句。运行程序，输出图形如图 7-29 所示。

```
X=randn(50,3);          % 创建一个由随机数据组成的矩阵 X
Y=reshape(1:150,50,3);  % 创建一个由整数值组成的矩阵 Y
subplot(1,2,1)
plotmatrix(X,Y)         % 创建 X 的各列对 Y 的各列的散点图矩阵

subplot(1,2,2)
plotmatrix(X,'or')      % 指定散点图的标记类型和颜色
```

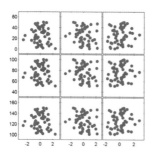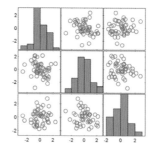

图 7-29 创建散点图矩阵

【例 7-28】创建并修改散点图矩阵。

解：在编辑器窗口中输入以下语句。运行程序，输出图形如图 7-30 所示。

```
rng default
X=randn(50,3);
subplot(1,2,1)
plotmatrix(X);

subplot(1,2,2)
[S,AX,BigAx,H,HAx]=plotmatrix(X);
S(3).Color='g';                    % 使用 S 设置散点图的属性
S(3).Marker='+';
S(7).Color='r';                    % 使用 S 设置散点图的属性
S(7).Marker='x';
H(3).EdgeColor='r';                % 使用 H 设置直方图的属性
H(3).FaceColor='g';
title(BigAx,'A Comparison of Data Sets')
```

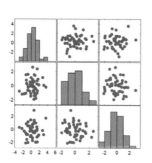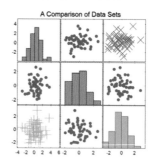

图 7-30 创建并修改散点图矩阵

7.3.6 平行坐标图

在 MATLAB 中，利用函数 parallelplot() 可以创建平行坐标图，其调用格式如下：

```
parallelplot(tbl)                       % 根据表 tbl 创建一个平行坐标图。默认绘制所有列
                             % 绘图中的每个线条代表表中的一行，绘图中的每个坐标变量对应表中的一列
parallelplot(tbl,'CoordinateVariables',coordvars)
                             % 根据表 tbl 中的 coordvars 变量创建一个平行坐标图
parallelplot(___,'GroupVariable',grpvar)
                             % 使用 grpvar 指定的表变量对绘图中的线条进行分组
parallelplot(data)                      % 根据数值矩阵 data 创建一个平行坐标图
parallelplot(data,'CoordinateData',coorddata)
                             % 根据矩阵 data 中的 coorddata 列创建一个平行坐标图
parallelplot(___,'GroupData',grpdata)
                             % 使用 grpdata 中的数据对绘图中的线条进行分组
```

【例 7-29】使用分 bin 数据创建平行坐标图。

解：在编辑器窗口中输入以下语句。运行程序，输出图形如图 7-31 所示。

```
load patients                  % 加载 patients 数据集
X=[Age Height Weight];          % 根据 Age、Height 和 Weight 值创建一个矩阵
p=parallelplot(X);             % 使用矩阵数据创建一个平行坐标图，每个线条对应单个患者
p.CoordinateTickLabels={'Age (years)',…
    'Height (inches)','Weight (pounds)'};
min(Height)                    % 获取最小值，输出略
max(Height)                    % 获取最大值，输出略
binEdges=[60 64 68 72];
bins={'short','average','tall'};
% 创建一个新分类变量，将每个患者分别归入 short、average 或 tall
groupHeight=discretize(Height,binEdges,'categorical',bins);
p.GroupData=groupHeight;        % 使用 groupHeight 值对平行坐标图中的线条分组
```

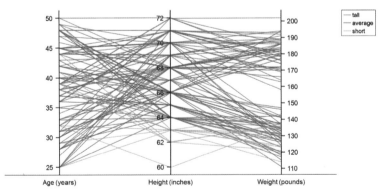

图 7-31 创建平行坐标图

【例 7-30】对绘图中坐标变量的类别重新排序。

解：在编辑器窗口中输入以下语句。运行程序，输出图形如图 7-32 所示。

```
outages=readtable('outages.csv');          % 将停电数据以表形式读入工作区中
coordvars=[1 3 4 6];                        % 选中表中的列构成子集
p=parallelplot(outages,'CoordinateVariables',coordvars,…
    'GroupVariable','Cause');               % 创建平行坐标图，根据导致停电的事件对线条分组
```

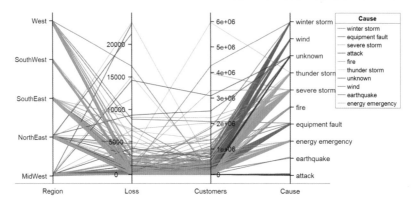

图 7-32 创建平行坐标图

继续在编辑器窗口中输入以下语句。运行程序，输出图形如图 7-33 所示。

```
categoricalCause=categorical(p.SourceTable.Cause);   % 将 Cause 转换为分类变量
newOrder={'attack','earthquake','energy emergency',…
        'equipment fault', 'fire','severe storm','thunder storm', …
        'wind','winter storm','unknown'};            % 指定事件的新顺序
orderCause=reordercats(categoricalCause,newOrder);   % 创建新变量
p.SourceTable.Cause=orderCause;                      % 在绘图源表中用新变量替换 Cause 变量
```

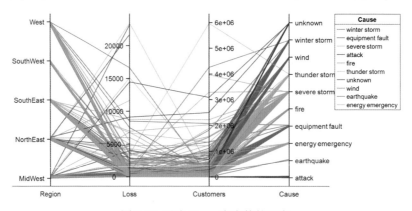

图 7-33 更改 Cause 中事件的顺序

继续在编辑器窗口中输入以下语句。运行程序，输出图形如图 7-34 所示。

```
p.Color=parula(10);        % 通过更改 p 的 Color 属性，为每个组分配不同的颜色
```

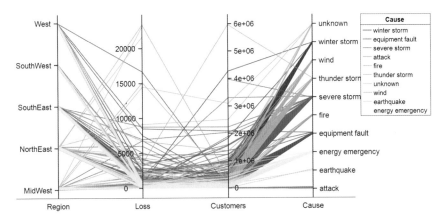

图 7-34 为每个组分配不同的颜色

7.4 离散数据图

离散数据是指具有有限值或离散取值的数据，通常是计数数据或类别型数据。下面介绍几种常见类型的离散数据图在 MATLAB 中的绘制方法。

7.4.1 条形图

在 MATLAB 中，利用函数 bar() 可以创建条形图，其调用格式如下：

```
bar(y)              % 创建一个条形图，y 中的每个元素对应一个条形
                    % 如果 y 是 m×n 矩阵，则 bar 创建每组包含 n 个条形的 m 个组
bar(x,y)            % 在 x 指定的位置绘制条形
bar(___,width)      % 设置条形的相对宽度以控制组中各个条形的间隔
bar(___,style)      % 指定条形组的样式
bar(___,color)      % 设置所有条形的颜色
```

在 MATLAB 中，利用函数 barh() 可以绘制水平条形图，该函数的调用格式与函数 bar() 相同，这里不再赘述。

【例 7-31】绘制不同类型的条形图。

解：在编辑器窗口中输入以下语句。运行程序，输出图形如图 7-35 所示。

```
subplot(2,2,1)
x=1900:20:2000;
y=[75 91 105 123.5 131 150];
```

```
bar(x,y)

subplot(2,2,2)
y=[2 2 3; 2 5 6; 2 8 9; 2 11 12];
bar(y)                          % 显示 4 个条形组，每一组包含 3 个条形

subplot(2,2,3)
bar(y,'stacked')                % 显示堆叠条形图，每个条形的高度是行中各元素之和

subplot(2,2,4)
x=[1 2 3 4];
vals=[2 3 6 5; 11 23 26 12];    % 定义包含两个数据集的值的矩阵
b=bar(x,vals);
% 在第一个条形序列的末端显示值
xtips1=b(1).XEndPoints;         % 获取条形末端的 X 坐标
ytips1=b(1).YEndPoints;         % 获取条形末端的 Y 坐标
labels1=string(b(1).YData);
text(xtips1,ytips1,labels1,'HorizontalAlignment','center',…
    'VerticalAlignment','bottom')
% 在第二个条形序列的末端显示值
xtips2=b(2).XEndPoints;
ytips2=b(2).YEndPoints;
labels2=string(b(2).YData);
text(xtips2,ytips2,labels2,'HorizontalAlignment','center',…
    'VerticalAlignment','bottom')
```

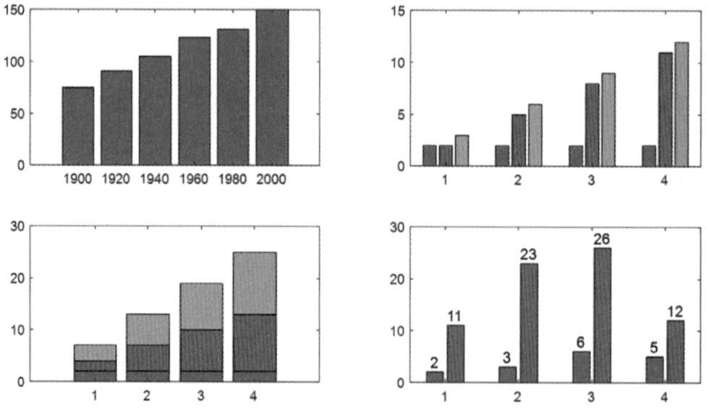

图 7-35 绘制条形图

7.4.2 三维条形图

在 MATLAB 中，利用函数 bar3() 可以绘制垂直三维条形图（柱状图），其调用格式如下：

```
bar3(Z)      % 绘制三维条形图，Z 中的每个元素对应一个条形图，[n,m]=size(Z)
             % 矩阵 Z 的各元素为 Z 坐标，X=1:n 的各元素为 X 坐标，Y=1:m 的各元素为 Y 坐标
```

```
bar3(Y,Z)          % 在 Y 指定的位置绘制 Z 中各元素的条形图
                   % 矩阵 Z 的各元素为 Z 坐标，Y 向量的各元素为 Y 坐标，X=1:n 的各元素为 X 坐标
bar3(…,width)      % 设置条形宽度并控制组中各条形的间隔
                   % 默认为 0.8，条形之间有细小间隔；若为 1，则组内条形紧挨在一起
bar3(…,style)      % 指定条形的样式，style 为 'detached'、'grouped' 或 'stacked'
                   %'detached'（分离式）在 x 方向上将 Z 中每一行元素显示为一个接一个的块（默认）
                   %'grouped'（分组式）显示 n 组的 m 个垂直条，n 是行数，m 是列数
                   %'stacked'（堆叠式）为 Z 中的每行显示一个条形，条形高度是行中元素的总和
bar3(…,color)      % 使用 color 指定的颜色（'r'、'g'、'b' 等）显示所有条形
```

在 MATLAB 中，利用函数 bar3h() 可以绘制水平放置的三维条形图，其调用格式与函数 bar3() 相同。

【例 7-32】绘制不同类型的三维条形图。

解：在编辑器窗口中输入以下语句。运行程序，输出图形如图 7-36 所示。

```
clear, clf
Z=rand(4);
subplot(1,4,1);h1=bar3(Z,'detached');
% set(h1,'FaceColor','W')                    %根据需要对图形句柄进行参数设置
title(' 分离式条形图 ')

subplot(1,4,2);h2=bar3(Z,'grouped');
title(' 分组式条形图 ')
subplot(1,4,3);h3=bar3(Z,'stacked');
title(' 叠加式条形图 ')
subplot(1,4,4);h4=bar3h(Z);
title(' 无参式条形图 ')
```

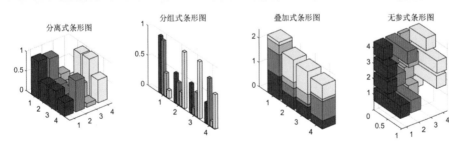

图 7-36　不同类型的三维条形图

7.4.3　帕累托图

帕累托图是以降序排列各条形的条形图，它包括一条显示累积分布的线。在 MATLAB 中，利用函数 pareto() 可以创建帕累托图，其调用格式如下：

```
   pareto(y)              % 创建 y 的帕累托图，显示占累积分布 95% 的最高的若干条形，最多 10 个
                          % n 个条形加起来正好包含分布的 95%，并且 n 小于 10，图将显示 n+1 个条形
                          % 沿 X 轴的条形标签是 y 向量中条形值的索引
pareto(y,x)               % 指定条形的 x 坐标（或标签），y 和 x 的长度必须相同
pareto(___,threshold)     % 指定一个介于 0 和 1 之间的阈值
                          % 阈值 threshold 是要包含在图中的累积分布的比例
charts=pareto(___)        % 以数组形式返回 Bar 和 Line 对象
```

【例 7-33】创建帕累托图。

解：在编辑器窗口中输入以下语句。运行程序，输出图形如图 7-37 所示。

```
subplot(1,3,1)
y=[2 3 35 15 40 4 1];    % 定义一个由 7 个数字组成的向量 y（数字之和为 100）
pareto(y)

subplot(1,3,2)
y=[4 1 35 45 15];
pareto(y)                % 最高的 n 个条形正好占累计分布的 95% 时，图中包含 n+1 个条形

subplot(1,3,3)
x=["Chocolate" "Apple" "Pecan" "Cherry" "Pumpkin"];
y=[35 50 30 5 80];
pareto(y,x,1)            % 将 threshold 参数设置为 1，包括累积分布中的所有值
ylabel('Votes')
```

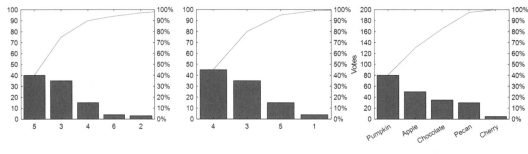

图 7-37 创建帕累托图

7.4.4 茎图（离散序列数据图）

在科学研究中，当处理离散量时，可以用离散序列图表示离散量的变化情况。在 MATLAB 中，利用函数 stem() 可以实现离散数据的可视化（茎图），其调用格式如下：

```
   stem(Y)                % 将数据序列 Y 绘制为从沿 X 轴的基线延伸的茎图，数据值由空心圆显示
                          % 若 Y 为向量，则 x 范围为 1~length(Y)
```

```
stem(X,Y)                    % 若 Y 为矩阵，则根据相同的 x 值绘制行中的所有元素，x 范围为 1~Y 的行数
                             % 在 X 指定的位置绘制数据序列 Y，X 和 Y 是大小相同的向量或矩阵
                             % 若 X 和 Y 均为向量，则根据 X 中对应绘制 Y 中的各项
                             % 若 X 为向量、Y 为矩阵，则根据 X 指定的值集绘制 Y 的每列
                             % 若 X 和 Y 均为矩阵，则根据 X 的对应列绘制 Y 的列
stem(___,'filled')                        % 填充圆
stem(___,LineSpec)                        % 指定线型、标记符号和颜色
```

【例 7-34】绘制离散序列图（茎图）。

解：在编辑器窗口中输入以下程序并运行，可以得到如图 7-38 所示的图形。

```
clear, clf                                %clf 用于清空当前图窗
y=linspace(-2*pi,2*pi,10);                % 从 -2π~2π 获取等间距的 10 个数据值
subplot(1,2,1); h=stem(y);
set(h,'MarkerFaceColor','blue')           % 设置填充颜色为蓝色

x=0:20;
y=[exp(-.05*x).*cos(x); exp(.06*x).*cos(x)]';
subplot(1,2,2);h=stem(x,y);               % 数据值由空心圆显示
set(h(1),'MarkerFaceColor','blue')        % 数据值由蓝色实心圆显示
set(h(2),'MarkerFaceColor','red','Marker','square')  % 数据值由红色方形显示
```

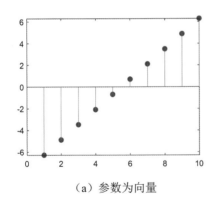 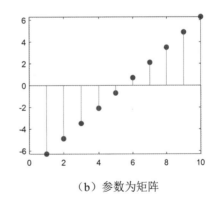

（a）参数为向量　　　　　　　　　　（b）参数为矩阵

图 7-38　离散序列图（茎图）

除使用函数 stem() 外，针对离散数据还可以使用函数 plot() 绘制离散数据图（散点图），函数 plot() 在下一节讲解。

【例 7-35】绘制函数 $y=e^{-at}\cos\beta t$ 的茎图。

解：在编辑器窗口中输入以下程序并运行，可以得到如图 7-39 所示的图形。

```
clear, clf
a=0.02; b=0.5;
t=0:1:100;
```

```
y=exp(-a*t).*sin(b*t);
subplot(1,2,1);plot(t,y,'r.')                        % 利用 plot 绘制散点图
xlabel('Time');ylabel('stem')

subplot(1,2,2); stem(t,y)                             % 利用 stem 绘制二维茎图
xlabel('Time');ylabel('stem')
```

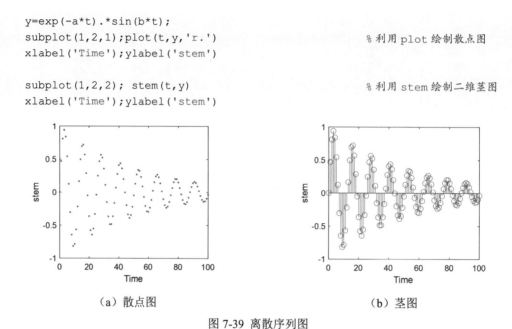

（a）散点图　　　　　　　　　　　（b）茎图

图 7-39 离散序列图

7.4.5 三维离散序列图

在 MATLAB 中，利用函数 stem3() 可以绘制三维离散序列图，其调用格式如下：

```
stem3(Z)              % 绘制为针状图，从 xy 平面开始延伸并在各项值处以圆圈终止
stem3(X,Y,Z)          % 绘制为针状图，从 xy 平面开始延伸，X 和 Y 指定 xy 平面中的针状图位置
stem3(___,'filled')   % 填充圆（实心小圆圈）
stem3(___,LineSpec)   % 指定线型、标记符号和颜色
```

【例 7-36】 利用三维离散序列图绘制函数 stem3() 绘制三维离散序列图。

解： 在编辑器窗口中输入以下语句。运行程序，得到如图 7-40 所示的结果。

```
clear,clf
t=0:pi/11:5*pi;
x=exp(-t/11).*cos(t);
y=3*exp(-t/11).*sin(t);
subplot(1,2,1);stem3(x,y,t,'filled')
hold on
plot3(x,y,t)
axis('square')
xlabel('X'),ylabel('Y'),zlabel('Z')

X=linspace(0,2);
```

```
Y=X.^3;
Z=exp(X).*cos(Y);
subplot(1,2,2);stem3(X,Y,Z,'filled')
axis('square')
```

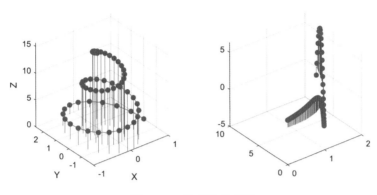

图 7-40　三维离散序列图

7.5　总体部分图及热图

总体部分图和热图可以直观地展示数据的整体结构，帮助观察者更好地理解数据的模式和关联性。下面介绍总体部分图和热图在 MATLAB 中的绘制方法。

7.5.1　气泡云图

气泡云图有助于说明数据集中的元素与整个数据集之间的关系。例如，用户可以可视化从不同城市收集的数据，并将每个城市表示为气泡，气泡大小与该城市的值成比例。在 MATLAB 中，利用函数 bubblecloud() 可以创建气泡云图，其调用格式如下。

（1）表数据：

```
bubblecloud(tbl,szvar)              % 使用表 tbl 中的数据创建气泡云图
                         % szvar 指定为包含气泡大小的表变量，如指定变量的名称或变量的索引
bubblecloud(tbl,szvar,labelvar)                   % 在气泡上显示标签
bubblecloud(tbl,szvar,labelvar,groupvar)          % 指定气泡的分组数据
```

（2）向量数据：

```
bubblecloud(sz)                     % 创建一个气泡云图，其中将气泡大小指定为向量
```

```
bubblecloud(sz,labels)                    % 在气泡上显示标签
bubblecloud(sz,labels,groups)             % 指定气泡的分组数据，以不同颜色显示多个云
```

【例 7-37】创建气泡云图。

解：在编辑器窗口中输入以下语句。运行程序，输出图形如图 7-41 所示。

```
subplot(1,2,1)
n=[58 115 81 252 180 124 40 80 50 20]';
loc=["NJ" "NY" "MA" "OH" "NH" "ME" "CT" "PA" "RI" "VT"]';
plant=["PlantA" "PlantA" "PlantA" "PlantA" "PlantA" "PlantA"…
       "PlantA" "PlantB" "PlantB" "PlantB"]';
tbl=table(n,loc,plant,'VariableNames', …
          ["Mislabeled" "State" "Manufacture"])
% bubblecloud(tbl,"Mislabeled","State")              % 输出略
bubblecloud(tbl,"Mislabeled","State","Manufacture")  % 气泡分组


subplot(1,2,2)
n=[58 115 81 252 200 224 70 120 140];                % 定义气泡大小的向量
flavs=["Rum" "Pumpkin" "Mint" "Vanilla" "Chocolate" …
       "Strawberry" "Twist" "Coffee" "Cookie"];      % 定义字符串向量
% bubblecloud(n,flavs)
ages=categorical(["40-90+" "5-15" "16-39" "40-90+" …
                 "5-15" "16-39" "5-15" "16-39" "40-90+"]); % 定义年龄组的分类向量
ages=reordercats(ages,["5-15" "16-39" "40-90+"] );   % 指定类别的顺序
b=bubblecloud(n,flavs,ages);
b.LegendTitle='Age Range';
```

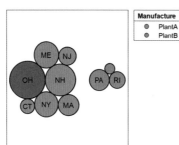
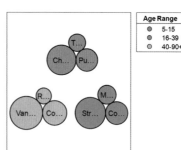

图 7-41 创建气泡云图

7.5.2 词云图

在 MATLAB 中，利用函数 wordcloud() 可以创建词云图，其调用格式如下：

```
wordcloud(tbl,wordVar,sizeVar)             % 根据表 tbl 创建文字云图
```

```
wordcloud(words,sizeData)              % 使用 words 的元素创建文字云图
wordcloud(C)           % 根据分类数组 C 的唯一元素创建文字云图，大小与元素的频率计数对应
```

【例 7-38】创建词云图。

解： 在编辑器窗口中输入以下语句。运行程序，输出图形如图 7-42 所示。

```
subplot(1,2,1)
load sonnetsTable              % 加载示例数据
            % 表 tbl 将单词列表包含在变量 Word 中，相应的频率计数包含在变量 Count 中
head(tbl)                      % 查看表，输出略
wordcloud(tbl,'Word','Count');
title("Sonnets Word Cloud")


subplot(1,2,2)
numWords=size(tbl,1);
colors=rand(numWords,3);                   % 将单词颜色设置为随机值
wordcloud(tbl,'Word','Count','Color',colors);
title("Sonnets Word Cloud")
```

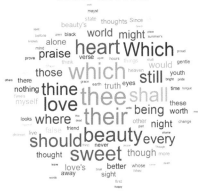

图 7-42 词云图

> **说明** 若要直接使用字符串数组创建词云图，建议安装 Text Analytics Toolbox 插件，以避免手动预处理文本数据，具体操作这里不再赘述。

7.5.3　饼图

在 MATLAB 中，利用函数 pie() 可以创建饼图，其调用格式如下：

```
pie(X)    % 使用 X 中的数据绘制饼图。饼图的每个扇区代表 X 中的一个元素
          % sum(X)≤1，X 中的值直接指定饼图扇区的面积；sum(X)<1，仅绘制部分饼图
```

%sum(X)>1，通过 X/sum(X) 对值进行归一化，以确定饼图的每个扇区的面积
% 若 X 为类别数据类型，则扇区对应类别，面积是类别中的元素数除以 X 中的元素数的值

pie(X,explode)　　　　　% 将扇区从饼图偏移一定位置。若 X 为类别数据类型，explode 可以是
　　　　　　　　　　　　% 由对应类别的零值和非零值组成的向量，或者由要偏移的类别名称组成的元胞数组
pie(X,labels)　　　　　% 指定用于标注饼图扇区的选项，X 必须为数值
pie(X,explode,labels)　% 偏移扇区并指定文本标签，X 可以是数值或分类数据类型

【例 7-39】创建饼图。

解：在编辑器窗口中输入以下语句。运行程序，输出图形如图 7-43 所示。

```matlab
subplot(2,3,1)
X=[1 3 0.5 2.5 2];
pie(X)                                     % 创建常规饼图

subplot(2,3,2)
explode=[1 0 1 0 0];                        % 设置为 1 用来偏移第二块和第四块饼图扇区
pie(X,explode)                             % 创建带偏移扇区的饼图

subplot(2,3,3)
labels={'Taxes','Expenses','Profit','Cashflow','Loss'};   % 指定文本标签
pie(X,labels)                              % 创建带标签的饼图

subplot(2,3,4)
pie(X,'%.2f%%')                            % 指定格式表达式以使每个标签显示小数点后 2 位数

subplot(2,3,5)
X=[0.19 0.22 0.41 0.10];                    % 创建各个元素之和小于 1 的向量 X
pie(X)                                     % 绘制部分饼图

subplot(2,3,6)
X=categorical({'North','South','North','East','South','West'});
explode ='East';
pie(X,explode)                             % 绘制具有偏移的分类饼图
```

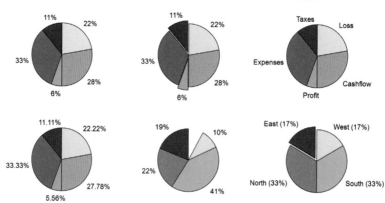

图 7-43 饼图

7.5.4　三维饼图

在 MATLAB 中，利用函数 pie3() 可以绘制三维饼图，用法和 pie() 类似，其功能是以三维饼图形式显示各组分所占的比例。

```
pie3(X)            % 使用 X 中的数据绘制三维饼图。X 中的每个元素表示饼图中的一个扇区
                   % sum(X) ≤ 1，X 中的值直接指定饼图切片的面积；sum(X)<1，绘制部分饼图
                   % 若 X 中元素的总和大于 1，则通过 X/sum(X) 将值归一化来确定每个扇区的面积
pie3(X,explode)        % 指定是否从饼图中心将扇区偏移一定位置
                       % 若 explode(i,j) 非零，则从饼图中心偏移 X(i,j)
pie3(…,labels)         % 添加扇区的文本标签，标签数必须等于 X 中的元素数
```

【例 7-40】三维饼图绘制示例。

解：在编辑器窗口中输入以下语句。运行程序，绘制结果如图 7-44 所示。

```
clear, clf
x=[32 45 11 76 56];
explode=[0 0 1 0 1];
labels={'A','B','C','D','E'};
subplot(1,3,1);pie3(x)
title(' 默认饼图 ')
subplot(1,3,2);pie3(x,explode)
title(' 扇区偏移 ')
subplot(1,3,3);pie3(x,labels)
title(' 添加扇区标签 ')
```

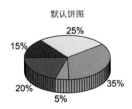
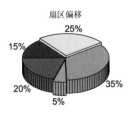
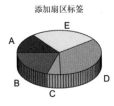

图 7-44　三维饼图

7.5.5　热图

在 MATLAB 中，利用函数 heatmap() 可以创建热图，其调用格式如下：

```
heatmap(tbl,xvar,yvar)          % 基于表 tbl 创建一个热图。默认颜色基于计数聚合
                                % xvar、yvar 参数分别指示沿 X 轴、Y 轴显示的表变量
heatmap(tbl,xvar,yvar,'ColorVariable',cvar)
```

```
                              % 使用 cvar 指定的表变量来计算颜色数据,默认计算方法为均值聚合
heatmap(cdata)                % 基于矩阵 cdata 创建一个热图,每个单元格对应 cdata 中的一个值
heatmap(xvalues,yvalues,cdata)                    % 指定沿 X 轴和 Y 轴显示的值的标签
```

另外,在 MATLAB 中,利用函数 sortx() 可以对热图行中的元素进行排序,其调用格式如下:

```
sortx(h,row)                    % 按升序(从左到右)显示 row 中的元素
sortx(h,row,direction)          %direction 指定为 'descend' 按降序对值排序
                                % 将 direction 指定元素为 'ascend' 或 'descend' 的数组
                                % 以实现对 row 中的每一行按不同的方向排序
sortx(___,'MissingPlacement',lcn)    % 指定将 NaN 放在排序顺序的开头还是末尾
                                %lcn 指定为 'first'、'last' 或 'auto'(默认)
sortx(h)                        % 按升序显示顶行中的元素
```

在 MATLAB 中,利用函数 sorty() 可以对热图列中的元素进行排序,该函数的调用格式与函数 sortx() 相同,这里不再赘述。

【例 7-41】创建热图。示例文件 outages.csv 中包含表示美国电力中断事故的数据。

解:在编辑器窗口中输入以下语句。运行程序,输出图形如图 7-45 所示。

```
T=readtable('outages.csv');      % 将示例文件读入表中
T(1:5,:)                         % 查看前 5 行数据,输出略
subplot(1,2,1)
h=heatmap(T,'Region','Cause');   % 创建热图,X、Y 轴分别显示区域和停电原因

subplot(1,2,2)
h=heatmap(T,'Region','Cause');
h.ColorScaling='scaledcolumns';  % 归一化每列的颜色
h.ColorScaling='scaledrows';     % 归一化每行的颜色
```

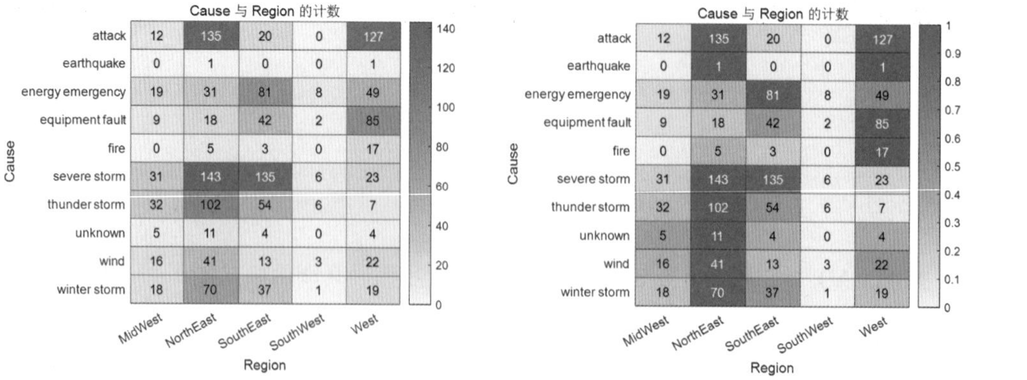

图 7-45 热图

归一化每列的颜色时，每一列中的最小值映射到颜色图中的第一种颜色，最大值映射到最后一种颜色。最后一种颜色表示导致每个区域停电的最大原因。

归一化每行的颜色时，每一行中的最小值映射到颜色图中的第一种颜色，最大值映射到最后一种颜色。最后一种颜色表示各原因造成停电次数最多的区域。

【例 7-42】热图行排序。

解：在编辑器窗口中输入以下语句。运行程序，输出图形如图 7-46 所示。

```
T=readtable('outages.csv');
subplot(1,2,1)
h=heatmap(T,'Region','Cause');
sortx(h,'winter storm','descend')     % 按降序显示 'winter storm' 行中的值

subplot(1,2,2)
sortx(h,{'unknown','earthquake'})     % 基于多行重新排列热图的列

sortx(h)                              % 还原原始热图列顺序，输出略
```

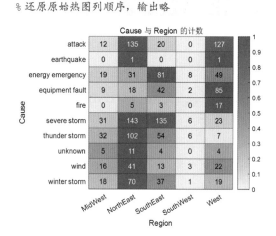

图 7-46　热图行排序

7.6　本章小结

在专业图绘制领域，各种图表类型可以用来呈现不同类型和结构的数据。本章介绍了如何在 MATLAB 中创建线图、分布图、散点图和平行坐标图，以及离散数据图、总体部分图和热图等专业图表。

第 **8** 章

句柄图形对象

图形对象是进行 MATLAB 数据绘图的基本单元，在任何绘制出的图形中，都有一整套完成和配合完成的图形对象，如绘制的线、坐标轴、图框等。MATLAB 不仅提供这些图形对象以完成绘图，还允许对这些对象进行定制。在进行所有的操作前，需要用一个唯一的标识符将各个对象区分开来。在 MATLAB 中，这种标识符由句柄实现，因此图形对象也可以称为句柄图形对象。

8.1 句柄图形对象体系

句柄图形（Handle Graphics）系统是 MATLAB 中一种面向对象的绘图系统，提供创建计算机图形所必需的各种功能，包括创建线、文字、网格、面及图形用户界面等。在使用 MATLAB 绘图时，句柄图形对象是绘图的基本对象。

8.1.1 句柄图形组织

句柄图形对象体系中包括不同层次的句柄图形对象，如图 8-1 所示，阴影填充部分为句柄图形对象体系中几类主要的对象。其中，Root 为根对象，代表绘图屏幕，是所有对象的父对象，即其余对象均为其子对象，Root 属性包含有关图形环境和图形系统的当前状态的信息。

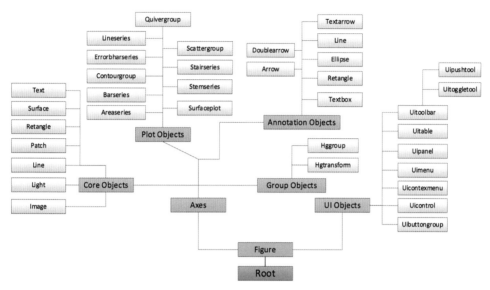

图 8-1　句柄图形对象体系

在 MATLAB 中，不同的对象也能满足经典面向对象编程语言的继承特性，即子对象在父对象中继承属性。所有的对象都包含以下两种类型的属性：

- 一般属性，用来决定对象的显示和保存的数据。
- 方法属性，用来决定在对对象进行操作时调用什么样的函数。

8.1.2　句柄图形对象类型简介

句柄图形对象的类型非常多，如果任意组织，则会给记忆和使用带来极大的不便。MATLAB 提供了合适的组织体系，这样只需理解其中几个主要变量，便能对句柄图形对象体系进行了解。主要的句柄图形对象及其分类如下。

（1）核心图形对象（Core Objects）：提供高级绘图函数（如 plot() 等）及对复合图形对象进行绘图操作的环境。

（2）复合图形对象：主要包括以下 4 类。

- Plot Objects：由基本的图形对象复合而成，提供设置 Plot Object 属性的功能。
- Annotation Objects：注释对象。同其他图形对象分离，位于单独的绘图层上。

- Group Objects：组对象。创建在某个方法发挥作用的群对象上。
- UI Objects：用于创建用户界面的对象。

8.2 句柄图形对象的基本操作

句柄图形对象的基本操作包括创建、访问、复制、删除、输出、保存等，本节简要讲述这些操作的实现方法。

8.2.1 创建对象

一幅图形包括多种相关的图形对象，由这些图形对象共同组成有具体含义的图形或图片。每个类型的图形对象都有一个相对应的创建函数，这个创建函数使用户能够创建该图形对象的一个实例。

对象创建函数名与所创建的对象名相同。例如，surface 函数将创建一个 Surface 对象，figure 函数将创建一个 Figure 对象。表 8-1 列出了 MATLAB 中的对象创建函数。

表8-1　MATLAB中的对象创建函数

函　　数	描　　述	函　　数	描　　述
axes	在图窗中创建Axes（笛卡儿坐标）对象	line	创建由顺序连接坐标数据的直线段构成的线条
figure	创建图窗窗口	patch	矩阵的每一列理解为由一个多边形构成的小面
hggroup	在坐标轴系统中创建Hggroup（组）对象	rectangle	创建矩形或椭圆形的二维填充区域
hgtransform	创建Hgtransform（变换）对象	root	创建Root对象
image	创建Image（图像）对象	surface	创建由矩阵数据定义的矩形创建而成的曲面
light	创建位于坐标轴中，能够影响面片和曲面的有方向光源对象	text	创建位于坐标轴系统中的字符串
uicontextmenu	创建与其他图形对象相关的菜单组件	—	—

【例 8-1】在图形窗口中创建坐标轴（Axes）对象，创建过程指定对象的位置。

解：在编辑器窗口中输入以下语句。运行程序，输出图形如图 8-2 所示。其中，图 8-2（a）为使用前两条命令进行操作后得到的结果，图 8-2（b）为使用所有命令进行操作后得到的结果。从图形中可以看到，坐标轴对象的大小和方向均由命令控制。

```
clear,clf
axes('position',[.1  .1  .8  .6])
mesh(peaks(20));                    % 如图 8-2 (a) 所示
axes('position',[.1  .7  .8  .2])
pcolor([1:10;1:10]);                % 如图 8-2 (b) 所示
```

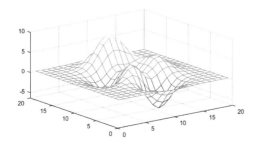

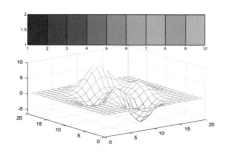

（a）创建第一个坐标轴系统并绘图　　　　　（b）创建第二个坐标轴系统并绘图

图 8-2 在一个图形窗口中创建多个坐标轴（Axes）对象示例

【例 8-2】使用 rectangle() 函数创建不同的二维矩形区域或椭圆形区域示例。

解：在编辑器窗口中输入以下语句。运行程序，输出图形如图 8-3 所示。

```
clear,clf
rectangle('Position',[0.59,0.35,3.75,1.37],'Curvature',[0.8,0.4],…
          'LineWidth',1,'LineStyle','--')
daspect([1,1,1])                    % 结果如图 8-3 (a) 所示

figure
rectangle('Position',[1,2,10,5],'Curvature',[1,1],…
          'FaceColor','r')
daspect([1,1,1])
xlim([0,11])
ylim([1,7])                         % 结果如图 8-3 (b) 所示
```

（a）二维矩形区域　　　　　　　　　　　（b）椭圆形区域

图 8-3 rectangle() 函数使用示例

【例 8-3】使用 surface() 函数将图形映射到面上。

解：在编辑器窗口中输入以下语句。运行程序，输出图形如图 8-4 所示。

```
clear,clf
load clown
surface(peaks,flipud(X),…
        'FaceColor','texturemap',…
        'EdgeColor','none',…
        'CDataMapping','direct')
colormap(map)                    % 如图 8-4（a）所示
view(-35,45)                     % 如图 8-4（b）所示
```

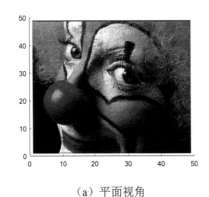
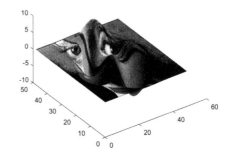

（a）平面视角　　　　　　　　　　　（b）立体视角

图 8-4　使用 surface() 函数将图形映射到面上

8.2.2　访问对象句柄

MATLAB 在创建句柄图形对象时，为每个句柄图形对象都分配了一个唯一的句柄。访问对象句柄的操作首先要获取对象的句柄值，有如下两种实现方式。

（1）在创建对象时，使用变量获取对象的句柄值。这样，在以后需要使用时，只需输入相应的句柄值便可以访问对象，并进行后续操作。

（2）如果在创建对象时未使用变量获取对象的句柄值，则可以使用 findobj() 函数，通过特定的属性值访问对象。

第一种方式非常简单，只需在创建对象时设置相应的变量即可；而后一种方式则需要使用 findobj() 函数。该函数的调用格式如下：

```
h=findobj                        % 返回图形根对象及其所有后代
h=findobj(prop,value)            % 返回层次结构中属性 prop 设置为 value 的所有对象
```

```
h=findobj('-not',prop,value)                  % 返回其指定属性未设置为指定值的所有对象
h=findobj(prop1,value1,oper,prop2,value2)
                                              % 将逻辑运算符 oper 应用于 prop,value 对组
h=findobj('-regexp',prop,expr)                % 使用正则表达式来查找具有特定属性值的对象
h=findobj('-property',prop)                   % 返回具有指定属性的所有对象
h=findobj(prop1,value1,…,propN,valueN)
                                              % 返回层次结构中指定属性设置为指定值的所有对象
h=findobj(objhandles,___)                     % 将搜索范围限制在 objhandles 列出的对象及其后代
h=findobj(objhandles,'-depth',d,___)          % 在图形对象层次结构中位于 d 级别以下
h=findobj(objhandles,'flat',___)              % 不搜索后代对象,同 '-depth' 与 d=0 结合
```

【例 8-4】使用 findobj() 函数访问句柄图形对象,并改变其属性。

解：在编辑器窗口中输入以下语句。运行程序,输出图形如图 8-5 所示。

```
clear,clf
x=0:15;
y=[1.5*cos(x);4*exp(-.1*x).*cos(x);exp(.05*x).*cos(x)]';
h=stem(x,y);
axis([0 16 -4 4])                                      % 如图 8-5 (a) 所示

set(h(1),'Color','black','Marker','o',…
             'Tag','Decaying Exponential')
set(h(2),'Color','black','Marker','square',…
             'Tag','Growing Exponential')              % 如图 8-5 (b) 所示
set(h(3),'Color','red','Marker','*',…
             'Tag','Steady State')                     % 如图 8-5 (c) 所示

set(findobj(gca,'-depth',1,'Type','line'),'LineStyle','--')
h=findobj('-regexp','Tag','^(?!Steady State$).');
set(h,'Color','blue')                                  % 如图 8-5 (d) 所示

set(h,{'MarkerSize'},num2cell(cell2mat(get(h,'MarkerSize'))+2))
h=findobj('type','line','Marker','none',…
             '-and','-not','LineStyle','--')            % 未搜索到
```

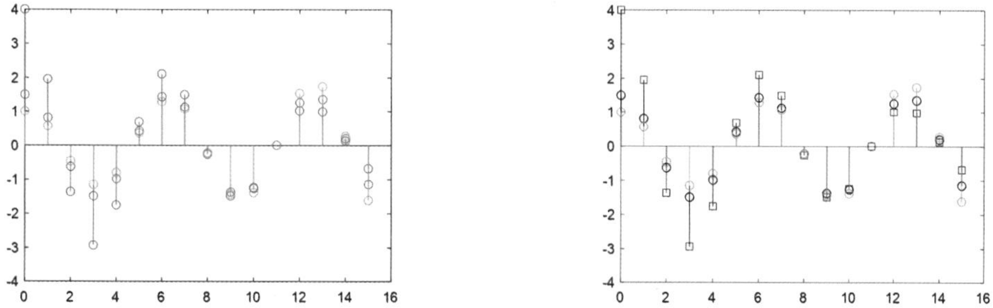

（a）改变属性前　　　　　　　　　　　　　　（b）改变 h(1)、h(2) 属性后

图 8-5　访问句柄图形对象

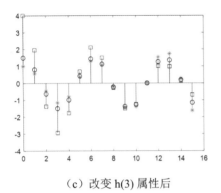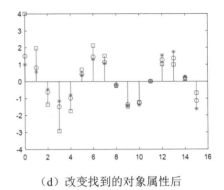

（c）改变 h(3) 属性后　　　　　　　　　（d）改变找到的对象属性后

图 8-5 访问句柄图形对象（续）

8.2.3 复制和删除对象

在 MATLAB 中，使用 copyobj() 函数可以复制对象。对句柄图形对象而言，可以从一个父对象下复制一个对象，并将其复制到其他父对象中。复制目标和复制结果对象有着同样的属性值，唯一不同的是父对象的句柄值和自身句柄值。

另外，在 MATLAB 中使用 delete() 函数可以实现删除对象的操作。

【例 8-5】下面的命令在一个绘图窗口中创建一个 text 对象，并将该对象复制到新的绘图窗口中。

解：在编辑器窗口中输入以下语句。运行程序，输出图形如图 8-6 所示。可以看到图 8-6（a）中的文本对象被复制到了图 8-6（b）中。

```
clear,clf
x=0:0.01:6.28;
y=sin(x);
figure(1);plot(x,y)
text_handle=text('String','\{5\pi\div4,sin(5\pi\div4)\}\rightarrow',…
    'Position',[5*pi/4,sin(5*pi/4),0],…
    'HorizontalAlignment','right')               % 如图 8-6（a）所示

x1=1.5:0.01:7.78;
y1=sin(x1);
figure(2);plot(x1,y1)
copyobj(text_handle,gca)                         % 如图 8-6（b）所示
```

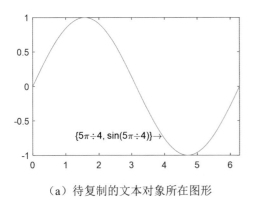
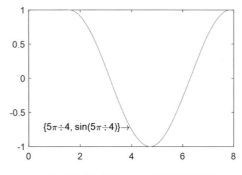

（a）待复制的文本对象所在图形　　　　　　　（b）复制生成的文本对象所在图形

图 8-6　复制生成句柄图形对象示例

【例 8-6】在创建 3 条函数曲线后使用 delete 函数删除其中的两条曲线。

解： 在编辑器窗口中输入以下语句。运行程序，输出图形如图 8-7 所示。其中，图 8-7（a）显示了使用命令创建的 3 条曲线，而图 8-7（b）则是删除了其中两条曲线后的图形。

```
clear,clf
x=0:0.05:50;
y=[1.5*cos(x);4*exp(-.1*x).*cos(x);exp(.05*x).*cos(x)]';
h=plot(x,y);                    %如图 8-7（a）所示
delete(h(1:2:3))                %如图 8-7（b）所示
```

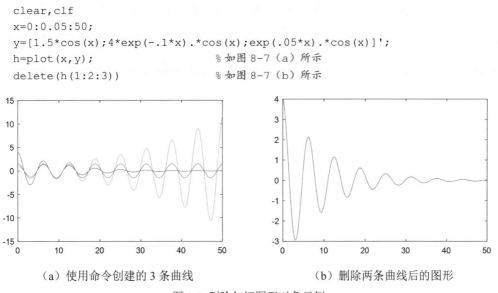

（a）使用命令创建的 3 条曲线　　　　　　　　（b）删除两条曲线后的图形

图 8-7　删除句柄图形对象示例

8.2.4　控制图形输出

MATLAB 允许在程序运行过程中打开多个图形窗口，而程序对每个图形窗口均可进行操作。因此，当 MATLAB 程序创建图形窗口来显示图形用户界面并绘制数据时，需要对某

些图形窗口进行保护，以免它们成为图形输出的目标，并且准备好相应的输出图形窗口以接收新图形。下面讨论如何使用句柄来控制 MATLAB 显示图形的目标和方法。

1. 设置图形输出目标

MATLAB 图形创建函数默认在当前的图形窗口和坐标轴中显示图形，但可以在图形创建函数中通过设置 Parent 属性直接指定图形的输出位置。例如：

```
plot(1:10,'Parent',axes_handle)          % axes_handle 是目的坐标轴的句柄
```

在默认情况下，图形输出函数将在当前的图形窗口中显示该图形，且不重置当前图形窗口的属性。然而，如果图形对象是坐标轴的子对象，那么为了显示这些图形，将会擦除坐标轴并重置坐标轴的大多数属性。通过设置图形窗口和坐标轴的 NextPlot 属性可以改变默认情况。

MATLAB 高级图形函数在绘制图形前首先检查 NextPlot 属性，然后决定是添加还是重置图形和坐标轴；而低级对象创建函数则不检查 NextPlot 属性，只简单地在当前图形窗口和坐标轴中添加新的图形对象。NextPlot 属性的取值范围如表 8-2 所示。

表8-2 NextPlot属性的取值范围

NextPlot	Figure对象	Axes对象
new	创建一个新图窗并将其用作当前图窗	不适用于坐标区
add	添加新的图形对象，不清空或重置当前图窗（默认）	保持不变
replacechildren	删除子对象但不重置图窗属性，等效于clf	删除子对象但不重置属性，等效于cla
replace	删除子对象并重置属性，等效于clf reset	删除子对象并重置属性，等效于cla reset（默认）

hold 命令提供了访问 NextPlot 属性的简便方法。例如：

```
hold on              % 将图形窗口和坐标轴的 NextPlot 属性都设置为 add
hold off             % 将图形窗口和坐标轴的 NextPlot 属性都设置为 replace
```

MATLAB 提供 newplot() 函数来简化代码中设置 NextPlot 属性的过程。newplot() 函数首先检查 NextPlot 属性值，然后根据属性值采取相应的行为。

在严谨的操作中，应该在所有调用图形创建函数代码的开头定义 newplot() 函数。当调用 newplot() 函数时，可能发生以下动作。

（1）检查当前图形窗口的 NextPlot 属性，具体过程如下：

- 如果不存在当前图形窗口，则创建一个图形窗口并将该图形窗口设为当前图形窗口。

- 如果 NextPlot 值为 add，则将当前图形窗口设置为图形窗口。

- 如果 NextPlot 值为 replacechildren，则删除图形窗口的子对象并将该图形窗口设为当前图形窗口。

- 如果 NextPlot 值为 replace，则删除图形窗口的子对象，重置图形窗口属性为默认值，并将该图形窗口设置为当前图形窗口。

（2）检查当前坐标轴的 NextPlot 属性，具体过程如下：

- 如果不存在当前坐标轴，则创建一个坐标轴并将其设置为当前坐标轴。

- 如果 NextPlot 值为 add，则将当前坐标轴设置为坐标轴。

- 如果 NextPlot 值为 replacechildren，则删除坐标轴的子对象，并设置当前坐标轴为坐标轴。

- 如果 NextPlot 值为 replace，则删除坐标轴的子对象，重置坐标轴属性为默认值，并设置当前坐标轴为坐标轴。

在默认情况下，图形窗口的 NextPlot 值为 add，坐标轴的 NextPlot 值为 replace。

【例 8-7】通过绘图函数 Ding_plot() 说明 newplot() 的使用方法，该函数在绘制多个图形时将循环使用不同的线型。

解：在编辑器窗口中输入以下语句，并保存为 Ding_plot.m。

```
function Ding_plot(x,y)          % 该函数使用 line 函数绘制数据
cax=newplot;                     % 返回当前坐标轴对象的句柄
LSO=['- ';'--';': ';'-.'];
set(cax,'FontName','Times','FontAngle','italic')
set(get(cax,'Parent'),'MenuBar','none')
line_handles=line(x,y,'Color','b');
style=1;
for i=1:length(line_handles)
    if style > length(LSO), style=1;end
    set(line_handles(i),'LineStyle',LSO(style,:))
    style=style+1;
end
grid on
end
```

虽然 line() 函数并不检查图形窗口和坐标轴的 NextPlot 属性值，但是通过调用 newplot() 使 Ding_plot() 函数与高级函数 plot() 执行相同的操作，即每次在调用该函数时，函数都对坐标轴进行重置。

Ding_plot() 函数使用 newplot() 函数返回的句柄来访问图形窗口和坐标轴。下面的程序用于调用 Ding_plot() 函数绘图，运行结果如图 8-8 所示。

```
clear,clf
Ding_plot(1:10,peaks(10))
```

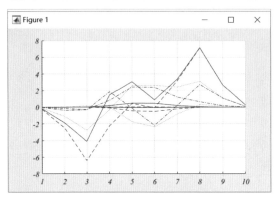

图 8-8 newplot 函数使用示例

在某些情况下，需要改变坐标轴的外观来适应新的图形对象。在改变坐标轴和图形窗口之前，最好先测试一下 hold 属性是否为 on。当 hold 属性为 on 时，坐标轴和图形窗口的 NextPlot 值均为 add。

下面的 Ding_plot3() 函数将接收三维数据并使用 ishold 来检查 hold 属性的状态，以此来决定是否更改视图。

```
function Ding_plot3(x,y,z)
cax=newplot;
hold_state=ishold;                      % 检查当前 hold 属性的状态
LSO=['- ';'--';': ';'-.'];
if nargin == 2
    hlines=line(x,y,'Color','k');
    if ~hold_state                      % 如果 hold 属性为 off，则改变视图
        view(2)
    end
elseif nargin == 3
    hlines=line(x,y,z,'Color','k');
    if ~hold_state                      % 如果 hold 属性为 off，则改变视图
        view(3)
    end
end
ls=1;
for hindex=1:length(hlines)
```

```
        if ls > length(LSO),ls=1;end
        set(hlines(hindex),'LineStyle',LSO(ls,:))
        ls=ls + 1;
    end
end
```

如果 hold 属性为 on，则调用 Ding_plot3 时将不改变视图，否则有 3 个输入参数，MATLAB 将视图由二维变为三维。

2．保护图形窗口和坐标轴

在绘图时，在有些情况下需要对图形窗口和坐标轴进行保护以免其成为图形输出的目标。在操作时，可以将特定图形窗口或坐标轴的句柄从句柄列表中删除，使 newplot 和其他返回句柄的函数（如 gca、gco、cla、clf、close 和 findobj）无法找到该句柄。这样，程序将无法在这个句柄中输出，从而保证该图形对象不会成为其他程序的输出目标。

通过 HandleVisibility 和 ShowHiddenHandles 两个属性可以控制保护对象句柄的可见性。HandleVisibility 是所有句柄图形对象都具备的属性，其取值如下。

- on：对象句柄可以被任意函数获得，这是该属性的默认值。
- callback：对象句柄对所有在命令行中执行的函数隐藏，而对所有回调函数总是可见的，这种可见程度将保证用户在命令行中输入的命令不会影响被保护对象。
- off：句柄对所有函数，无论是命令行中执行的函数还是回调的函数，都是隐藏的。

例如，如果一个用户图形窗口以文本字符串形式接收用户的输入，并在回调函数中对这个字符串进行处理，那么如果不对该图形窗口进行保护，则字符串 close all 有可能会导致用户图形窗口被销毁。

为了防止这种情况出现，应将该图形窗口关键对象的 HandleVisibility 属性值暂时设置为 off。相关命令如下：

```
user_input=get(editbox_handle,'String')
set(gui_handles,'HandleVisibility','off')
eval(user_input)
set(gui_handles,'HandleVisibility','commandline')
```

如果被保护的图形窗口是屏幕顶层的图形窗口，而在它之下存在未被保护的图形窗口，那么使用 gcf 将返回最高层的未被保护的图形窗口，gca 的情况与 gcf 相同；而如果不存在未被保护的图形窗口或坐标轴，则将创建一个图形窗口并返回它的句柄。

Root 对象的 ShowHiddenHandles 属性用于控制句柄图形对象的可见性，其默认值为

off；当该属性值为 on 时，句柄对所有函数都是可见的。close() 函数可以通过使用 hidden 选项来访问不可见的图形窗口。例如：

```
close('hidden')                    % 关闭屏幕顶层的窗口，即使该图形窗口是被保护的
close('all','hidden')              % 关闭所有窗口
```

3. 关闭图形窗口

当发生以下情况时，MATLAB 将执行由图形窗口的 CloseRequestFcn 属性定义的回调函数（或称为关闭请求函数）。

- 在图形窗口中调用 close 命令。
- 用户退出 MATLAB 时还存在可见的图形窗口（如果一个图形窗口的 Visible 属性值为 off，则退出 MATLAB 时并不执行关闭请求函数，而是删除该图形窗口）。
- 使用窗口系统的关闭菜单或按钮来关闭图形窗口。

关闭请求函数有时非常有用，它在关闭句柄图形对象时，可以进行如下操作。

- 在关闭动作发生前，弹出提示对话框。
- 在关闭前保存数据。
- 避免一些意外关闭的情况。

默认的关闭请求函数保存在一个名为 closereq 的函数文件中。该函数包括的语句如下：

```
if isempty(gcbf)
    if length(dbstack) == 1
        warning('MATLAB:closereq',…
        'Calling closereq from the command line is now obsolete,…
         use close instead');
    end
    close force
else
    delete(gcbf);
end
```

使用 HandleVisibility 设置关闭请求的图形，在任何没有特殊指明关闭该图形的命令中，均可以保护该图形不被关闭。例如：

```
h=figure('HandleVisibility','off')
close                              % 图形不关闭
close all                          % 图形不关闭
close(h)                           % 图形关闭
```

8.2.5　保存句柄

在使用图形相关函数时，需要频繁用到句柄来访问属性值和输出图形对象。在一般情况下，MATLAB 提供了一些途径来返回关键对象。然而，在函数文件中，这些途径可能并非获取句柄值的最佳方式，原因如下：

- 在 MATLAB 中，查询图形对象句柄或其他信息的执行效率并不高，在文件中，最好还是将句柄值直接保存在一个变量中来引用。
- 由于当前的坐标轴、图形窗口或对象有可能因为用户的交互而发生变化，因此查询方式难以确保句柄值完全正确，但是使用句柄变量可以保证正确地反映对象发生的变化。

为了保存句柄信息，通常在文件开始处保存 MATLAB 状态信息。例如，用户可以使用以下语句作为 M 文件的开头：

```
cax=newplot;
cfig=get(cax,'Parent');
hold_state=ishold;
```

这样，就无须在每次需要这些信息时都重新查询。如果对象暂时改变了保存状态，那么用户应当将 NextPlot 的当前属性值保存下来，以便以后重新设置：

```
ax_nextplot=lower(get(cax,'NextPlot'));
fig_nextplot=lower(get(cfig,'NextPlot'));
...
set(cax,'NextPlot',ax_nextplot)
set(cfig,'NextPlot',fig_nextplot)
```

8.3　图形对象属性设置

图形对象的属性包括图形对象的外观、行为等很多方面，如对象类型、子对象和父对象、可视性等。

8.3.1　设置属性

在 MATLAB 中，可以访问任何属性值和设置绝大部分属性值；对一个对象的属性值的设置只会影响该对象，而不会影响其他对象。

在 MATLAB 中，通常利用函数 set() 设置属性，其调用格式如下：

```
set(H,Name,Value)          % 为 H 标识的对象指定其 Name 属性的值，属性名用单引号引起来
                           % 若 H 是对象的向量，则会为所有对象设置属性
                           % 若 H 为空（即 []），则不执行任何操作，但不返回错误或警告
set(H,NameArray,ValueArray)          % 使用元胞数组指定多个属性值
set(H,S)          % 使用结构体 S 指定多个属性值，S 字段名称是对象属性名称，字段值对应属性值
s=set(H)          % 返回 H 标识的对象的、可由用户设置的属性及其可能的值
values=set(H,Name)                    % 返回指定属性的可能值
```

在设置属性前，常常需要使用 get() 函数对属性进行访问，其调用格式如下：

```
v=get(h)                   % 返回 h 标识的图形对象的所有属性和属性值
                           % v 是一个结构体，其字段名称为属性名称，其值为对应的属性值
v=get(h,propertyName)      % 返回特定属性 propertyName 的值

v=get(h,propertyArray)     % 返回一个 m×n 元胞数组，m=length(h)，n= 属性名个数
v=get(h,'default')         % 以结构体数组把当前定义的所有默认值返回给对象 h
v=get(h,defaultTypeProperty)    % 返回特定属性的当前默认值 v=get(groot,'factory')
v=get(groot,'factory')     % 以结构体数组把可设置属性的出厂定义值返回给所有用户
v=get(groot,factoryTypeProperty)     % 返回特定属性的出厂定义值
```

在设置属性值时，属性值改变的顺序与命令中对应的属性值关键词出现的先后顺序有关。例如以下两条语句：

```
figure('Position',[1 1 400 300],'Units','inches')
                % 在指定的位置创建指定大小（默认单位为像素点数）的图形对象
figure('Units','inches','Position',[1 1 400 300])
                % 改变了属性的顺序，此时图形的单位为英寸，这将会产生一个非常大的图形
```

【例 8-8】 设置属性示例。

解：在编辑器窗口中输入以下语句：

```
figure('Position',[1 1 400 300],'Units','inches')
set(gcf,'Units','pixels')
get(gcf,'Position')
```

运行程序，输出结果如下：

```
ans =
     1     1    400    300
```

在编辑器窗口中输入以下语句：

```
set(gcf,'Units','pixels','Position',[1 1 400 300],'Units','inches')
get(gcf,'Position')
```

运行程序，输出结果如下：

```
ans =
     0        0     4.1667    3.1250
```

8.3.2 设置默认属性

设置默认属性是影响所有图形的一个简单方法。在任何时候，只要在新创建的图形中没有定义某个属性值，程序就会采用默认的属性值。因此，只需设置默认的属性，基本上就可以影响所有的作图。下面介绍默认属性设置的相关内容。

1. 搜索默认属性

MATLAB 对默认属性值的搜索从当前对象开始，沿着对象的继承关系向上层对象搜索，直到找到 Factory 设置值。

2. 定义默认属性值

设置默认属性值的函数为 set()，但与一般的设置使用的属性名不同，通常在属性名前添加 Default 字样等。例如：

```
set(gcf,'DefaultLineLineWidth',1.5)   % 设置线宽
                              % 属性名为 DefaultLineLineWidth，而不是 LineWidth
```

在设置默认属性后，可以使用命令将图形对象中的属性设置为默认值，操作方法一般为：在设置时，使用 default 作为属性值。

【例 8-9】将 EdgeColor 的默认值设为黑色后绘图，并将 EdgeColor 的默认值设为绿色，将 EdgeColor 设置为默认颜色。

解：在编辑器窗口中输入以下语句。运行程序，输出图形如图 8-9 所示。

```
clear,clf
set(0,'DefaultSurfaceEdgeColor','k')
h=surface(peaks);                 % 使用默认 EdgeColor 绘图，如图 8-9（a）所示
set(gcf,'DefaultSurfaceEdgeColor','b')
set(h,'EdgeColor','default')     % 设置为新的默认 EdgeColor 值，如图 8-9（b）所示
```

对应设置默认属性，MATLAB 还提供了删除默认属性的方法。一般方法为将默认属性值设置为 remove，如：

```
set(0,'DefaultSurfaceEdgeColor','remove')    % 删除设置的默认 EdgeColor 属性值
```

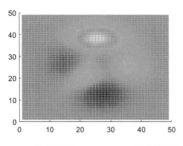

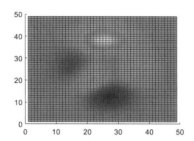

（a）使用默认 EdgeColor 进行绘图　　　　　　　（b）设置为新的 EdgeColor 值后

图 8-9　定义默认属性值绘图

还可以将默认属性值设置为 Factory，方法为在属性后设置属性值为 Factory。如：

```
set(h,'EdgeColor','factory')                    % 将默认属性值设置为 Factory
```

【例 8-10】使用未设置默认属性和设置默认线型及颜色绘图，并在程序最后删除默认属性值。

解：在编辑器窗口中输入以下语句。运行程序，输出图形如图 8-10 所示。

```
Z=peaks;
plot(1:49,Z(4:7,:))                             % 如图 8-10（a）所示
close
set(0,'DefaultAxesColorOrder',[0 0 0],…
     'DefaultAxesLineStyleOrder','-|--|:|-.')
plot(1:49,Z(4:7,:))                             % 如图 8-10（b）所示
set(0,'DefaultAxesColorOrder','remove',…
     'DefaultAxesLineStyleOrder','remove')
```

在程序的最后，将这些默认值均都删除了，以免影响以后使用 MATLAB 进行绘图时用的线型。

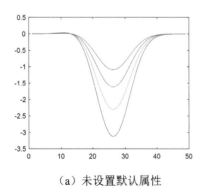

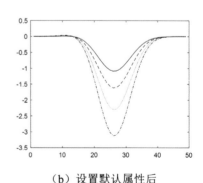

（a）未设置默认属性　　　　　　　　　　　（b）设置默认属性后

图 8-10　设置线型及颜色默认属性示例

【例 8-11】设置不同对象层次上对象的默认属性。在同一个绘图窗口中创建两个图形窗口，并在 Figure 对象和 Axes 对象层面使用命令设置默认属性。

解：在编辑器窗口中输入以下语句。运行程序，输出图形如图 8-11 所示。

```
clear,clf
t=0:pi/20:2*pi;
s=sin(t);
c=cos(t);
%% 设置 Axes 对象的 Color 属性
figh=figure('Position',[30 100 800 350],'DefaultAxesColor',[.8 .8 .8]);
axh1=subplot(1,2,1); grid on

%% 设置第一个 Axes 对象的 LineStyle 属性
set(axh1,'DefaultLineLineStyle','-.')
line('XData',t,'YData',s)
line('XData',t,'YData',c)
text('Position',[3 .4],'String','Sine')
text('Position',[2 -.3],'String','Cosine','HorizontalAlignment','right')
axh2=subplot(1,2,2); grid on

%% 设置第二个 Axes 对象的 TextRotation 属性
set(axh2,'DefaultTextRotation',90)
line('XData',t,'YData',s)
line('XData',t,'YData',c)
text('Position',[3 .4],'String','Sine')
text('Position',[2 -.3],'String','Cosine','HorizontalAlignment','right')
```

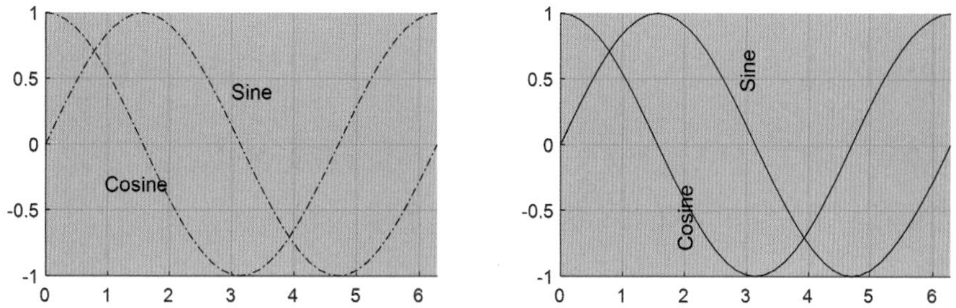

图 8-11　设置不同对象层次上对象的默认属性示例

8.3.3　通用属性

MATLAB 句柄图形对象通常具有的图形属性如表 8-3 所示。

表8-3 句柄图形对象通用属性

属 性	说 明	属 性	说 明
BeingDeleted	在析构调用时返回一个值	Interruptible	决定回调路径是否可以被中断
BusyAction	控制特定对象的句柄回调函数的中断路径	Parent	父对象句柄值
ButtonDownFcn	控制鼠标动作回调函数路径	Selected	显示对象是否被选取
Children	子对象的句柄值	SelectionHighlight	显示对象被选取的状态
Clipping	控制轴对象的显示	Tag	用户定义对象标识
CreateFcn	构造函数回调路径	Type	对象类型
DeleteFcn	析构函数回调路径	UserData	与对象关联的数据
HandleVisibility	控制对象句柄的可用性	Visible	决定对象是否可见
HitTest	决定在鼠标操作时对象是否为当前对象	—	—

8.4 核心句柄图形对象

在 MATLAB 中，核心的句柄图形对象包括 Figure 对象与 Axes 对象、Core 对象、Plot 对象、Annotation 对象、Group 对象等，本节就来讲解除 Axes 对象外的其余 5 个对象，Axes 对象在下一节讲解。

8.4.1 Figure 对象

图窗是图或用户界面组件的容器。图窗属性控制特定图窗实例的外观和行为。在 MATLAB 中，Figure 对象提供图形显示的窗口（图窗），该对象的组件包括菜单栏、工具栏、用户界面对象、坐标轴对象及其子对象，以及其他所有类型的图形对象。

针对 Figure 对象的操作函数及其功能如表 8-4 所示。

表8-4 Figure对象的操作函数

函 数	说 明	函 数	说 明
clf	清除当前图形窗口内容	hgsave	分层保存句柄图形对象
close	关闭图形	newplot	决定绘制图形对象的位置
closereq	默认图形关闭请求函数	opengl	控制OpenGL表达
drawnow	更新事件队列与图形窗口	refresh	重新绘制当前图形
gcf	当前图形句柄	saveas	保存图形
hgload	分层加载句柄图形对象	shg	显示最近绘制的图形窗口

Figure 对象可以用于数据图形，也可以用于图形用户界面（Graphical User Interface，GUI）。这两个用途虽然可以彼此互相区分，但在操作时也可以同时使用。例如，在图形用户界面中也可以绘制数据图形。

1．用于数据图形

在 MATLAB 中，当不存在 Figure 对象时，使用绘制图形的命令（如 plot 和 surf 等）可以自动创建 Figure 对象。如果存在多个图形窗口，则其中总有一个被设置为当前图形窗口，用于输出图形。可以使用 gcf 相关命令来获取当前图形窗口的句柄。例如：

```
get(gcf)
```

也可以使用 Root 对象的 CurrentFigure 属性来获取当前 Figure 对象的句柄值；如果没有 Figure 对象，则会返回一个空值，如下面的命令：

```
get(0,'CurrentFigure')
```

【例 8-12】使用 surf() 函数创建 Figure 对象并绘图；绘图后进行属性设置，使绘制的球面更美观。

解：在编辑器窗口中输入以下语句。运行程序，输出图形如图 8-12 所示。

```
clear,clf
k=5;
n=2^k-1;
[x,y,z]=sphere(n);
c=hadamard(2^k);
surf(x,y,z,c);                    % 如图 8-12（a）所示
colormap([1  1  0; 0  1  1])
axis equal                        % 如图 8-12（b）所示
```

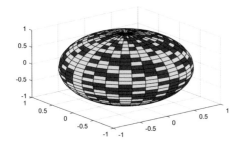
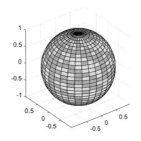

（a）创建 Figure 对象并绘图　　　　　　　（b）更改属性后

图 8-12　使用 surf 命令创建 Figure 对象并绘图示例

2. 用于图形用户界面

图形用户界面在交换程序中的使用很普遍，包括从最简单的提示框到极其复杂的交互界面。在使用 Figure 对象满足图形用户界面的需求时，可以对该对象的许多属性进行设置，包含但不限于如下属性：

- 显示或隐藏菜单栏（MenuBar）。
- 更改 Figure 对象标识名称（Name）。
- 控制用户对图形句柄的访问（HandleVisibility）。
- 创建回调函数用于用户调整图形时执行其他功能（ResizeFcn）。
- 控制工具栏的显示（Toolbar）。
- 设置快捷菜单（UIContextMenu）。
- 定义鼠标发生动作时的回调函数（WindowButtonDownFcn、WindowButtonMotionFcn、WindowButtonUpFcn）。
- 设置图形窗口风格（WindowStyle）。

8.4.2 Core 对象

在 MATLAB 中，Core 对象通常指的是一些基础或核心的原始对象，这些对象在 MATLAB 的许多应用程序中都是比较基础的对象。

与 Axes 对象不同，Core 对象为绘图元素，而 Axes 对象更侧重于代表数据。Core 对象如表 8-5 所示，其包括基本绘图元素（线、文本、多边形等）、特殊对象（面等）、图像及光线对象等。

表8-5　Core对象（原始对象）

对　象	操　作	对　象	操　作
AnimatedLine	线条动画的外观和行为	Polygon	多边形的外观和行为
Image	图像的外观和行为	Rectangle	矩形及椭圆的外观和行为
Light	光源（光线）的外观和行为	Surface	基本曲面的外观和行为
Line	基本线条的外观和行为	Text	坐标区文本的外观和行为
Patch	斑（补片）的外观和行为		

【例 8-13】使用 figure()、axes() 和 surface() 函数创建 3 个图形对象并设置其属性。

解：在编辑器窗口中输入以下语句。运行程序，输出图形如图 8-13 所示。

```
clear,clf
[x,y]=meshgrid([-2:.4:2]);
Z=x.*exp(-x.^2-y.^2);
fh=figure('Position',[350 275 400 300],'Color','w');
ah=axes('Color',[1 1 1],'XTick',[-2 -1 0 1 2],…
        'YTick',[-2 -1 0 1 2]);
sh=surface('XData',x,'YData',y,'ZData',Z,…
           'FaceColor',get(ah,'Color')-.2,…
           'EdgeColor','k','Marker','o',…
           'MarkerFaceColor',[.5 1 .85]);          %如图 8-13（a）所示
view(3)                                            %如图 8-13（b）所示
```

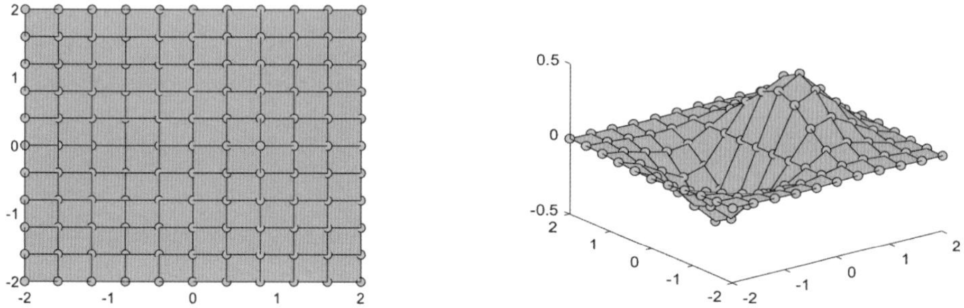

（a）二维视角　　　　　　　　　　　　　（b）三维视角

图 8-13　创建 Core 对象示例

8.4.3　Plot 对象

在 MATLAB 中，有许多高级绘图函数可以创建 Plot 对象（图表对象），而且使用这些 Plot 对象的属性值可以简单、快速地访问 Core 对象的重要属性值。Plot 对象可以是 Axes 对象或 Group 对象，如表 8-6 所示。

表8-6　Plot对象

对　象	目　的	对　象	目　的
Area	面积图的外观和行为	Quiver	箭头图的外观和行为
Bar	条形图的外观和行为	Scatter	散点图的外观和行为
BoxChart	箱线图的外观和行为	ScatterHistogramChart	散点直方图的外观和行为
Bubblechart	气泡图的外观和行为	StackedAxesProperties	堆叠图中各轴的外观和行为
Bubblecloud	气泡云的外观和行为	StackedLineChart	堆叠图的外观和行为
Contour	等高线图的外观和行为	StackedLineProperties	堆叠图中单个线条的外观和行为

（续表）

对　象	目　的	对　象	目　的
Errorbar	误差条图的外观和行为	Stair	阶梯图的外观和行为
GeographicBubbleChart	地理气泡图的外观和行为	Stem	针状图的外观和行为
Heatmapchart	热图的外观和行为	Surface	图曲面的外观和行为
Line	图形线条的外观和行为	WordCloudChart	词云图的外观和行为
ParallelCoordinatesPlot	平行坐标图的外观和行为		

【例 8-14】创建 Contour 对象和一个 Surf 对象。

解：在编辑器窗口中输入以下语句。运行程序，输出图形如图 8-14 所示，左图为 Contour 对象，右图为 Surf 对象。

```
clear,clf
[x,y,z]=peaks;
subplot(121)
[c,h]=contour(x,y,z);
set(h,'LineWidth',3,'LineStyle',':')
subplot(122)
surf(x,y,z)
```

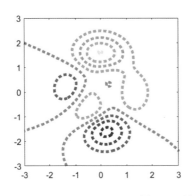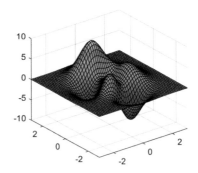

图 8-14　创建图形对象

使用 Plot 对象可以连接包含数据的 MATLAB 变量、表达式等。例如，Line 对象带有 XData、YData 和 ZData 属性的数据来源属性，也被称为 XDataSource、YDataSource 和 ZDataSource 属性。正确地使用数据来源属性，需要注意如下几点：

（1）设置数据来源属性的属性值为一个数据变量名。

（2）计算变量的最新值。

（3）调用 refreshdata 函数更新对象数据。

【例 8-15】通过连接数据实现所绘图形中数据的自动更新。

解：在编辑器窗口中输入以下语句。运行程序，输出图形如图 8-15 所示。

```
clear,clf
t=0:pi/20:2*pi;
y=exp(sin(t));
h=plot(t,y,'YDataSource','y');        % 如图 8-15（a）所示
for k=1:2
    y=exp(sin(t.*k));
    refreshdata(h,'caller')            % 重新计算 y
    drawnow;
    pause(.1)
end                                    % 如图 8-15（b）所示
```

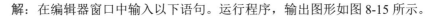

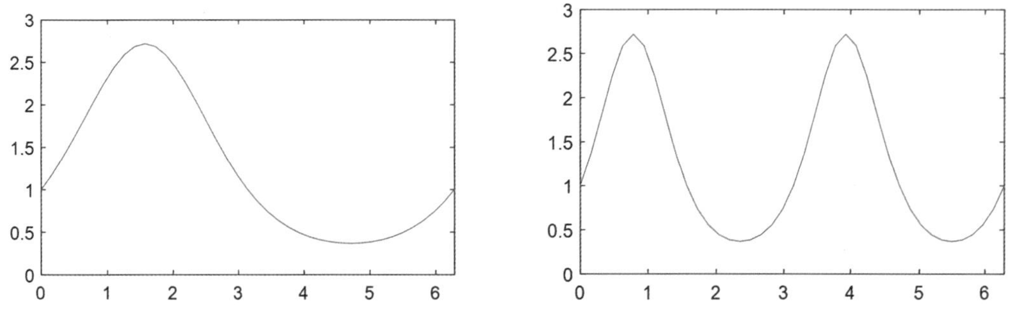

（a）原始数据绘图　　　　　　　　　（b）更新后数据绘图

图 8-15　连接数据示例

8.4.4　Group 对象

Group 对象提供对由 Axes 子对象构成的对象群进行统一操作的快捷方式。例如，可以设置对象群中所有的对象是否可见、设置可以一次选中所有对象等。Group 对象包括如下类型。

- hggroup 对象：用于同时创建对象群中的所有对象或控制所有对象的显示等，但在使用前需要用 hggroup 函数先行创建。
- hgtransform 对象：用于同时转换对象群中的所有对象，如进行旋转、平移和缩放等，但在使用前需要用 hgtransform 函数先行创建。

创建 Group 对象的方法很简单，只要将对象群中的对象设置为对象群的子对象即可，而对象群可以为 hggroup 对象或 hgtransform 对象。

【例 8-16】创建 hggroup 对象，对对象群进行消隐操作。

解： 在编辑器窗口中输入以下语句。运行程序，输出图形如图 8-16 所示。

```
clear,clf
hb=bar(rand(5));                        % 创建 5 个柱状序列对象，如图 8-16（a）所示
hg=hggroup;
set(hb(1:4),'Parent',hg)                % 设置柱状序列对象为 hggroup 对象的子对象
set(hg,'Visible','off')                 % 消隐对象群中的对象，如图 8-16（b）所示
```

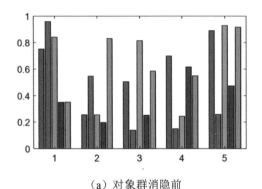
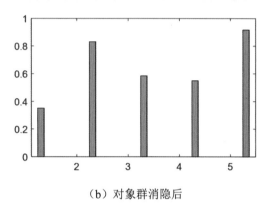

（a）对象群消隐前　　　　　　　　　　　　　　（b）对象群消隐后

图 8-16　创建 Group 对象示例

使用 hgtransform 对象可以方便地进行对象变换操作，变换采用的变换矩阵为 4×4 的矩阵，可用的变换包括旋转、平移、缩放、透视、倾斜等。关于变换的知识，可参考计算机图形学中的详细叙述和推导。

【例 8-17】使用 hgtransform 对象进行变换示例。

解： 在编辑器窗口中输入以下语句。运行程序，输出图形如图 8-17 所示。其中，图 8-17（a）所示为未进行变换的图形，图 8-17（b）所示为变换后的图形。

变换时先将图形沿 X 轴方向平移 –20，再绕 Y 轴旋转 –15°，最后沿 X 轴方向平移 20。

```
clear,clf
h=surf(peaks(40)); view(-20,30)         % 如图 8-17（a）所示
t=hgtransform;
set(h,'Parent',t)
ry_angle=-15*pi/180;                    % 旋转弧度
Ry=makehgtform('yrotate',ry_angle);    % 绕 Y 轴旋转矩阵
Tx1=makehgtform('translate',[-20 0 0]); % 沿 X 轴平移矩阵
Tx2=makehgtform('translate',[20 0 0]);  % 沿 X 轴平移矩阵
set(t,'Matrix',Tx2*Ry*Tx1)             % 如图 8-17（b）所示
```

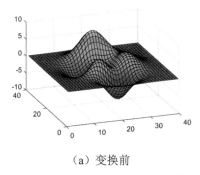

（a）变换前

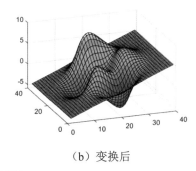

（b）变换后

图 8-17 对象变换示例

8.4.5 Annotation 对象

Annotation 对象即图形中的注释对象，在图形中使用 Annotation 对象可以使图形的组织更合理，并且更加容易理解。在图形中创建 Annotation 对象可以使用命令方式，也可以使用 GUI 方式。

使用 GUI 方式创建 Annotation 对象的操作非常简单，但需要大量的交互；而使用命令方式创建 Annotation 对象虽然不够直观，但使用效率更高，可以节省大量的时间。本小节着重介绍使用命令创建 Annotation 对象的实现方式。

Annotation 对象也是 Axes 对象中的一种，与一般的 Axes 对象不同的是，该对象隐藏了坐标轴。但在使用时，必须清楚地知道，其 Axes 对象的范围为整个图形窗口。

常见的 Annotation 对象包括箭头、双箭头、椭圆、线、矩形、文本箭头、文本框等。这些对象一般在最高层的 Axes 对象中显示。Annotation 对象的使用方式同其他对象的使用方式区别不大。

【例 8-18】创建一个注释矩形框，包括一幅图形中的两个子图。

解：在编辑器窗口中输入以下语句。运行程序，输出图形如图 8-18 所示。

```
clear,clf
% 创建图形
x=-2*pi:pi/12:2*pi;
y=x.^2;
subplot(2,2,1:2);plot(x,y)
y=x.^4;
h1=subplot(223);plot(x,y);
y=x.^5;
h2=subplot(224);plot(x,y)
```

```matlab
% 计算注释矩形框的位置和大小
p1=get(h1,'Position');
t1=get(h1,'TightInset');
p2=get(h2,'Position');
t2=get(h2,'TightInset');
x1=p1(1)-t1(1); y1=p1(2)-t1(2);
x2=p2(1)-t2(1); y2=p2(2)-t2(2);
w=x2-x1+t1(1)+p2(3)+t2(3); h=p2(4)+t2(2)+t2(4);

% 创建注释矩形框
annotation('rectangle',[x1,y1,w,h],…
           'FaceAlpha',.2,'FaceColor','red','EdgeColor','red');
```

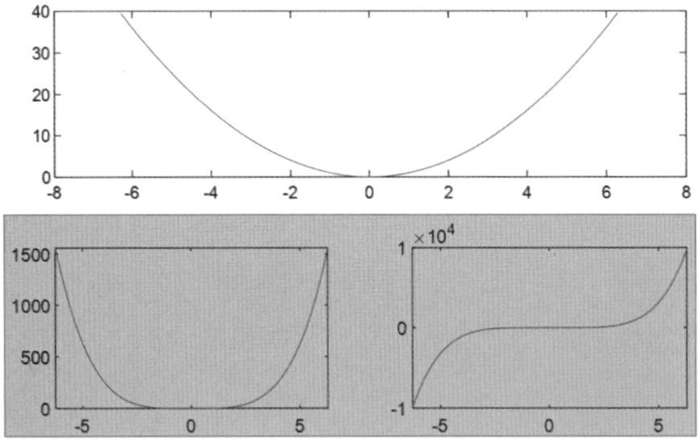

图 8-18 Annotation 对象使用示例

8.5 Axes 对象

在绘图时需要清楚地了解各个数据点的显示位置，在 MATLAB 中通过 Axes 对象可以实现该功能。Axes 属性控制 Axes 对象的外观和行为，通过更改属性值，可以修改坐标区的特定方面。

8.5.1 标签与外观

MATLAB 提供了许多用于控制外观的属性来控制坐标轴的显示，图 8-19 显示了部分属性，该图可以通过以下代码获得：

```matlab
[X,Y,Z]=peaks;
surf(X,Y,Z);                              % 在坐标轴上绘制 peaks 图
```

```
set(gca,'Color',[.9 .9 .9],…
        'GridLineStyle','--',…
        'GridColor','b',…
        'GridAlpha',0.8,…
        'ZTick',[-10 -5 0 5 10],…
        'ZTickLabel',{'-10','-5','Z=0 Plane','5','+10'},…
        'FontName','times',…
        'FontAngle','italic',…
        'FontSize',14,…
        'XColor',[0 0 .7],…
        'YColor',[0 0 .7],…
        'ZColor',[0 0 .7]);          % 坐标轴显示控制属性
title('z=f(x,y)');                   % 添加标题
xlabel('Value of X');
ylabel('Value of Y');
zlabel('Value of Z');                % 添加标签
```

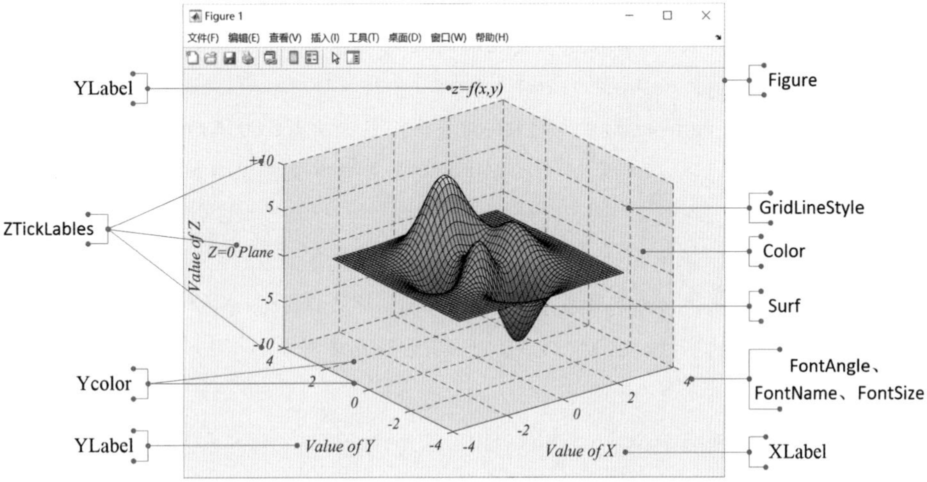

图 8-19　部分坐标轴显示控制属性

使用 xlabel、ylabel、zlabel 和 title 等函数可以创建坐标轴标签，但需要注意这些坐标轴标签设置函数只对当前坐标轴对象有效。也可以使用 set 函数进行设置，例如：

```
set(get(axes_handle,'XLabel'),'String','Values of X')
set(get(axes_handle,'YLabel'),'String','Values of Y')
set(get(axes_handle,'Title'),'String','\fontname{times}\itZ=f(x,y)')
```

对图形输出要求高的读者，可能需要用到字体设置，这时可以参考下面的设置方式：

```
set(get(h,'XLabel'),'String','Values of X',…
                    'FontName','times',…
```

```
'FontAngle','italic',…
'FontSize',14)
```

8.5.2 坐标轴位置

坐标轴 Axes 对象拥有多项与坐标区位置相关的属性，可用于控制坐标区大小以及标题和轴标签在图窗中的布局。

- OuterPosition：坐标区的外边界，包括标题、标签和边距。以 [left bottom width height] 形式的向量指定该属性，向量代表的含义如图 8-20 所示。left 和 bottom 值指示从图窗左下角到外边界左下角的距离。width 和 height 值指示外边界尺寸。默认值 [0 0 1 1] 包括容器的整个内部。

- Position：绘图所在的内坐标区的边界，不包括标题、标签和边距。以 [left bottom width height] 形式的向量指定此属性。

- TightInset：为 Position 属性值中的宽度和高度所添加的边距，指定为 [left bottom right top] 形式的向量。此属性是只读的。在添加轴标签和标题时，MATLAB 会更新这些值以适应文本。Position 和 TightInset 属性所定义的边界大小包含所有图形文本。

- PositionConstraint：Axes 对象的大小发生改变时保留下来的位置属性指定为 'outerposition' 或 'innerposition'。

- Units：位置单位。单位必须设置为 'normalized'（默认值）以启用自动调整坐标区大小。当位置单位为长度单位（如英寸或厘米）时，Axes 对象为固定大小。在设置位置时，需要注意设置位置使用的单位。在 MATLAB 中，可以使用多种单位：

```
set(gca,'Units')
[inches | centimeters | {normalized} | points | pixels ]
```

其中，{normalized} 为归一化的单位，为相对单位，其余均为绝对单位。

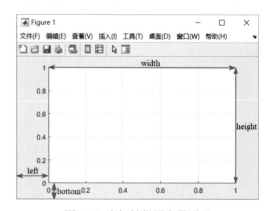

图 8-20 坐标轴位置向量说明

8.5.3　一图多轴

在一个图形窗口中创建多个坐标轴对象，最简单、使用最多的方法是使用 subplot() 函数自动计算和设置新的坐标轴对象的位置与大小。但 subplot() 函数不能满足更高级的使用需求，如在图形中设置相互重叠的坐标轴对象，以达到创建更有意义的图形的目的。在绘图过程中通过一图多轴可以实现如下目的。

- 在坐标轴外放置文本。
- 在同一个图形中显示不同缩放尺度的图形。
- 显示双坐标轴。

1. 在坐标轴外放置文本

在 MATLAB 中，默认文本对象均显示在坐标轴对象范围内，但有时需要在显示区域外创建文本，这时首先需要新建坐标轴并在新的坐标轴中创建文本对象，再进行显示。

【例 8-19】绘制两个坐标轴对象，并使用其中一个对象绘图，使用另一个对象放置注解文本。

解：在编辑器窗口中输入以下语句。运行程序，输出图形如图 8-21 所示。其中，图 8-21（a）所示为放置在当前坐标轴对象中的图形，图 8-21（b）所示为在另一个坐标轴对象中放置文本对象后的图形。

```
clear,clf
h=axes('Position',[0 0 1 1],'Visible','off');
axes('Position',[.25 .1 .7 .8])
t=0:900;
plot(t,0.25*exp(-0.005*t))                    %如图 8-21（a）所示
str(1)={'Plot of the function:'};
str(2)={' y=A{\ite}^{-\alpha{\itt}}'};
str(3)={'With the values:'};
str(3)={' A=0.25'};
str(4)={' \alpha=.005'};
str(5)={' t=0:900'};
set(gcf,'CurrentAxes',h)
text(.025,.6,str,'FontSize',12)               %如图 8-21（b）所示
```

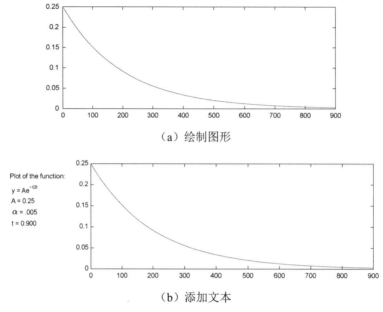

（a）绘制图形

（b）添加文本

图 8-21　在坐标轴外放置文本示例

2．在同一个图形中显示不同缩放尺度的图形

很多时候，如在需要放大图形或显示整体图形时，在同一个图形中显示不同缩放尺度的图形非常有意义。

【例 8-20】 在同一个图形中放置 5 个不同缩放尺度的球。

解： 在编辑器窗口中输入以下语句。运行程序，输出图形如图 8-22 所示。可以看出，每个图形都绘制在不同的坐标轴对象中；而从图 8-22（b）来看似乎是在一个坐标轴对象中绘制而成的。

```
clear,clf
h(1)=axes('Position',[0 0 1 1]);
sphere
h(2)=axes('Position',[0 0 .4 .6]);
sphere
h(3)=axes('Position',[0 .5 .5 .5]);
sphere
h(4)=axes('Position',[.5 0 .4 .4]);
sphere
h(5)=axes('Position',[.5 .5 .5 .3]);
sphere                          % 如图 8-22（a）所示
set(h,'Visible','off')          % 隐藏坐标轴，如图 8-22（b）所示
```

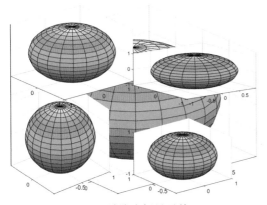
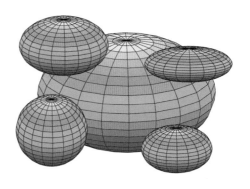

（a）消隐坐标显示前　　　　　　　　　　（b）消隐坐标显示后

图 8-22　在同一个图形中显示不同缩放尺度的图形示例

> 说明　在同一个图形中显示不同缩放尺度的图形时，消隐不需要的坐标就很重要。

3. 显示双坐标轴

使用 XAxisLocation 和 YAxisLocation 属性可以设置坐标轴标签与标度的显示位置，这样就可以在一个图形中创建两个不同的 X、Y 轴显示配对，因为每对显示只需要两个轴便能完成，而一个图形中有 4 个位置可供显示。这种技术在实际应用中有着较高的价值。

【例 8-21】双坐标轴显示示例。

解： 在编辑器窗口中输入以下语句。运行程序，输出图形如图 8-23 所示。

```
clear,clf
% 数据准备
x1=[0:.1:40];
y1=4.*cos(x1)./(x1+2);
x2=[1:.2:20];
y2=x2.^2./x2.^3;

% 显示第一个坐标轴对象
hl1=line(x1,y1,'Color','r');
ax1=gca;
set(ax1,'XColor','r','YColor','r')          % 如图 8-23（a）所示

% 添加第二个坐标轴显示对象
ax2=axes('Position',get(ax1,'Position'),…
        'XAxisLocation','top',…
        'YAxisLocation','right',…
        'Color','none',…
```

```
                            'XColor','k','YColor','k');
hl2=line(x2,y2,'Color','k','Parent',ax2)              % 如图 8-23 (b) 所示
xlimits1=get(ax1,'XLim');
ylimits1=get(ax1,'YLim');
xinc1=(xlimits1(2)-xlimits1(1))/5;
yinc1= (ylimits1(2)-ylimits1(1))/5;
xlimits2=get(ax2,'XLim');
ylimits2=get(ax2,'YLim');
xinc2=(xlimits2(2)-xlimits2(1))/5;
yinc2=(ylimits2(2)-ylimits2(1))/5;

% 设置标度显示
set(ax1,'XTick',[xlimits1(1):xinc1:xlimits1(2)],…
         'YTick',[ylimits1(1):yinc1:ylimits1(2)])    % 如图 8-23 (c) 所示
set(ax2,'XTick',[xlimits2(1):xinc2:xlimits2(2)],…
         'YTick',[ylimits2(1):yinc2:ylimits2(2)])    % 如图 8-23 (c) 所示

grid on                       % 显示栅格，如图 8-23 (d) 所示
```

上述基本绘图步骤如下：①分别建立坐标轴对象并分别绘制两个数据的图形；②调整刻度以使两者刻度对齐；③添加栅格以增强图形显示的效果。

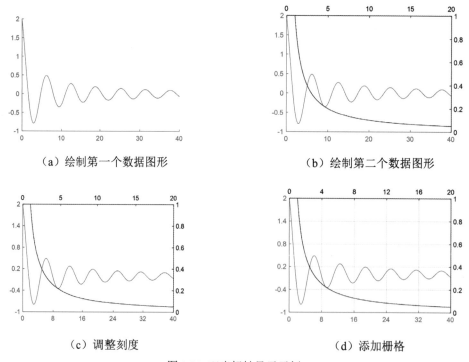

（a）绘制第一个数据图形　　　　　　　　（b）绘制第二个数据图形

（c）调整刻度　　　　　　　　　　　　（d）添加栅格

图 8-23 双坐标轴显示示例

8.5.4　坐标轴控制

很多时候，为了得到较好的显示效果，需要对坐标轴的相关属性（见表 8-7）进行设置，以达到控制坐标轴显示的目的。

表8-7　坐标轴控制相关属性

属　　性	目　　的
XLim、YLim、ZLim	设置坐标轴显示范围
XLimMode、YLimMode、ZLimMode	设置坐标轴显示控制模式
XTick、YTick、ZTick	设置刻度位置
XTickMode、YTickMode、ZTickMode	设置刻度位置控制模式
XTickLabel、YTickLabel、ZTickLabel	设置坐标轴标签
XTickLabelMode、YtickLabelMode、ZTickLabelMode	设置坐标轴标签控制模式
XDir、YDir、ZDir	设置增量方向

【例 8-22】实现坐标轴显示范围控制、标签设置等。

解：在编辑器窗口中输入以下语句。运行程序，输出图形如图 8-24 所示。

```
clear,clf
% 准备数据绘制图形
t=0:900;
plot(t,0.25*exp(-0.05*t))                          % 如图 8-24（a）所示
grid on
% 调整 X 轴显示范围
set(gca,'XLim',[0 100])                            % 如图 8-24（b）所示
% 调整 Y 轴显示刻度
set(gca,'YTick',[0 0.05 0.075 0.1 0.15 0.2 0.25])  % 如图 8-24（c）所示
% 使用字符串取代刻度值
set(gca,'YTickLabel',{'0','0.05','Cutoff','0.1',…
    '0.15','0.2','0.25'})                          % 如图 8-24（d）所示
```

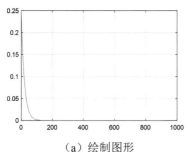

（a）绘制图形

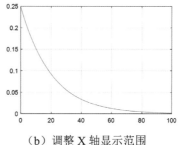

（b）调整 X 轴显示范围

图 8-24 坐标轴显示控制示例

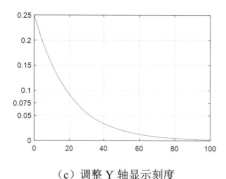 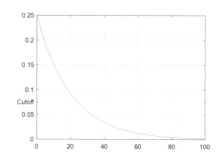

（c）调整 Y 轴显示刻度　　　　　　　　（d）使用字符串取代刻度值

图 8-24　坐标轴显示控制示例（续）

【例 8-23】实现坐标轴增量方向的逆转。

解：在编辑器窗口中输入以下语句。运行程序，输出图形如图 8-25 所示。

```
clear,clf
Z=peaks;
surf(Z)                                        % 如图 8-25（a）所示
set(gca,'XDir','rev','YDir','rev','ZDir','rev')   % 如图 8-25（b）所示
```

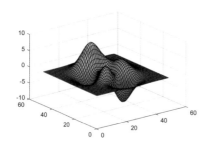 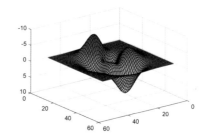

（a）坐标轴增量方向逆转前　　　　　　（b）坐标轴增量方向逆转后

图 8-25　坐标轴增量方向逆转控制示例

8.5.5 线条颜色控制

控制线条的显示颜色可以获得更好的绘图效果。在坐标轴对象中，与颜色相关的属性如表 8-8 所示。

表8-8　与颜色相关的属性

属　性	控制特征	属　性	控制特征
Color	坐标轴对象的背景颜色	CLim	调色板相关控制
XColor, YColor, ZColor	轴线、刻度、栅格项和标识颜色	CLimMode	调色板相关控制模式

（续表）

属 性	控 制 特 征	属 性	控 制 特 征
Title	标题颜色	ColorOrder	线颜色自动循环顺序
XLabel, YLabel, Zlabel	标签文本颜色	LineStyleOrder	线风格自动循环顺序

【例 8-24】将背景颜色设置为白色，并将这个图形使用黑白颜色表示。

解：在编辑器窗口中输入以下语句。运行程序，输出图形如图 8-26 所示。

```
clear,clf
% 设置轴对象中的背景颜色为白色，轴线颜色为黑色
set(gca,'Color','w',…
        'XColor','k',…
        'YColor','k',…
        'ZColor','k')
% 设置轴对象中的文本颜色为黑色
set(get(gca,'Title'),'Color','k')
set(get(gca,'XLabel'),'Color','k')
set(get(gca,'YLabel'),'Color','k')
set(get(gca,'ZLabel'),'Color','k')
% 设置图形对象的背景颜色为白色
set(gcf,'Color','w')
```

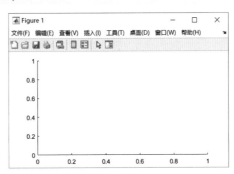

图 8-26 背景颜色设置

8.5.6 绘图操作

MATLAB 提供的 Axes 对象绘图操作命令如表 8-9 所示。

表8-9 Axes对象绘图操作命令

命 令 函 数	操 作	命 令 函 数	操 作
axis	设置轴线分度和外观	grid	绘制栅格网线
box	设置坐标轴对象边界	ishold	测试图形保留状态

（续表）

命 令 函 数	操　作	命 令 函 数	操　作
cla	清除当前坐标轴对象	makehgtform	创建4×4的变换矩阵
gca	获取当前坐标轴对象的句柄值	—	—

【例 8-25】使用 grid 命令添加网格线示例。

解：在编辑器窗口中输入以下语句。运行程序，输出图形如图 8-27 所示。

```
clear,clf
figure
subplot(2,2,1);plot(rand(1,20))
title('grid off')                    % 参考图 8-27 左上图
subplot(2,2,2);plot(rand(1,20))
grid on;
title('grid on')                     % 参考图 8-27 右上图
subplot(2,2,[3 4]);plot(rand(1,20))
grid(gca,'minor')
title('grid minor')                  % 参考图 8-27 下图
```

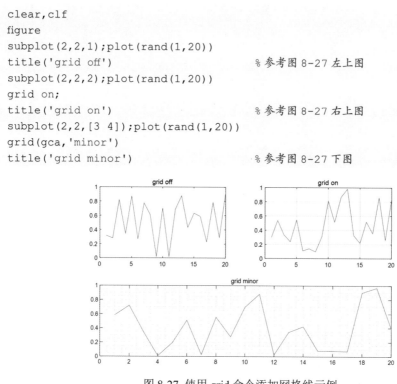

图 8-27　使用 grid 命令添加网格线示例

8.6　本章小结

图形对象是 MATLAB 用来创建可视化数据的组件，每个对象在图形显示中都具有特定角色。本章介绍了 MATLAB 中句柄图形对象的基本知识，包括句柄图形对象体系、句柄图形对象操作、句柄图形对象属性设置等。同时，结合示例详细讲解了句柄图形对象中的六大类型对象。

第 9 章

数据描述性分析

数据描述性分析是从样本数据出发，概括分析数据的集中位置、分散程度、相互关联关系以及数据分布的正态或偏态特征等。它是进行数据分析的基础，有时需要对不同类型量纲的数据进行变换，然后做出合的理分析。本章主要介绍样本数据的基本统计量、偏度与峰度、以及统计数据的可视化等内容。通过以直观的方式理解数据的分布和特征，从而更好地支持数据分析和解释。

9.1 基本统计量

描述性统计量是以定量方式描述数据样本的特性，如样本均值或标准差、方差、相关性等。在 MATLAB 中描述性统计量大致可以分为基本统计量、累积统计量、移动统计量 3 类。在 MATLAB 中，对数据进行描述性统计量计算的函数如表 9-1 所示。

表9-1 统计量

函 数	说 明	函 数	说 明
基本统计量			
max	最大值	mode	出现次数最多的值
mink	计算数组的k个最小元素	std	标准差
min	最小值	var	方差，用于度量值的分散程度
maxk	计算数组的k个最大元素	corrcoef	相关系数
bounds	数组的最小值和最大值	cov	协方差
mean	平均值或均值	xcorr	互相关
median	中位数值	xcov	互协方差
累积统计量			
cummax	累积最大值	cummin	累积最小值
移动统计量			
movmad	移动中位数绝对偏差	movprod	移动乘积
movmax	移动最大值	movstd	移动标准差
movmean	移动均值	movsum	移动总和
movmedian	移动中位数	movvar	移动方差
movmin	移动最小值		

9.1.1 均值（期望）

样本均值描述了数据取值的集中趋势（集中位置）。样本数据的平均值称为样本均值，记为：

$$\overline{x} = \frac{1}{n}\sum_{i=1}^{n} x_i$$

在 MATLAB 中，利用函数 mean() 可以计算均值，其调用格式如下：

```
M=mean(A)              % 返回 A 内长度大于 1 的第一个数组维度中所有元素的均值
                       % A 是向量，返回元素均值；A 为矩阵，返回包含每列均值的行向量
                       % A 是多维数组，计算长度大于 1 的第一个数组维度中所有元素的均值
M=mean(A,'all')        % 计算A 的所有元素的均值
M=mean(A,dim)          % 返回维度 dim 上的均值
M=mean(A,vecdim)       % 计算向量 vecdim 所指定的维度上所有元素的均值
M=mean(___,outtype)    % 指定数据类型（'default'、'double'、'native'）
M=mean(___,nanflag)    % 指定包括还是忽略 NaN 值
                       % 'includenan' 包括所有 NaN 值, 'omitnan' 则忽略 NaN 值
```

另外，在 MATLAB 中还可以利用函数 movmean() 计算移动均值，其调用格式如下：

```
M=movmean(A,k)    % 返回由局部 k 个数据点的均值组成的数组
                  % 每个均值是基于 A 的相邻元素的长度为 k 的滑动窗计算得出的
                  % k 为奇数时，以当前位置的元素为中心；K 为偶数时，以当前元素及其前一个元素为中心
                  % 当没有足够的元素时，窗口将自动在端点处截断，只根据窗口内的元素计算平均值
                  % 若 A 是向量，则沿该向量的长度运算
                  % 若 A 为多维数组，则计算长度大于 1 的第一个数组维度的移动均值
M=movmean(A,[kb kf])    % 通过长度为 kb+kf+1 的窗口计算均值
                        % 其中包括当前位置的元素、后面的 kb 个元素和前面的 kf 个元素
```

【例 9-1】 计算均值。

解：在命令行窗口中输入以下语句，运行程序并输出响应的结果。

```
>> A=[0 1 1; 2 3 2; 1 3 2; 4 2 2];
>> M=mean(A)                        % 计算每列的均值
M =
    1.7500    2.2500    1.7500
>> M=mean(A,2)                      % 计算每行的均值
M =
    0.6667
    2.3333
    2.0000
    2.6667
>> B=randi(10,[4,2,3]);            % 创建一个包含 1 到 10 之间整数的 4×2×3 数组
>> M=mean(B,1)                      % 沿第一个维度计算均值
M(:,:,1) =
    7.2500    5.5000
M(:,:,2) =
    5.2500    2.5000
M(:,:,3) =
    6.0000    6.7500
```

9.1.2 中位数

将样本数据按从小到大的次序排列，即 $x_1 \leqslant x_2 \leqslant \cdots \leqslant x_n$，则 $x_1, x_2, \cdots, x_n$ 称为样本数据的次序统计量。由次序统计量定义样本数据的中位数 M 为：

$$M = \begin{cases} x\left(\dfrac{n+1}{2}\right) & n \text{ 为奇数} \\[2ex] \dfrac{1}{2}\left(x_{\left(\frac{n}{2}\right)} + x_{\left(\frac{n}{2}+1\right)}\right) & n \text{ 为偶数} \end{cases}$$

在 MATLAB 中，利用函数 median() 可以计算中位数，其调用格式如下：

```
M=median(A)          % 返回 A 的中位数值，其本身在 A 的数值类中计算，如 class(M)=class(A)
                     % A 为向量，返回 A 的中位数；A 为非空矩阵，则将 A 的各列视为向量，并返回行向量
                     % A 为 0×0 空矩阵，返回 NaN
                     % A 为多维数组，则计算长度大于 1 的第一个数组维度中所有元素的中位数
M=median(A,'all')    % 计算 A 的所有元素的中位数
M=median(A,dim)      % 返回维度 dim 上各个元素的中位数
M=median(A,vecdim)   % 计算向量 vecdim 所指定的维度上所有元素的中位数
M=median(___,nanflag) % 指定包括还是忽略 NaN 值，如 'omitnan' 忽略所有 NaN 值
```

另外，在 MATLAB 中还可以利用函数 movmedian() 计算滑动中位数，其调用格式如下，参数说明同 movmean()。

```
M=movmedian(A,k)        % 返回由局部 k 个数据点的中位数值组成的数组
                        % 其中每个中位数基于 A 的相邻元素的长度为 k 的滑动窗计算得出
M=movmedian(A,[kb kf])  % 通过长度为 kb+kf+1 的窗口计算中位数
```

在 MATLAB 中，还提供了函数 movmad() 计算滑动中位数绝对偏差，其调用格式如下，参数说明同 movmean()。

```
M=movmad(A,k)        % 返回由局部 k 个数据点的中位绝对偏差 (MAD) 组成的数组
                     % 其中每个 MAD 均基于 A 的相邻元素的长度为 k 的滑动窗计算得出
M=movmad(A,[kb kf])  % 通过长度为 kb+kf+1 的窗口计算 MAD
```

【例 9-2】计算中位数。

解：在命令行窗口中输入以下语句，运行程序并输出响应的结果。

```
>> A=[0 1 1; 2 3 2; 1 3 2; 4 2 2];
>> M=median(A)                    % 计算每一列的中位数
M =
    1.5000    2.5000    2.0000
>> M=median(A,2)                  % 计算每一行的中位数
M =
    1
    2
    2
    2
>> B=[4 8 6 -1 -2 -3 -1 3];
>> M=movmedian(B,3)              % 向量的中心滑动中位数
M =
    6    6    6   -1   -2   -2   -1    1
>> M=movmedian(B,[2 0])          % 向量的尾部滑动中位数
M =
    4    6    6    6   -1   -2   -2   -1
```

9.1.3　方差

方差是描述数据取值分散性的一种度量，它是数据相对于均值的偏差平方的平均。样本数据的方差记为：

$$s^2 = \frac{1}{n-1}\sum_{i=1}^{n}\left(x_i - \overline{x}\right)^2 = \frac{1}{n-1}\left(\sum_{i=1}^{n}x_i^2 - n\overline{x}^2\right)$$

在 MATLAB 中，利用函数 var() 可以计算方差，其调用格式如下：

```
V=var(A)          % 返回 A 内长度大于 1 的第一个数组维度中所有元素的方差
                  % 若 A 是一个观测值向量，则方差为标量
                  % 若 A 是一个为随机变量、行为观测值的矩阵，则 V 是包含对应每列的方差的行向量
                  % 若 A 是一个多维数组，则计算长度大于 1 的第一个数组维度中所有元素的方差
                  % 默认情况下，方差按观测值数量 -1 实现归一化
                  % 若 A 是标量，则返回 0；若 A 是一个 0×0 的空数组，则将返回 NaN
V=var(A,w)        % 指定权重方案。如果 w=0（默认值），则 V 按观测值数量 -1 实现归一化
                  % 若 w=1，则它按观测值数量实现归一化。w 也可以是包含非负元素的权重向量
V=var(A,w,'all')  % 当 w 为 0 或 1 时，计算 A 的所有元素的方差
V=var(A,w,dim)    % 返回维度 dim 中所有元素的方差，w=0 时，则维持默认归一化
V=var(A,w,vecdim) % 当 w 为 0 或 1 时，计算向量 vecdim 内指定维度中所有元素的方差
V=var(___,nanflag)% 指定包括还是忽略 NaN 值
```

另外，在 MATLAB 中还可以利用函数 movvar() 计算滑动方差，其调用格式如下，参数说明同 movmean()。

```
M=movvar(A,k)         % 返回由局部 k 个数据点的方差值组成的数组
                      % 每个方差基于 A 的相邻元素的长度为 k 的滑动窗计算得出
M=movvar(A,[kb kf])   % 通过长度为 kb+kf+1 的窗口计算方差
```

【例 9-3】计算方差。

解：在命令行窗口中输入以下语句，运行程序并输出响应的结果。

```
>> A=[4 -7 3; 1 4 -2; 10 7 9];
>> var(A)                          % 计算方差
ans =
   21.0000   54.3333   30.3333
>> w=[0.5 0.25 0.25];
>> var(A,w)                        % 根据权重向量 w 计算其方差
ans =
   10.6875   40.1875   15.1875
>> var(A,0,2)                      % 沿第二个维度计算 A 的方差
ans =
```

```
          37.0000
           9.0000
           2.3333
```

9.1.4 标准差

方差的算术平方根称为标准差或根方差，即：

$$s = \sqrt{\frac{1}{n-1}\left(\sum_{i=1}^{n} x_i^2 - n\bar{x}^2\right)}$$

在 MATLAB 中，利用函数 std() 可以计算标准差，其调用格式如下：

```
S=std(A)          % 返回 A 内长度大于 1 的第一个数组维度中所有元素的标准差
                  % 若 A 是观测值的向量，则标准差为标量
                  % 若 A 是列为随机变量且行为观测值的矩阵，则 S 是包含与每列对应的标准差的行向量
                  % 若 A 是多维数组，则计算长度大于 1 的第一个数组维度内所有元素的标准差
                  % 默认情况下，标准差按 N-1 实现归一化，其中 N 是观测值数量
S=std(A,w)        % 指定权重方案。w 也可以是包含非负元素的权重向量
                  % 当 w=0（默认）时，S 按 N-1 进行归一化；w=1 时，S 按观测值数量 N 进行归一化
S=std(A,w,'all')  % 当 w 为 0 或 1 时，计算 A 的所有元素的标准差 S=std(A,w,dim)
S=std(A,w,dim)    % 维度 dim 返回标准差。w=0 时，则维持默认归一化
S=std(A,w,vecdim) % 当 w 为 0 或 1 时计算向量 ve cdim 中指定维度上所有元素的标准差
S=std(___,nanflag) % 包括还是忽略 NaN 值
```

另外，在 MATLAB 中还可以利用函数 movstd() 计算滑动标准差，其调用格式如下，参数说明同 movmean()。

```
M=movstd(A,k)        % 返回由局部 k 个数据点的标准差值组成的数组
                     % 每个标准差基于 A 的相邻元素的长度为 k 的滑动窗计算得出
M=movstd(A,[kb kf])  % 计算长度为 kb+kf+1 的窗口的标准差
```

变异系数是描述数据相对分散性的统计量，变异系数是一个无量纲的量，一般用百分数表示。其计算公式为：

$$v = s\sqrt{x} \quad \text{或} \quad v = s/|\bar{x}|$$

利用均值与标准差可以计算变异系数，如下所示：

```
v=std(x)./mean(x)
```

或

```
v=std(x)./abs(mean (x))       % 当输入 x 是矩阵时，输出 x 每列数据的变异系数
```

【例 9-4】计算标准差。

解：在命令行窗口中输入以下语句，运行程序并输出响应的结果。

```
>> A=[4 -5 1; 2 3 5; -9 1 7];
>> S=std(A)                        %计算每一列的标准差
S =
    7.0000    4.1633    3.0551
>> w=[1 1 0.5];
>> S=std(A,w)                      %根据权重向量 w 计算每一列的标准差
S =
    4.8826    3.6661    2.4000
>> B=[1.77 -0.005 3.98 -2.95 NaN 0.34 NaN 0.19];
>> S=std(B,'omitnan')             %计算其标准差，不包括 NaN 值
S =
    2.2797
```

9.1.5 高阶矩

样本的 k（$k=1,2,3,\cdots$）阶原点矩定义为：

$$a_k = \frac{1}{n}\sum_{i=1}^{n} x_i^k$$

样本的 k（$k=1,2,3,\cdots$）阶中心矩定义为：

$$b_k = \frac{1}{n}\sum_{i=1}^{n}\left(x_i - \bar{x}\right)^k$$

由均值函数 mean() 可编写计算 k 阶原点矩与中心矩的程序：

```
ak=mean(x.^k)                      %k 阶原点矩
bk=mean((x-mean(x)).^k)            %k 阶中心矩
```

在 MATLAB 中，还提供了函数 moment() 用于计算中心矩，其调用格式如下：

```
m=moment(X,order)        % 返回 X 指定阶数的中心矩
                         % 若 X 是一个向量，则返回一个标量值，即 X 中元素的 k 阶中心矩
                         % 若 X 是一个多维数组，则计算长度大于 1 的第一个维度所有元素的中心距
                         % 若 X 是一个多维数组，则沿着 X 的第一个非单一维度操作
m=moment(X,order,'all')  % 返回所有元素指定阶数的中心矩
m=moment(X,order,dim)    % 沿 X 的操作维度 dim 计算中心距
m=moment(X,order,vecdim) % 返回向量中 vecdim 指定维度上的中心矩
```

【例9-5】计算中心距。

解：在命令行窗口中输入以下语句。运行程序并输出响应的结果。

```
>> rng('default')
>> X=randn(6,5);
>> m=moment(X,3)                        % 计算 3 阶中心距
m =
   -1.1143   -0.9973    0.1234   -1.1023   -0.1045
>> bk=mean((X-mean(X)).^3)              % 利用 mean 函数计算 3 阶中心距
bk =
   -1.1143   -0.9973    0.1234   -1.1023   -0.1045
```

9.1.6 相关系数

在 MATLAB 中，利用函数 corrcoef() 可以计算相关系数，其调用格式如下：

```
R=corrcoef(A)            % 返回 A 的相关系数的矩阵，其中 A 的列表示随机变量，行表示观测值
R=corrcoef(A,B)          % 返回两个随机变量 A 和 B 之间的系数
[R,P]=corrcoef(___)      % 返回相关系数的矩阵和 p 值矩阵
                         % 用于测试观测到的现象之间没有关系的假设（原假设）
                         % 若 P 的非对角线元素小于显著性水平（默认为 0.05），
                         % 则 R 中的相应相关性被视为显著
[R,P,RL,RU]=corrcoef(___)    % 返回的矩阵包含每个系数的 95% 置信区间的下界和上界
```

【例9-6】计算相关系数。

解：在命令行窗口中输入以下语句。运行程序并输出响应的结果。

```
>> rng('default')
>> x=randn(6,1);
>> y=randn(6,1);
>> A=[x  y  2*y+3];
>> R1=corrcoef(A)                      % 计算矩阵的相关系数
R1 =
    1.0000   -0.6237   -0.6237
   -0.6237    1.0000    1.0000
   -0.6237    1.0000    1.0000
>> R2=corrcoef(x,y)                    % 计算两个随机向量间的相关系数矩阵
R2 =
    1.0000   -0.6237
   -0.6237    1.0000
```

9.1.7 协方差

在 MATLAB 中，利用函数 cov() 可以计算协方差，其调用格式如下：

```
C=cov(A)        % 返回协方差
                % 若 A 是由观测值组成的向量，则 C 为标量值方差
                % 若 A 的列为随机变量或行为观测值的矩阵，则 C 为对应列方差沿对角线排列的协方差矩阵
                %C 按观测值数量 −1 实现归一化，如果仅有一个观测值，则按 1 进行归一化
                % 若 A 是标量，则返回 0；若 A 是空数组，则返回 NaN
C=cov(A,B)          % 返回两个随机变量 A 和 B 之间的协方差
                    % 若 A、B 是长度相同的观测值向量，则返回 2×2 的协方差矩阵
                    % 若 A、B 是观测值矩阵，则将 A 和 B 视为向量，且等价于 cov(A(:),B(:))
                    % 若 A、B 为标量，则返回零的 2×2 块；若 A、B 为空数组，则返回 NaN 的 2×2 块
C=cov(___,w)       % 指定归一化权重
                    % 若 w=0（默认），则 C 按观测值数量 −1 实现归一化
                    % 若 w=1，则按观测值数量对其实现归一化
C=cov(___,nanflag)      % 计算中忽略 NaN 值
```

【例 9-7】计算协方差。

解：在命令行窗口中输入以下语句。运行程序并输出响应的结果。

```
>> A=[5 0 0 3 7; 1 -5 7 3; 4 9 8 10];
>> B=[5 2 6 1; -4 4 9 6; 2 0 -9 8];
>> C1=cov(A)                    % 计算矩阵的协方差
C1 =
    4.3333     8.8333    -3.0000     5.6667
    8.8333    50.3333     6.5000    24.1667
   -3.0000     6.5000     7.0000     1.0000
    5.6667    24.1667     1.0000    12.3333
>> C2=cov(A,1)                  % 计算按行数归一化的协方差
C2 =
    2.8889     5.8889    -2.0000     3.7778
    5.8889    33.5556     4.3333    16.1111
   -2.0000     4.3333     4.6667     0.6667
    3.7778    16.1111     0.6667     8.2222
>> cov(A,B)                     % 计算两个矩阵的协方差
ans =
   18.4242    -0.6364
   -0.6364    26.2727
```

9.1.8 互相关

在 MATLAB 中，利用函数 xcorr() 可以计算互相关，互相关测量向量 x 和移位（滞后）副本向量 y 之间的相似性，形式为滞后的函数。其调用格式如下：

```
r=xcorr(x,y)                      % 返回两个离散时间序列的互相关
              % 若 x 和 y 的长度不同，则函数会在较短向量的末尾添加零，使其长度与另一个向量相同
r=xcorr(x)                        % 返回 x 的自相关序列
              % 若 x 是矩阵，则 r 也是矩阵，其中包含 x 的所有列组合的自相关和互相关序列
r=xcorr(___,maxlag)               % 滞后范围限制为从 -maxlag 到 maxlag
r=xcorr(___,scaleopt)             % 为互相关或自相关指定归一化选项
[r,lags]=xcorr(___)               % 返回用于计算相关性的滞后
```

【例 9-8】 计算互相关，并绘图演示。

解： 在编辑器窗口中输入以下语句。运行程序，输出图形如图 9-1 所示。

```
n=0:15;
x=0.84.^n;
y=circshift(x,5);
subplot(1,3,1)
[c,lags]=xcorr(x,y);              % 向量的互相关
stem(lags,c)

subplot(1,3,2)
[c,lags]=xcorr(x);                % 向量的自相关
stem(lags,c)

subplot(1,3,3)
[c,lags]=xcorr(x,y,10,'normalized');   % 归一化的互相关
stem(lags,c)
```

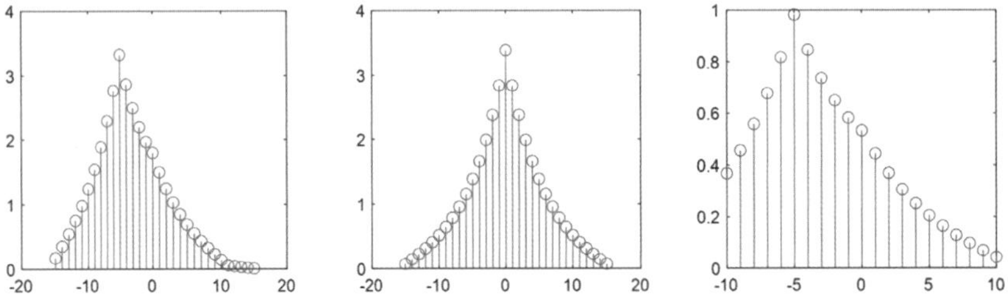

图 9-1 互相关演示

9.1.9 互协方差

在 MATLAB 中，利用函数 xcov() 可以计算互协方差，互协方差测量向量 x 和移位（滞后）副本向量 y 之间的相似性，形式为滞后的函数。其调用格式如下：

```
c=xcov(x,y)      % 返回两个离散时间序列的互协方差
              % 若 x 和 y 的长度不同，函数会在较短向量的末尾添加零，使其长度与另一个向量相同
```

```
c=xcov(x)              % 返回 x 的自协方差序列
                       % 若 x 是矩阵，则 c 是矩阵，其列包含 x 所有列组合的自协方差和互协方差序列
c=xcov(___,maxlag)     % 滞后范围设置为从 -maxlag 到 maxlag
c=xcov(___,scaleopt)   % 为互协方差或自协方差指定归一化选项
[c,lags]=xcov(___)     % 返回用于计算协方差的滞后
```

【例 9-9】 计算协方差，并绘图演示。

解： 在编辑器窗口中输入以下语句。运行程序，输出图形如图 9-2 所示。

```
rng default
x=rand(20,1);
y=circshift(x,3);
subplot(1,3,1)
[c,lags]=xcov(x,y);                           % 计算互协方差
stem(lags,c)

subplot(1,3,2)
[c,lags]=xcov(x);                             % 计算自协方差
stem(lags,c)

subplot(1,3,3)
x=randn(1000,1);
maxlag=10;
[c,lags]=xcov(x,maxlag,'normalized');         % 计算 -10≤m≤10 时估计的自协方差
stem(lags,c)
```

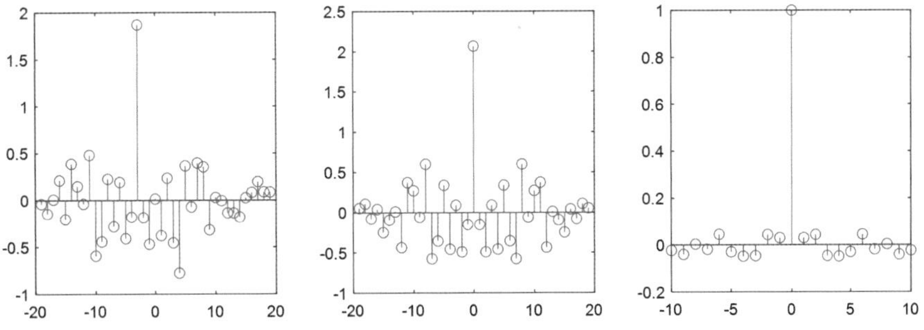

图 9-2　互协方差演示

9.2 偏度与峰度

偏度与峰度是样本数据分布特征和正态分布特征比较而引入的概念。下面介绍在 MATLAB 中如何计算偏度与峰度。

9.2.1 偏度

偏度是用于衡量分布的非对称程度或偏斜程度的数字特征。样本数据的偏度定义为：

$$sk = \frac{b_3}{b_2^{3/2}} = \frac{\frac{1}{n}\sum_{i=1}^{n}(x_i - \overline{x})^3}{\left(\sqrt{\frac{1}{n}\sum_{i=1}^{n}(x_i - \overline{x})^2}\right)^3}$$

样本数据修正的偏度定义为：

$$sk = \frac{n^2 b_3}{(n-1)(n-2)s^3}$$

其中，b_2、b_3、s 分别表示样本的 2、3 阶中心矩与标准差。

当 $sk>0$ 时，称数据分布右偏，此时均值右边的数据比均值左边的数据更散，分布的形状是右长尾的；当 $sk<0$ 时，称数据分布左偏，均值左边的数据比均值右边的数据更散，分布的形状是左长尾的；当 sk 接近 0 时，称分布无偏倚，即认为分布是对称的。正态分布的样本数据的偏度接近 0，若样本数据的偏度与零相差较大，则可初步拒绝样本数据来自正态分布总体。

通常，数据分布右偏时，算术平均数 > 中位数 > 众数；左偏时相反，众数 > 中位数 > 算术平均数。

在 MATLAB 中，利用函数 skewness() 可以返回样本数据的偏度，其调用格式如下：

```
y=skewness(X)              % 返回 X 的样本偏度
                           % 若 X 是一个向量，则返回一个标量值，即 X 中元素的偏度
                           % 若 X 是一个矩阵，则返回一个行向量，包含 X 中每列的样本偏度
                           % 若 X 是一个多维数组，则计算长度大于 1 的第一个维度内所有元素的偏度
y=skewness(X,flag)              % 指定是否校正偏差（flag=0）或不校正（flag=1，默认）
y=skewness(X,flag,'all')       % 返回所有元素的偏度
y=skewness(X,flag,dim)         % 返回沿着维度 dim 的偏度
y=skewness(X,flag,vecdim)      % 返回在向量 vecdim 中指定的维度上的偏度
```

【例 9-10】计算样本数据的偏度。

解：在命令行窗口中输入以下语句。运行程序并输出响应的结果。

```
>> rng('default')
>> X=randn(5,4);
```

```
>> Y1=skewness(X)                                        % 计算 X 的样本偏度
Y1 =
    -0.9362      0.2333      0.4363      -0.4075
>> Y2=skewness(X,0)                                      % 计算变量 X 的校正偏度
Y2 =
    -1.3956      0.3478      0.6503      -0.6075
```

9.2.2 峰度

峰度是用来衡量数据尾部分散性的指标。样本数据的峰度定义为：

$$ku = \frac{b_4}{b_2^2} - 3 = \frac{\dfrac{1}{n}\sum_{i=1}^{n}\left(x_i - \overline{x}\right)^4}{\left[\dfrac{1}{n}\sum_{i=1}^{n}\left(x_i - \overline{x}\right)^2\right]^2} - 3$$

样本数据修正的峰度定义为：

$$ku = \frac{n^2(n+1)b_4}{(n-1)(n-2)(n-3)s^4} - \frac{3(n-1)^2}{(n-2)(n-3)}$$

其中，b_4、s 分别表示样本数据的 4 阶中心矩与标准差。

当数据的总体分布是正态分布时，峰度近似为 0；与正态分布相比较，当峰度大于 0 时，数据中含有较多远离均值的极端数值，称数据分布具有平峰厚尾性；当峰度小于 0 时，表示均值两侧的极端数值较少，称数据分布具有尖峰细尾性。在金融时间序列分析中，通常需要研究数据是否有尖峰、厚尾等特性。

在 MATLAB 中，利用函数 kurtosis() 可以返回样本数据的峰度，其调用格式如下：

```
k=kurtosis(X)              % 返回 X 的样本峰度
                           % 若 X 是一个向量，则返回一个标量值，即 X 中元素的峰度
                           % 若 X 是一个矩阵，则返回一个行向量，包含 X 中每列的样本峰度
                           % 若 X 是一个多维数组，则计算长度大于 1 的第一个维度内所有元素的峰度
k=kurtosis(X,flag)         % 指定是否校正偏差（flag=0）或不校正（flag=1，默认）
k=kurtosis(X,flag,'all')       % 返回 X 的所有元素的峰度
k=kurtosis(X,flag,dim)         % 返回沿着 X 的操作维度 dim 的峰度
k=kurtosis(X,flag,vecdim)      % 返回在向量 vecdim 中指定的维度上的峰度
```

【例 9-11】计算样本数据的峰度。

解：在命令行窗口中输入以下语句。运行程序并输出响应的结果。

```
>> rng('default')
>> X=randn(5,4);
>> k1=kurtosis(X)                      % 计算 X 的样本峰度
k1 =
    2.7067    1.4069    2.3783    1.1759
>> k2=kurtosis(X,0)                    % 计算 X 的校正样本峰度
k2 =
    5.8268    0.6275    4.5133   -0.2962
```

9.3 统计数据可视化

在前面的章节中已经介绍过部分分布图在 MATLAB 中的绘制方法，本节继续介绍一些特殊的统计图的绘制。

9.3.1 Andrews 图

Andrews 图通过连续虚拟变量 t 上的函数 $f(t)$ 来表示每个观察值，该虚拟变量 t 的区间为 $[0,1]$。对于 X 中的第 i 个观察值，$f(t)$ 定义为：

$$f(t) = \frac{2X_{i,1}}{\sqrt{2}} + X_{i,2}\sin(2\pi t) + X_{i,3}\cos(2\pi t) + \cdots$$

在 MATLAB 中，利用函数 andrewsplot() 可以创建 Andrews 图，读者可以选择标准化数据，使用主成分分析结果创建图形，并在图中绘制中位数和分位数。其调用格式如下：

```
andrewsplot(X)          % 创建矩阵 X 中多变量数据的 Andrews 图，X 的行对应观察值，列对应变量
                        % 将 X 中的 NaN 值视为缺失值，并忽略相应的行
andrewsplot(X,…,'Standardize',standopt)      % standopt 是以下选项之一
                        % 'on'：在绘制之前将 X 的每列标准化为均值为 0 和标准差为 1（见 pca）
                        % 'PCA'：使用 X 的主成分分数创建 Andrews 图，按降序排列（见 pca）
                        % 'PCAStd'：使用标准化的主成分分数创建 Andrews 图
andrewsplot(X,…,'Quantile',alpha)
                        % 仅在每个 t 的值处绘制 f(t) 的中位数、alpha 和（1-alpha）分位数
andrewsplot(X,…,'Group',group)              % 使用不同的颜色绘制不同组的数据
                        % 组由 group 定义，group 是一个包含每个观察值的组索引的数值数组
andrewsplot(X,…,'PropName',PropVal,…)       % 设置 Line 属性值
```

【例 9-12】使用 Fisher's iris 数据集演示以可视化分组的样本数据创建 Andrews 图。

解：在编辑器窗口中输入以下语句。运行程序，输出图形如图 9-3 所示。

```
load fisheriris                           % 载入样本数据
subplot(1,2,1)

andrewsplot(meas,'group',species)         % 创建一个 Andrews 图，按物种分组样本数据
subplot(1,2,2)
andrewsplot(meas,'group',species,'quantile',0.25)
                                          % 仅显示每个组的中位数和四分位数
```

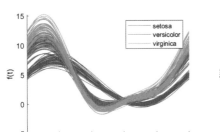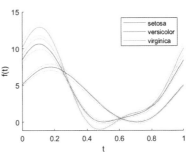

图 9-3 Andrews 图

9.3.2 平行坐标图

平行坐标图可以实现高维数据的可视化，其中每个观察值由其坐标值的序列表示，这些值相对于它们的坐标索引进行绘制。在 MATLAB 中，利用函数 parallelcoords() 可以绘制平行坐标图，其调用格式如下：

```
parallelcoords(x)                         % 创建矩阵 x 中多变量数据的平行坐标图
parallelcoords(x,Name,Value)              % 使用一个或多个 Name,Value 键值对参数
```

> **说明** 前文中已经介绍过利用 parallelplot() 函数绘制平行坐标图，这两个函数实现的功能基本一致，读者根据需要选择即可。

【例 9-13】使用 Fisher's iris 数据集演示平行坐标图的创建。

解：在编辑器窗口中输入以下语句。运行程序，输出图形如图 9-4 所示。

```
load fisheriris          % 载入样本数据
labels={'Sepal Length','Sepal Width','Petal Length','Petal Width'};
                         % 创建一个单元数组，其中包含样本数据中每个测量变量的名称
parallelcoords(meas,'Group',species,'Labels',labels)
                         % 使用 meas 中的测量数据创建一个平行坐标图
                         % 使用 species 为每个组使用不同的颜色，使用 labels 标签化水平轴上的变量名称
```

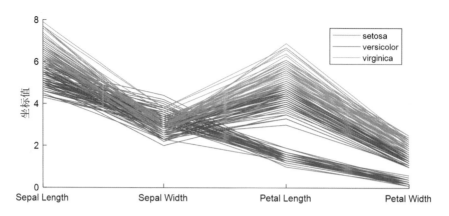

图 9-4 平行坐标图

9.3.3 双标图

在 MATLAB 中，利用函数 biplot() 可以创建双标图，其调用格式如下：

```
biplot(coefs)      % 创建矩阵 coefs 中的系数双标图，坐标轴代表列，矢量代表行（观测变量）
                   % 若 coefs 有两列，则双标图是二维的；若有三列，则是三维的
biplot(coefs,Name,Value)      % 使用"名称 - 值"对组参数
                   % 如指定 'Positive','true' 以将双标图限制在正象限（二维）或正八卦区域（三维）
```

【例 9-14】使用 carsmall 数据集创建第一、二、三主成分系数以及观测值和观测变量的双标图。

解：在编辑器窗口中输入以下语句。运行程序，输出图形如图 9-5 所示。

```
load carsmall                  % 载入样本数据
X=[Acceleration Displacement Horsepower MPG Weight];
                               % 创建包含 4 个变量的矩阵
X=rmmissing(X);                % 删除具有缺失值的矩阵行
Z=zscore(X);                   % 标准化数据
[coefs,score]=pca(Z);          % 进行主成分分析
        % 矩阵 coefs 包含主成分系数（每个主成分一个列），score 包含主成分得分（观测值）
subplot(1,2,1)
biplot(coefs(:, 1:3))          % 创建第一、二、三主成分系数的双标图
                               % 双标图的坐标轴表示 coefs 的列，矢量表示 coefs 的行
box

subplot(1,2,2)
```

```
vbls={'Accel','Disp','HP','MPG','Wgt'};        % Labels for the variables
biplot(coefs(:,1:3),…
       'Scores',score(:,1:3),…                 % 将观测值绘制在第一、二、三主成分的空间中
       'VarLabels',vbls);                       % 用于标注每个变量
box
```

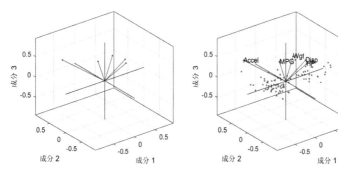

图 9-5　双标图

【例 9-15】使用 fisheriris 数据集创建特殊坐标轴的双标图。

解：在编辑器窗口中输入以下语句。运行程序，输出图形如图 9-6 所示。

```
load fisheriris
Z=zscore(meas);                              % 载入 fisheriris 数据集
[coefs,scores]=pca(Z);                       % 主成分分析

figure('Units','normalized','Position',[0.3 0.3 0.3 0.5])
variables={'SepalLength','SepalWidth','PetalLength','PetalWidth'};
ax1=subplot(1,2,1);
biplot(ax1,coefs(:,1:2),'Scores',scores(:,1:2),'VarLabels',variables);
                                             % 使用前两个主成分显示双标图

ax2=subplot(1,2,2);
biplot(ax2,coefs(:,3:4),'Scores',scores(:,3:4),'VarLabels',variables);
                                             % 使用第三和第四个主成分显示双标图

xlim(ax1,[-1 1])
ylim(ax1,[-1 1])
xlim(ax2,[-1 1])
ylim(ax2,[-1 1])
xlabel(ax2,' 成分 3')
ylabel(ax2,' 成分 4')
```

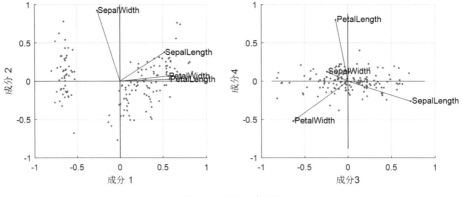

图 9-6 显示双标图

9.3.4 经验累加分布图

经验分布函数（样本分布函数）图是阶梯状图，反映了样本观测数据的分布情况。经验分布函数的表达式为：

$$F_n(x) = \begin{cases} 0, & x < x_{(l)} \\ \sum_{x_{(i)} \leqslant x} f_i, & x_{(i)} \leqslant x < x_{(i+1)}, \quad i = 1, 2, \cdots, l-1 \\ 1, & x \geqslant x_{(l)} \end{cases}$$

在 MATLAB 中，利用函数 cdfplot() 可以绘制样本经验分布函数图，其调用格式如下：

```
cdfplot(x)              % 为数据 x 创建经验累积分布函数（cdf）图
                        % 对于 x 中的值 t，经验 cdfF(t) 是小于或等于 t 的值在 x 中的比例
h=cdfplot(x)            % 返回经验 cdf 绘图线对象的句柄
[h,stats]=cdfplot(x)    % 返回一个包含 x 数据的摘要统计信息的结构体
```

在 MATLAB 中，利用函数 ecdf() 也可以绘制样本经验分布函数图，与利用函数 cdfplot() 的不同之处在于，该函数使用 Greenwood 公式估计的 95% 置信区间进行绘制。其调用格式如下：

```
ecdf(y)                 % 产生一个经验累积分布函数的阶梯状图
[f,x]=ecdf(y)           % 返回在数据 y 中评估的经验累积分布函数 f，x 为取值点
[f,x]=ecdf(y,Name,Value)  % 使用一个或多个"名称－值"对组参数
                        % 如 'Function','survivor' 指定 f 的函数类型为生存函数
[f,x,flo,fup]=ecdf(___)   % 返回评估函数值的下限和上限置信区间
```

【例9-16】比较经验累积分布函数和样本数据集潜在分布的理论累积分布函数。

解：在编辑器窗口中输入以下语句。运行程序，输出图形如图9-7所示。

```
subplot(1,2,1)
rng('default')                               % 确保数据可重复
y=evrnd(0,3,100,1);                          % 生成极值分布随机样本数据集
cdfplot(y)                                   % 经验累积分布函数，使用 cdfplot 函数
hold on
x=linspace(min(y),max(y));
plot(x,evcdf(x,0,3))                         % 理论累积分布函数
legend('Empirical CDF','Theoretical CDF','Location','best')
hold off

subplot(1,2,2)
ecdf(y,'Bounds','on')                        % 经验累积分布函数，使用 ecdf 函数
hold on
plot(x,evcdf(x,0,3))                         % 理论累积分布函数
grid on
title('Empirical CDF')
legend('Empirical CDF','Lower Confidence Bound',…
       'Upper Confidence Bound','Theoretical CDF','Location','best')
hold off
```

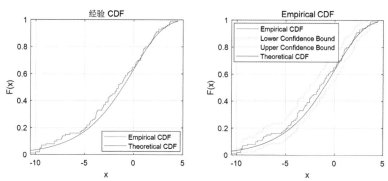

图 9-7 经验累积分布函数

9.3.5 Q-Q 图（分位数图）

在 MATLAB 中，利用函数 qqplot() 可以绘制 Q-Q 图，其调用格式如下：

```
qqplot(x)        % 显示样本数据 x 的分位数－分位数图，分位数来自正态分布的理论分位值
                 % 如果 x 的分布是正态的，那么数据看起来是线性的
                 % 使用加号 ('+') 标记绘制 x 中的每个数据点，并绘制代表理论分布的参考线
```

```
qqplot(x,pd)          % 分位数来自由概率分布对象 pd 指定的理论分位值
                      % 若 x 的分布与 pd 指定的分布相同，则图表看起来是线性的
qqplot(x,y)           % 显示样本数据 x 的分位数 - 分位数图，其中分位数来自样本数据 y
                      % 若样本来自相同的分布，则图表看起来是线性的
qqplot(___,pvec)      % 使用向量 pvec 指定的分位数显示分位数 - 分位数图
```

【例 9-17】根据 gas 数据集，通过 Q-Q 图确定样本数据是否符合正态分布。
样本数据中的 price1 和 price2 表示 20 个不同加油站的汽油价格。

解： 在编辑器窗口中输入以下语句。运行程序，输出图形如图 9-8 所示。两张图表均呈现线性关系，左图表明汽油价格符合正态分布，右图暗示两组样本数据具有相同的分布。

```
load gas
subplot(1,2,1)
qqplot(price1)

subplot(1,2,2)
qqplot(price1,price2);
```

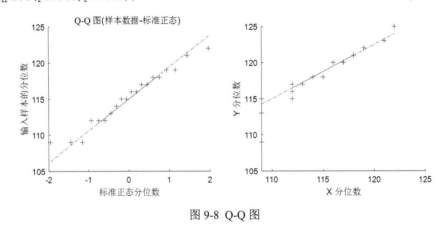

图 9-8 Q-Q 图

9.3.6 箱线图

在 MATLAB 中，利用函数 boxplot() 可以绘制箱线图，其调用格式如下：

```
boxplot(x)        % 创建 x 中数据的箱线图，离群值会使用 '+' 标记符号单独绘制
                  % 若 x 是向量，则绘制一个箱子；若 x 是矩阵，则为 x 的每列绘制一个箱子
boxplot(x,g)      % 使用 g 中包含的一个或多个分组变量创建箱线图
```

> **说明** 前文中已经介绍过利用 boxchart() 函数绘制箱线图，这两个函数的功能基本一致，读者根据需要选择即可。

【例 9-18】绘制箱线图。

解：在编辑器窗口中输入以下语句。运行程序，输出图形如图 9-9 所示。

```
load carsmall          % 加载样本数据
subplot(2,2,1)
boxplot(MPG)           % 根据样本数据创建每加仑英里数 (MPG) 测量值的箱线图
xlabel('All Vehicles')
ylabel('Miles per Gallon (MPG)')
title('Miles per Gallon for All Vehicles')

subplot(2,2,2)
boxplot(MPG,Origin)    % 创建每加仑英里数 (MPG) 测量值的箱线图，按车辆的原产地分组
title('Miles per Gallon by Vehicle Origin')
xlabel('Country of Origin')
ylabel('Miles per Gallon (MPG)')

rng default
x1=normrnd(5,1,100,1);
x2=normrnd(6,1,100,1);
subplot(2,2,3)
boxplot([x1,x2],'Notch','on','Labels',{'mu=5','mu=6'})
                       % 创建 x1 和 x2 的带缺口的箱线图，利用对应的 mu 值对每个箱子加标签
title('Compare Random Data from Different Distributions')

subplot(2,2,4)
boxplot([x1,x2],'Notch','on','Labels',{'mu=5','mu=6'},'Whisker',1)
title('Compare Random Data from Different Distributions')
```

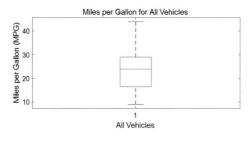
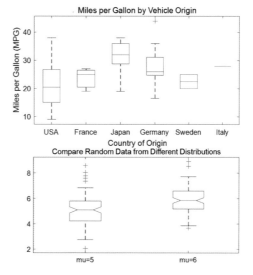
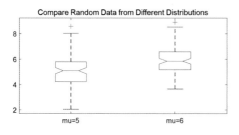

图 9-9　箱线图

9.4 本章小结

　　本章深入探讨了数据描述性分析的多个方面，涵盖了基本统计量、高阶矩、相关性和协方差、偏度与峰度等概念。通过讲解统计可视化方法，帮助读者以直观的方式理解数据的特征和分布。这些工具为数据科学家、研究人员和决策者提供了深入了解数据的手段，为后续的数据分析和建模提供了坚实的基础。由本章学到的概念和技能将在数据科学和统计学的实践中发挥重要作用。

第 **10** 章

插值与拟合

插值与拟合是数据科学和工程领域中不可或缺的技术，它们提供了从离散数据中提取连续信息的工具。本章将探究数据插值和曲线拟合在 MATLAB 中的基本实现方法，包括一维、二维、三维和多维数据插值方法，以有多项式拟合和利用 MATLAB 提供的强大工具进行拟合等。

10.1 数据插值

数据插值是指在给定基准数据的情况下，研究如何平滑地估算出基准数据之间其他点的函数数值。MATLAB 提供了大量的插值函数，保存在 MATLAB 的 polyfun 子目录下。

10.1.1 一维插值

一维插值是进行数据分析的重要方法，在 MATLAB 中，一维插值有基于多项式的插值和基于快速傅里叶的插值两种类型。一维插值就是对一维函数 $y = f(x)$ 进行插值。

在 MATLAB 中，采用函数 interp1() 实现一维多项式插值，该函数找出一元函数 *f(x)* 在中间点的数值，其中函数 *f(x)* 由所给数据决定。其调用格式如下：

```
vq=interp1(x,v,xq)                    % 使用线性插值返回一维函数在特定查询点的插入值
                                      % 向量 x 包含样本点，v 对应值 v(x)，xq 包含查询点的坐标
vq=interp1(x,v,xq,method)                     % 指定备选插值方法 method
vq=interp1(x,v,xq,method,extrapolation)       % 指定外插策略计算落在 x 域范围外的点
            % extrapolation 设置为 'extrap' 可以使用 method 算法进行外插
            % extrapolation 指定一个标量值，将为所有落在 x 域范围外的点返回该标量值

vq=interp1(v,xq)              % 返回插入值，并假定 x=1:N，N 为向量 V 的长度，或矩阵 V 的行数
vq=interp1(v,xq,method)                       % 指定备选插值方法 method
vq=interp1(v,xq,method,extrapolation)         % 指定外插策略
pp=interp1(x,v,method,'pp')           % 使用 method 算法返回分段多项式形式的 v(x)
```

> **说明** 函数 interp1() 使用多项式技术计算数据点间的内插值，即通过提供的数据点利用多项式函数计算目标插值点上的插值函数值。

一维插值备选插值方法 method 包括 'linear'（默认）、'nearest'、'next'、'previous'、'pchip'、'cubic'、'v5cubic'、'makima' 或 'spline'。

（1）'linear'：线性插值。该方法采用直线连接相邻的两点，为 MATLAB 系统中采用的默认方法，对超出范围的点将返回 NaN。

（2）'nearest'：邻近点插值。该方法在已知数据的最邻近点设置插值点，对插值点的数值采用四舍五入的方法处理，对超出范围的点将返回一个 NaN（Not a Number）。

（3）'next'：下一个邻近点插值。在查询点插入的值是下一个抽样网格点的值。

（4）'previous'：上一个邻近点插值。在查询点插入的值是上一个抽样网格点的值。

（5）'pchip'：分段三次 Hermite 插值。对查询点的插值是基于邻点网格点处数值的保形分段三次插值。

（6）'cubic'：与分段三次 Hermite 插值相同，用于 MATLAB 5 的三次卷积。

（7）'v5cubic'：使用一个三次多项式函数对已知数据进行拟合，同 'cubic'。

（8）'makima'：修正 Akima 三次 Hermite 插值。在查询点插入的值基于次数最大为 3 的多项式的分段函数。

（9）'spline'：三次样条插值。使用非节点终止条件的样条插值，对查询点的插值基于各维中邻近点网格点处数值的三次插值。

>
> ⊞ **说明**　对于超出 x 范围的 xq 的分量，使用方法 'nearest'、'linear'、'v5cubic' 的插值算法，相应地返回 NaN。对于其他方法，interp1 将对超出的分量执行外插值算法。

【例 10-1】已知当 $x=0{:}0.3{:}3$ 时，函数 $y=(x^2-4x+2)\sin(x)$ 的值，对 $xi=0{:}0.01{:}3$ 采用不同的插值方法进行插值。

解　在编辑器窗口中输入以下语句。运行程序，输出结果如图 10-1 所示。由图 10-1 可以看出，采用邻近点插值时，数据的平滑性最差，得到的数据不连续。

```
clear, clc
x=0:0.3:3;
y=(x.^2-4*x+2).*sin(x);
xi=0:0.01:3;                                    % 要插值的数据
hold on;
subplot(231);plot(x,y,'ro');                   % 绘制数据点
title(' 已知数据点 ');

yi_nearest=interp1(x,y,xi,'nearest');          % 邻近点插值
subplot(232);plot(x,y,'ro',xi,yi_nearest,'b-');% 绘制插值结果
title(' 邻近点插值 ');
yi_linear=interp1(x,y,xi);                     % 默认为线性插值
subplot(233);plot(x,y,'ro',xi,yi_linear,'b-'); % 绘制插值结果
title(' 线性插值 ');
yi_spine=interp1(x,y,xi,'spline');             % 三次样条插值
subplot(234);plot(x,y,'ro',xi,yi_spine,'b-');  % 绘制插值结果
title(' 三次样条插值 ');
yi_pchip=interp1(x,y,xi,'pchip');              % 分段三次 Hermite 插值
subplot(235);plot(x,y,'ro',xi,yi_pchip,'b-');  % 绘制插值结果
title(' 分段三次 Hermite 插值 ');
yi_v5cubic=interp1(x,y,xi,'v5cubic');          % 三次多项式插值
subplot(236);plot(x,y,'ro',xi,yi_v5cubic,'b-');% 绘制三次多项式插值结果
title(' 三次多项式插值 ');
```

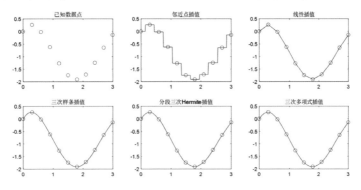

图 10-1　一维多项式插值

选择插值方法时考虑的因素主要有运算时间、占用计算机内存和插值的光滑程度。下面对邻近点插值、线性插值、三次样条插值和分段三次 Hermite 插值进行比较，如表 10-1 所示。

表10-1 不同插值方法进行比较

插 值 方 法	运 算 时 间	占用计算机内存	光 滑 程 度
邻近点插值	快	少	差
线性插值	稍长	较多	稍好
三次样条插值	最长	较多	最好
三次Hermite插值	较长	多	较好

邻近点插值的速度最快，但是得到的数据不连续，其他方法得到的数据都是连续的。三次样条插值的速度最慢，可以得到最光滑的结果，是最常用的插值方法。

10.1.2 二维插值

二维插值主要用于图像处理和数据可视化，对函数 $z=f(x,y)$ 进行插值，其基本思想与一维插值相同。

在 MATLAB 中，采用函数 interp2() 实现 meshgrid 格式的二维网格数据插值，其调用格式如下：

```
Vq=interp2(X,Y,V,Xq,Yq)      % 使用线性插值返回双变量函数在特定查询点的插入值
                             % X、Y 为样本点坐标，V 为样本点对应的函数值，Xq、Yq 为查询点坐标
Vq=interp2(V,Xq,Yq)          % 采用默认样本点网格 X=1:n 和 Y=1:m, [m,n]=size(V)
Vq=interp2(V)                % 将每个维度上样本值之间的间隔分割 1 次（优化网格），并返回插入值
Vq=interp2(V,k)              % 将每个维度上样本值之间的间隔反复分割 k 次，并返回插入值
                             % 将在样本值之间生成 2^k-1 个插值点
Vq=interp2(___,method)       % 指定备选插值方法
Vq=interp2(___,method,extrapval)  % 指定标量值 extrapval
```

> 说明 标量值 extrapval 为处于样本点域范围外的所有查询点赋予该标量值。若省略该参数，对于 'spline' 和 'makima' 方法，则返回外插值；对于其他内插方法，返回 NaN 值。

二维插值备选插值方法 method 包括 'linear'（默认）、'nearest'、'cubic'、'makima' 或 'spline'。

（1）'linear'：双线性插值算法。对查询点插值基于各维中邻点网格点处数值的线性插值，为默认插值方法。

（2）'nearest'：最邻近插值。对查询点的插值是距样本网格点最近的值。

（3）'cubic'：双三次插值。对查询点的插值基于各维中邻点网格点处数值的三次插值，插值基于三次卷积。

（4）'makima'：修正 Akima 三次 Hermite 插值。对查询点的插值基于次数最大为 3 的多项式的分段函数，使用各维中相邻网格点的值进行计算。

（5）'spline'：三次样条插值。对查询点的插值基于各维中邻点网格点处数值的三次插值。插值基于使用非结终止条件的三次样条。

【例 10-2】分别采用不同的方法进行二维插值，并绘制三维曲面图。

解：在编辑器窗口中输入以下语句。运行程序，输出的结果如图 10-2 所示。输出结果分别采用了邻近点插值、线性插值、三次样条插值和三次多项式插值。

```
clear, clf
[x,y]=meshgrid(-5:1:5);                        % 原始数据
z=peaks(x,y);
[xi,yi]=meshgrid(-5:0.8:5);                     % 插值数据必须是栅格格式
hold on;
subplot(231)
surf(x,y,z);                                    % 绘制原始数据点
title(' 原始数据 ');

zi_nearest=interp2(x,y,z,xi,yi,'nearest');      % 邻近点插值
subplot(232);
surf(xi,yi,zi_nearest);                         % 绘制插值结果
title(' 邻近点插值 ');
zi_linear=interp2(x,y,z,xi,yi);                 % 系统默认为线性插值
subplot(233)
surf(xi,yi,zi_linear);                          % 绘制插值结果
title(' 线性插值 ');
zi_spline=interp2(x,y,z,xi,yi,'spline');        % 三次样条插值
subplot(234)
surf(xi,yi,zi_spline);                          % 绘制插值结果
title(' 三次样条插值 ');
zi_cubic=interp2(x,y,z,xi,yi,'cubic');          % 三次多项式插值
subplot(235)
surf(xi,yi,zi_cubic);                           % 绘制插值结果
title(' 三次多项式插值 ');
```

说明

（1）在二维插值中，已知数据 (x,y) 必须是栅格格式，一般采用函数 meshgrid() 产生。

（2）函数 interp2() 要求数据 (x,y) 必须严格单调，即单调递增或单调递减。

（3）若数据 (x,y) 在平面上分布不是等间距的，函数 interp2() 会通过变换将其转换为等间距；若是等间距的，则可以在 method 参数前加星号 '*'（如 *'cubic'）来提高插值的速度。

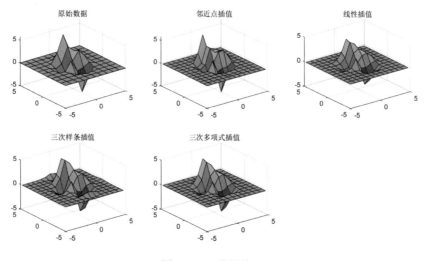

图 10-2　二维插值

10.1.3　三维插值

三维插值的基本思想与一维插值和二维插值相同，例如对函数 $v=f(x,y,z)$ 进行三维插值。

在 MATLAB 中，采用函数 interp3() 实现三维数据插值，其调用格式如下：

```
Vq=interp3(X,Y,Z,V,Xq,Yq,Zq)    % 使用线性插值返回三变量函数对特定查询点的插值
                                %X、Y 和 Z 为样本点的坐标，V 为对应的函数值，Xq、Yq 和 Zq 为查询点坐标
Vq=interp3(V,Xq,Yq,Zq)          % 采用X=1:n、Y=1:m 和 Z=1:p 插值，[m,n,p]=size(V)

Vq=interp3(V)      % 将每个维度上样本值之间的间隔分割 1 次（优化网格），并返回插入值
Vq=interp3(V,k)    % 将每个维度上样本值之间的间隔反复分割 k 次，并返回插入值
                                % 将在样本值之间生成 2^k-1 个插值点
Vq=interp3(___,method)          % 指定插值方法
Vq=interp3(___,method,extrapval)    % 额外指定标量值 extrapval
```

> 说明 三维插值函数参数 method、extrapval 的含义与 interp2() 函数相同，这里不再赘述。

【例 10-3】三维插值示例分析。

解：在编辑器窗口中输入以下语句。运行程序，输出图形如图 10-3 所示。

```
clear, clf
[X,Y,Z,V]=flow(10);                 % 利用 flow 函数采样点，每个维度采样 10 个点
```

```
subplot(121);
slice(X,Y,Z,V,[6 9],2,0);                % 绘制穿过以下样本体的切片：X=6、X=9、Y=2 和 Z=0
shading flat
[Xq,Yq,Zq]=meshgrid(.1:.25:10,-3:.25:3,-3:.25:3);
                                          % 创建查询网格，间距为 0.25
Vq=interp3(X,Y,Z,V,Xq,Yq,Zq);            % 对查询网格中的点插值
subplot(122);
slice(Xq,Yq,Zq,Vq,[6 9],2,0);            % 使用相同的切片平面绘制
shading flat
```

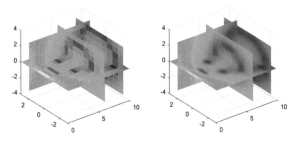

图 10-3　三维插值

10.1.4　多维插值

MATLAB 中还提供了函数 interpn() 进行多维插值，可以实现一维、二维、三维插值在内的 n 维插值，其调用格式如下：

```
Vq=interpn(X1,…,Xn,V,Xq1,…,Xqn)         % 返回 n 变量函数在特定查询点的插入值
                     % X1,…,Xn 为样本点坐标，V 为对应函数值，Xq1,…,Xqn 为查询点的坐标
Vq=interpn(V,Xq1,…,Xqn)   % 网格每个维度均包含点 1,2,…,ni，ni 为第 i 个维度的长度

Vq=interpn(V)            % 将每个维度上样本值之间的间隔分割 1 次，并返回插入值
Vq=interpn(V,k)          % 将每个维度上样本值之间的间隔反复分割 k 次，并返回插入值
                         % 将在样本值之间生成 2^k-1 个插值点
Vq=interpn(___,method)                   % 指定插值方法
Vq=interpn(___,method,extrapval)         % 额外指定标量值 extrapval
```

> 🎮➕ 说明　多维插值函数参数 method、extrapval 的含义与函数 interp2() 相同，这里不再赘述。

【例 10-4】多维插值函数示例分析。

解： 在编辑器窗口中输入以下语句。运行程序，输出图形如图 10-4 所示。

```
clear, clf
x=[1 2 3 4 5];
v=[12 16 31 10 6];
xq=(1:0.1:5);
vq=interpn(x,v,xq,'cubic');                          % 一维插值
figure(1)
subplot(1,3,1);
plot(x,v,'o',xq,vq,'-');
legend(' 样本 ','Cubic插值 ');

[X1,X2]=ndgrid((-5:1:5));
R=sqrt(X1.^2 + X2.^2)+ eps;
V=sin(R)./(R);
Vq=interpn(V,'cubic');                               % 二维插值
subplot(1,3,2);
mesh(Vq);

f=@(x,y,z,t) t.*exp(-x.^2 - y.^2 - z.^2);
[x,y,z,t]=ndgrid(-1:0.2:1,-1:0.2:1,-1:0.2:1,0:2:10);
V=f(x,y,z,t);
[xq,yq,zq,tq]=ndgrid(-1:0.05:1,-1:0.08:1,-1:0.05:1,0:0.5:10);
Vq=interpn(x,y,z,t,V,xq,yq,zq,tq);                   % 四维插值
nframes=size(tq, 4);
subplot(1,3,3);
for j=1:nframes
    slice(yq(:,:,:,j),xq(:,:,:,j),zq(:,:,:,j),Vq(:,:,:,j),0,0,0);
    caxis([0 10]);
    M(j)=getframe;
end
movie(M)
```

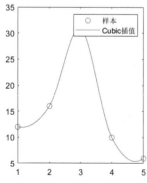 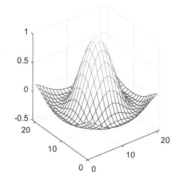 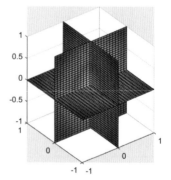

图 10-4 多维插值

10.1.5 三次样条插值

在 MATLAB 中，利用函数 spline() 可以实现三次样条插值，其调用格式如下：

```
s=spline(x,y,xq)      % 返回与 xq 中查询点对应的插值 s，s 值由 x 和 y 的三次样条插值确定
pp=spline(x,y)        % 返回一个分段多项式的系数矩阵 pp，用于 ppval 和样条工具 unmkpp
```

【例 10-5】对离散地分布在 y=exp(x)sin(x) 函数曲线上的数据点进行样条插值计算。

解： 在编辑器窗口中输入以下语句。运行程序，输出图形如图 10-5 所示。

```
clear, clf
x=[0 2 4 5 8 12 12.8 17.2 19.9 20];
y=exp(x).*sin(x);
xx=0:.25:20;
yy=spline(x,y,xx);
plot(x,y,'o',xx,yy)
```

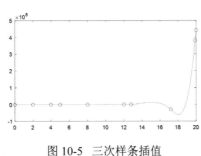

图 10-5 三次样条插值

10.1.6 分段三次 Hermite 插值

在 MATLAB 中，利用函数 pchip() 可以实现分段三次 Hermite 插值（PCHIP），其调用格式如下：

```
p=pchip(x,y,xq)       % 返回与 xq 中的查询点对应的插值 p 的向量
                      % p 的值由 x 和 y 的保形分段三次插值确定
pp=pchip(x,y)         % 返回一个分段多项式结构体以用于 ppval 和样条实用工具 unmkpp
```

【例 10-6】试比较 spline、makima、pchip 三种插值方法。

解： 在编辑器窗口中输入以下语句。运行程序，输出图形如图 10-6 所示。由左图可以发现 pchip 和 makima 具有相似的行为，即可以避免过冲，并且可以准确地连接平台区；由右图可以发现，当基础函数振荡时，spline 和 makima 比 pchip 能更好地捕获点之间的移动，pchip 会在局部极值附近急剧扁平化。

```
subplot(1,2,1)
x=-3:3;
y=[-1 -1 -1 0 1 1 1];
xq1=-3:.01:3;
p=pchip(x,y,xq1);                      % 使用 pchip 计算查询点处的插值
s=spline(x,y,xq1);                     % 使用 spline 计算查询点处的插值
m=makima(x,y,xq1);                     % 使用 makima 计算查询点处的插值
plot(x,y,'o',xq1,p,'-',xq1,s,'-.',xq1,m,'--')
legend('Sample Points','pchip','spline','makima',…
       'Location','SouthEast')

subplot(1,2,2)
x=0:15;
y=besselj(1,x);
xq2=0:0.01:15;
p=pchip(x,y,xq2);
s=spline(x,y,xq2);
m=makima(x,y,xq2);
plot(x,y,'o',xq2,p,'-',xq2,s,'-.',xq2,m,'--')
legend('Sample Points','pchip','spline','makima')
```

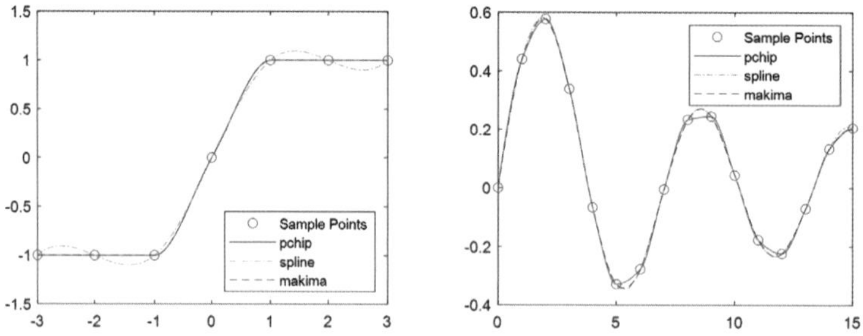

图 10-6 插值比较

10.1.7 修正 Akima 分段三次 Hermite 插值

在 MATLAB 中，利用函数 makima() 可以实现修正 Akima 分段三次 Hermite 插值，其调用格式如下：

```
yq=makima(x,y,xq)       % 使用采样点 x 处的值 y 执行修正 Akima 插值，求点 xq 处的插值 yq
pp=makima(x,y)          % 返回一个分段多项式结构体以用于 ppval 和样条实用工具 unmkpp
```

> **说明** Akima 算法利用振荡函数使局部极值附近的曲线平坦化，为了补偿这种平坦化，可以在局部极值附近添加更多采样点。

【例 10-7】 修正 Akima 分段三次 Hermite 插值。

解： 在编辑器窗口中输入以下语句。运行程序，输出图形如图 10-7 所示。

```
subplot(1,3,1)
x=[0 1 2.5 3.6 5 7 8.1 10];
y=cos(x);
xq=0:.25:10;
yq=makima(x,y,xq);          % 对非等间距采样点上的余弦曲线进行插值
plot(x,y,'o',xq,yq,'--')

subplot(1,3,2)
x=[0 1 2.5 3.6 5 6.5 7 8.1 9 10];
y=cos(x);
xq=0:.25:10;
yq=makima(x,y,xq);          % 在局部极值附近添加更多采样点
plot(x,y,'o',xq,yq,'--')

subplot(1,3,3)
x=-5:5;
y=[1 1 1 0 0 1 1 2 2 2 2];
pp=makima(x,y);             % 使用makima为数据构造一个分段多项式结构体
xq=-5:0.2:5;
m=ppval(pp,xq);            % 计算查询点处的插值
plot(x,y,'o',xq,m,'-.')
ylim([-0.2 2.2])
```

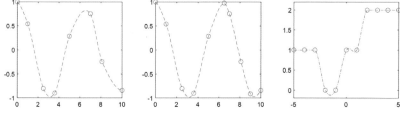

图 10-7 修正 Akima 分段三次 Hermite 插值

在 MATLAB 中，还提供了其他与插值相关的函数，如 griddedInterpolant()、ppval()、mkpp()、unmkpp()、padecoef()、interpft()，限于篇幅，这里不再讲解。

10.2 曲线拟合

在科学和工程领域，曲线拟合的主要功能是寻求平滑的曲线，以最好地表现带有噪声的

测量数据，从这些测量数据中寻求两个函数变量之间的关系或者变化趋势，最后得到曲线拟合的函数表达式 $y=f(x)$。

使用多项式进行数据拟合会出现数据振荡，而 Spline 插值的方法可以得到很好的平滑效果，但是该插值方法有太多参数，不适合曲线拟合的方法。

同时，由于在进行曲线拟合的时候，已经认为所有测量数据中已经包含噪声，因此，最后的拟合曲线并不要求通过每一个已知数据点，衡量拟合数据的标准则是整体数据拟合的误差最小。

一般情况下，MATLAB 的曲线拟合方法采用的是"最小方差"函数，其中方差的数值是拟合曲线和已知数据之间的垂直距离。

10.2.1 多项式拟合

在 MATLAB 中，函数 polyfit() 采用最小二乘法对给定的数据进行多项式拟合，得到该多项式的系数。该函数的调用方式如下：

```
p=polyfit(x,y,n)              % 采用最小二乘法拟合法，返回阶数为 n 的多项式 p(x) 的系数
                             %n 是 y 中数据的最佳拟合，p 中的系数按降幂排列，长度为 n+1
[p,S]=polyfit(x,y,n)          % 额外返回结构体 S（矩阵）作为 polyval() 的输入，以计算误差
[p,S,mu]=polyfit(x,y,n)       % 返回二元向量 mu，包含中心化值和缩放值
                             %mu(1) 为 mean(x)，mu(2) 为 std(x)
```

返回的多项式形式为：

$$p(x) = p_1 x^n + p_2 x^{n-1} + \cdots + p_n x + p_{n+1}$$

【例 10-8】某数据的横坐标为 x=[0.2 0.3 0.5 0.6 0.8 0.9 1.2 1.3 1.5 1.8]，纵坐标为 y=[1 2 3 5 6 7 6 5 4 1]，试对该数据进行多项式拟合。

解：在编辑器窗口中输入以下语句。运行程序，得到的输出结果如图 10-8 所示。

```
clear, clf
x=[0.2 0.3 0.5 0.6 0.8 0.9 1.2 1.3 1.5 1.8];
y=[1 2 3 5 6 7 6 5 4 1];
p5=polyfit(x,y,5);                    %5 阶多项式拟合
y5=polyval(p5,x);
p5=vpa(poly2sym(p5),5)                %vpa 用于显示 5 阶多项式

p9=polyfit(x,y,9);                    %9 阶多项式拟合
y9=polyval(p9,x);
```

```
plot(x,y,'bo')
hold on
plot(x,y5,'r')
plot(x,y9,'b--')
legend('原始数据 ','5 阶多项式拟合 ','9 阶多项式拟合 ',Location='northwest')
xlabel('x');ylabel('y')
```

运行程序后，还可以得到如下的 5 阶多项式：

```
p5 =- 10.041*x^5 + 58.244*x^4 - 124.54*x^3 + 110.79*x^2 - 31.838*x + 4.0393
```

由图 10-8 可以看出，使用 5
阶多项式拟合时，得到的结果比较
差。当采用 9 阶多项式拟合时，得
到的结果与原始数据符合较好。

注意 使用函数 polyfit()
进行拟合时，多项式的阶数最大
不能超过 length(x)–1。

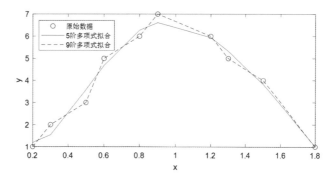

图 10-8　多项式曲线拟合

10.2.2　曲线拟合工具

MATLAB 还提供了曲线拟合工具直接进行曲线拟合。该工具可以实现多种曲线的拟合，
可以绘制拟合残差，还可以将拟合结果和估计数值保存到 MATLAB 工作区中。

1．曲线拟合

曲线拟合工具位于 MATLAB 图形窗口的"工具"菜单下的"基本拟合"命令中。下面
通过一个示例展示曲线拟合工具的应用。

步骤 01　在使用该工具时，首先将需要拟合的数据采用函数 plot() 绘图，在编辑器窗口中输入以
　　　　下语句。运行程序，得到如图 10-9 所示的图形窗口。

```
clear, clf
x=-3:1:3;
y=[1.1650  0.0751  -0.6965  0.0591 0.6268  0.3516  1.6961];
plot(x,y,'o')
```

步骤 02 在该图形窗口中执行菜单栏中的"工具"→"基本拟合"命令，弹出"基本拟合"对话框。单击各选项左侧的 ▶ （展开）按钮，将会全部展开"基本拟合"对话框，如图 10-10 所示。

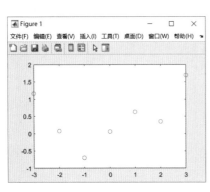

图 10-9 图形窗口

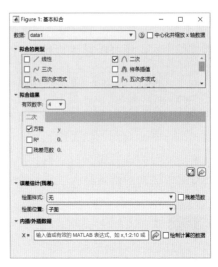

图 10-10 "基本拟合"对话框

步骤 03 在"基本拟合"对话框的"拟合的类型"选项组中勾选"五次多项式"复选框，在图形窗口中会把拟合曲线绘制出来，在"拟合结果"选项区域中勾选"方程"复选框，此时图形窗口中会自动列出曲线拟合的多项式，如图 10-11 所示。

步骤 04 单击"拟合结果"选项区域右下方的 ▣ （扩展结果）按钮，将弹出如图 10-12 所示的"拟合结果"对话框，该对话框中会自动列出曲线拟合的多项式系数、残差范数等。

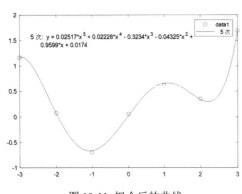

图 10-11 拟合后的曲线

图 10-12 选择 5 阶多项式拟合

2．拟合残差

绘制拟合残差图形，并显示拟合残差及其标准差。

步骤01 在"基本拟合"对话框中展开"误差估计（残差）"选项组，在"绘图样式"下拉列表框中选择"条形图"，在"绘图位置"下拉列表框中选择"子图"，并勾选"残差范数"复选框，如图 10-13 所示。

步骤02 完成上面的设置后，MATLAB 会在图形窗口原始图形的下方绘制残差图形，并在图形中显示残差的标准差，如图 10-14 所示（拖动图例后）。

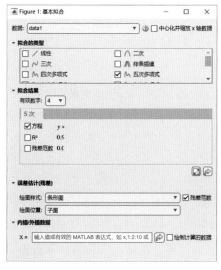

图 10-13　显示拟合残差及其标准差

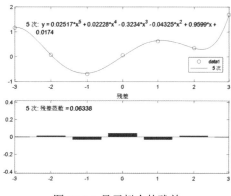

图 10-14　显示拟合的残差

在"基本拟合"对话框中可以选择残差图形的图标类型，可以在对应的选项组中选择图标类型，还可以选择绘制残差图形的位置。

3．数据预测

步骤01 在"基本拟合"对话框中展开"内插/外插数据"选项组，在"X="文本框中输入 –2:0.8:2，在其下方会显示预测的数据，如图 10-15 所示。

步骤02 勾选"基本拟合"对话框中的"绘制计算的数据"复选框，预测的结果将显示在图形窗口中，如图 10-16 所示。

步骤03 保存预测的数据。单击 🖈（将计算导入工作区）按钮，打开"将结果保存到工作区"对话框，如图 10-17 所示。在其中设置保存数据选项，单击"确定"按钮，即可保存预测的数据。

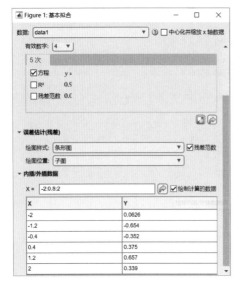

图 10-15 预测数据

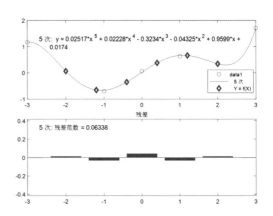

图 10-16 显示预测数据的图形

图 10-17 保存预测数据

上面的操作比较简单，基本演示了使用曲线拟合曲线界面的方法，读者可以根据实际情况选择不同的拟合参数，完成其他的拟合工作。

10.3 本章小结

本章主要讲解了插值与拟合在 MATLAB 中的实现方法。通过本章的学习，读者应掌握如何使用 MATLAB 进行一维到多维的数据插值，并了解在不同情境下选择适当插值方法的要点。此外，本章还介绍了曲线拟合方法，包括多项式拟合和 MATLAB 中的拟合工具。读者应熟练掌握这些技能。

第11章

回归分析

回归分析是最常用的数据分析方法之一。它根据观测数据和以往的经验建立变量间的相关关系模型，用于探求数据的内在统计规律，并应用于相应变量的预测、控制等问题。本章将介绍一元线性与非线性回归模型、多元线性回归模型、逐步回归方法以及回归诊断等内容。

11.1 一元多项式回归

在一元回归模型中，如果变量 y 与 x 的关系是 n 次多项式，即：

$$y = p_1 x^n + p_2 x^{n-1} + \cdots + p_n x + p_{n+1} + \varepsilon$$

则称该式为多项式回归模型。其中，p_1，p_2，$\cdots$，p_n，p_{n+1} 为回归系数，ε 是随机误差，服从正态分布 $N(0, \sigma^2)$。

11.1.1 获取拟合数据

在 MATLAB 中，利用函数 polyfit() 实现多项式曲线拟合，拟合数据用于后续回归分析，其调用格式如下：

```
p=polyfit(x,y,n)        % x、y 分别为自变量与因变量的样本观测数据向量
                        % 输入 n 为多项式的阶数（取 n=1 时为一元线性回归），输出 p 是回归系数向量
[p,S]=polyfit(x,y,n)    % 结构体 S 用于 polyconf、polyval 函数估计预测误差
[p,S,mu]=polyfit(x,y,n) % mu 是自变量 x 的均值与标准差数组（x̄, σₓ）
```

> 说明 函数 polyfit() 在曲线拟合中已经介绍过了，这里主要介绍其在回归分析中的作用。

11.1.2 估值与残差

在 MATLAB 中，利用函数 polyval() 可以实现多项式回归区间的预测（计算估值与残差），其调用格式如下：

```
y=polyval(p,x)          % 计算多项式 p 在 x 的每个点（自变量取值）处的值（点预测）
                        % p 是由 polyfit 生成的，长度为 n+1 的向量，其元素是 n 次多项式的系数（降幂排序）
[y,delta]=polyval(p,x,S)  % 使用 polyfit 生成的结构体 S 来生成误差估计值
                        % delta 是使用 p(x) 预测 x 处的未来观测值时的标准误差估计值
y=polyval(p,x,[],mu)
[y,delta]=polyval(p,x,S,mu)  % 使用 polyfit 生成的 mu 来中心化和缩放数据
                        % mu(1)=mean(x)，mu(2)=std(x)，使用时将对 x 进行中心化和缩放变换处理
                        % delta 预测的标准误差，以大小与查询点 x 相同的向量形式返回
```

> 说明 delta 是 y 预测值的置信区间半径（标准误差），通常区间 $y \pm \Delta$ 对应大型样本的未来观测值约 68% 的预测区间，$y \pm 2\Delta$ 对应约 95% 的预测区间。

【例 11-1】线性回归示例。

解：在编辑器窗口中输入以下语句。运行程序，输出图形如图 11-1 所示。

```
x=1:100;
y=-0.3*x + 2*randn(1,100);
subplot(1,2,1)
p=polyfit(x,y,1);              % 计算在 x 中的点处拟合的多项式 p
f=polyval(p,x);                % 计算线性回归模型的预估值
plot(x,y,'o',x,f,'-')
title('Linear Fit of Data')
legend('data','linear fit')

subplot(1,2,2)
[p,S]=polyfit(x,y,1);          % 对数据进行一次多项式拟合
[y_fit,delta]=polyval(p,x,S);  % 计算标准误差的估计值 delta
```

```
plot(x,y,'bo')                                    % 绘制原始数据
hold on
plot(x,y_fit,'r-')                                % 绘制线性拟合数据
plot(x,y_fit+2*delta,'m--',x,y_fit-2*delta,'m--')    % 绘制 95% 预测区间 y±2Δ
title('Linear Fit of Data with 95% Prediction Interval')
legend('Data','Linear Fit','95% Prediction Interval')
```

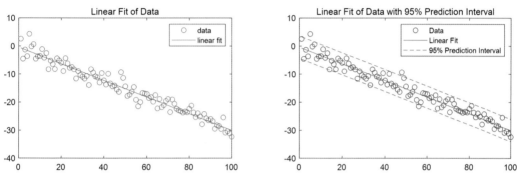

图 11-1　线性回归

11.1.3　置信区间

在 MATLAB 中，利用函数 polyconf() 获取多项式回归模型预测的置信区间，其调用格式如下：

```
Y=polyconf(p,X)          % 评估多项式 p（按降幂排列的系数向量）在 X 中的数值
[Y,delta]=polyconf(p,X,S)
            % 使用 polyfit() 函数给出的 p 和 S，为 X 中的新观测生成 95% 预测区间 Y±delta
```

【例 11-2】拟合多项式并进行区间预测。

解：在编辑器窗口中输入以下语句。运行程序，输出图形如图 11-2 所示。

```
rng('default')
x=-5:5;
y=x.^2 - 20*x - 3 + 5*randn(size(x));
degree=2;                                % 拟合的次数
[p,S]=polyfit(x,y,degree);               % 二次多项式拟合

alpha=0.05;                              % 显著性水平
[yfit,delta]=polyconf(p,x,S,'alpha',alpha);    % 估计 95% 的预测区间

subplot(1,2,1)
```

```
plot(x,y,'b+')                                          % 绘制数据
hold on
plot(x,yfit,'g-')                                       % 绘制拟合多项式
plot(x,yfit-delta,'r--',x,yfit+delta,'r--')            % 绘制数预测区间
legend('Data','Fit','95% Prediction Intervals')
title(['Fit:',texlabel(polystr(round(p,2)))])          % polystr 显示拟合多项式
hold off

r=roots(p)                                              % 计算多项式 p 的根

% 将根绘制出来，包含根的 x 区间的拟合值和预测区间
subplot(1,2,2)
if isreal(r)
    xmin=min([r(:);x(:)]);
    xrange=range([r(:);x(:)]);
    xExtended=linspace(xmin - 0.1*xrange, xmin + 1.1*xrange,1000);
    [yfitExtended,deltaExtended]=polyconf(p,xExtended,S,'alpha',alpha);

    plot(x,y,'b+')
    hold on
    plot(xExtended,yfitExtended,'g-')
    plot(r,zeros(size(r)),'ko')
    plot(xExtended,yfitExtended-deltaExtended,'r--')
    plot(xExtended,yfitExtended+deltaExtended,'r--')
    plot(xExtended,zeros(size(xExtended)),'k-')
    legend('Data','Fit','Roots of Fit','95% Prediction Intervals')
    title(['Fit: ',texlabel(polystr(round(p,2)))])
    axis tight
    hold off
end
```

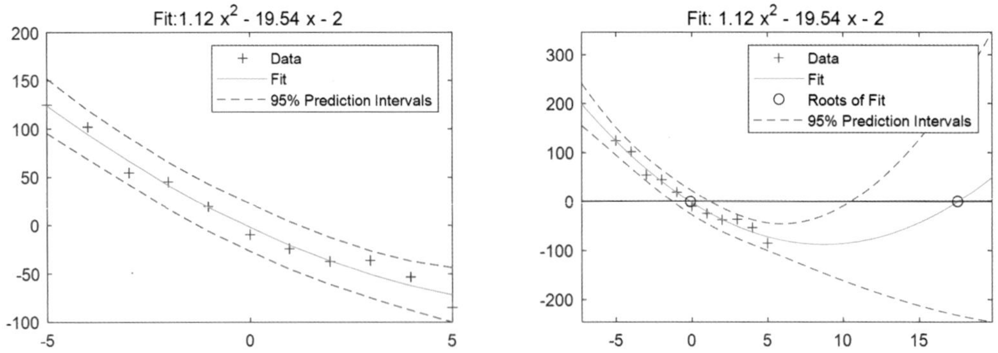

图 11-2 添加置信区间

11.1.4　交互式操作环境

在 MATLAB 中，利用函数 polytool() 可以在交互式环境（图形用户界面）中实现多项式回归，其调用格式如下：

```
polytool(x,y,n,alpha)          % x、y 分别为自变量与因变量的样本观测数据向量
                               % n 是多项式的阶数，置信水平为（1-alpha），alpha 默认为 0.05
```

> 说明　该函数可以绘出总体拟合图形以及（1-alpha）上、下置信区间的直线（显示为红色）。当用鼠标拖动图中的纵向虚线时，可以显示出不同的自变量数值所对应的预测状况，与此同时图形左端数值框中会随着自变量的变化而得到预报数值以及（1-alpha）置信区间长度一半的数值。

【例 11-3】续上例，在交互式环境中拟合多项式。

解：在编辑器窗口中输入以下语句。运行程序，输出图形如图 11-3 所示。

```
polytool(x,y,degree,alpha)
```

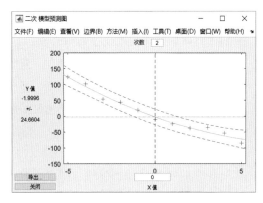

图 11-3　在交互式环境中拟合多项式

11.2　多元线性回归

在 MATLAB 中，与多元线性回归模型有关的函数有多个，下面逐一介绍。

11.2.1　多元线性回归建模

在 MATLAB 中，使用函数 regress() 可以实现多元线性回归建模，其调用格式如下：

```
b=regress(y,X)      % 返回响应变量 y 对预测变量矩阵 X 的多元线性回归的系数估计值向量 b
                    % 计算具有常数项（截距）的模型的系数估计值时，X 中需包含一个由 1 构成的列
```

```
[b,bint]=regress(y,X)                    % 额外返回系数估计值的 95% 置信区间的矩阵 bint
[b,bint,r]=regress(y,X)                  % 额外返回由残差组成的向量 r
[b,bint,r,rint]=regress(y,X)             % 额外返回包含可用于诊断离群值的区间矩阵 rint
[b,bint,r,rint,stats]=regress(y,X)       % 额外返回向量 stats
                     % stats 包含 R2 统计量、F 统计量及其 p 值,以及误差方差的估计值
[___]=regress(y,X,alpha)                 % 使用 100*(1-alpha)% 置信水平计算 bint 和 rint
```

对于输入输出参数,进行以下说明:

(1)输入 alpha 为检验的显著性水平(默认值为 0.05)。

(2)输出向量 b 为回归系数估计值,bint 为回归系数的(1-alpha)置信区间。

(3)向量 r 是计算的残差向量,rint 为模型的残差向量的(1-alpha)置信区间。

(4)stats 是用于检验回归模型的统计量集合,包含 4 个值:第一个是复相关系数 R 的平方(即可决系数);第二个是 F 统计量观测值;第三个是对应的检验 P 值,当 P<alpha 时拒绝 H0,即认为线性回归模型有意义;第四个是方差的无偏估计。

【例 11-4】估计多元线性回归系数。

解:在编辑器窗口中输入以下语句。运行程序,输出图形如图 11-4 所示。

```
load carsmall                            % 加载 carsmall 数据集
% 权重和马力作为预测变量,里程作为因变量
x1=Weight;
x2=Horsepower;                           % 包含 NaN 数据
y=MPG;                                    % 响应变量
X=[ones(size(x1)) x1 x2 x1.*x2];
b=regress(y,X)                           % 计算线性模型的回归系数(移除 NaN 数据),输出略

scatter3(x1,x2,y,'filled')               % 对数据和模型绘图
hold on
x1fit=min(x1):100:max(x1);
x2fit=min(x2):10:max(x2);
[X1FIT,X2FIT]=meshgrid(x1fit,x2fit);
YFIT=b(1) + b(2)*X1FIT + b(3)*X2FIT + b(4)*X1FIT.*X2FIT;
mesh(X1FIT,X2FIT,YFIT)                    % 对模型绘图
xlabel('Weight')
ylabel('Horsepower')
zlabel('MPG')
view(50,10)
hold off
```

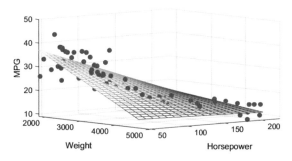

图 11-4 多元线性回归模型

【例 11-5】使用残差诊断离群值。

解：在编辑器窗口中输入以下语句。运行程序，输出图形如图 11-5 所示。

```
clear, clf
load examgrades                          % 加载 examgrades 数据集
y=grades(:,5);                           % 最后一次考试分数作为响应变量数据
X=[ones(size(grades(:,1))) grades(:,1:2)];   % 前两次考试分数作为预测变量数据

[~,~,r,rint]=regress(y,X,0.01);          % 利用 alpha=0.01 执行多元线性回归
                                         % 通过计算不包含 0 的残差区间 rint 来诊断离群值
contain0=(rint(:,1)<0 & rint(:,2)>0);
idx=find(contain0==false)                % 输出略，观测值 53 和 54 是可能的离群值

hold on
scatter(y,r)                             % 创建残差的散点图
scatter(y(idx),r(idx),'b','filled')      % 填充与离群值对应的点
xlabel("Last Exam Grades")
ylabel("Residuals")
hold off
```

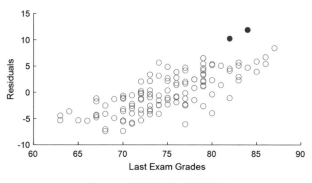

图 11-5 使用残差诊断离群值

【例 11-6】确定线性回归关系的显著性。

解：在编辑器窗口中输入以下语句。

```
load hald                       % 加载 hald 数据集
y=heat;                         % 响应变量数据
X1=ingredients;                 % 预测变量数据
x1=ones(size(X1,1),1);
X=[x1 X1];                      % 包括 1 的列
[~,~,~,~,stats]=regress(y,X)    % 执行多元线性回归并生成模型统计量
```

运行程序，输出结果如下：

```
stats=1×4
    0.9824   111.4792    0.0000    5.9830
```

由于 R^2 值 0.9824 接近 1，p 值 0.0000 小于 0.05 的默认显著性水平，因此响应 y 和 X 中的预测变量之间存在显著的线性回归关系。

11.2.2 多元回归残差图

在 MATLAB 中，使用函数 rcoplot() 可以绘制残差图，其调用格式如下：

```
rcoplot(r,rint)         % 显示回归残差的置信区间的误差条形图，残差在图中按顺序出现
                        % 输入 r 和 rint 来自多元回归建模函数 regress 的结果
```

> 说明 该函数有助于对建立的模型进行分析，如果图形中出现红色的点，则可以认作异常点，可将其删除，重新建模，最终得到改进的回归模型。

【例 11-7】针对 moore 数据集，绘制多元回归模型的残差图。

解：在编辑器窗口中输入以下语句。运行程序，输出图形如图 11-6 所示。

```
load moore
X=[ones(size(moore,1),1) moore(:,1:5)];
y=moore(:,6);
alpha=0.05;
[betahat,Ibeta,res,Ires,stats]=regress(y,X,alpha);
rcoplot(res,Ires)
```

可以看出，第一个残差周围的区间显示为红色，不包含零。这表明在 95% 的新观测中，残差比预期值更大，并且暗示该数据点是异常值。

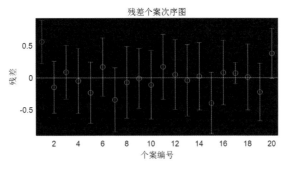

残差个案次序图

图 11-6　残差图

11.3　非线性回归

MATLAB 中实现非线性回归的函数包括 nlinfit、nlparci、lpredci 和 nlintool 等。下面逐一介绍这些回归函数。

11.3.1　回归模型

在 MATLAB 中，利用函数 nlinfit() 可以获取非线性回归模型的系数向量（非线性最小二乘参数估计），其调用格式如下：

```
beta=nlinfit(X,Y,modelfun,beta0)
            % 返回一个其中包含 Y 中的响应对 X 中的预测变量的非线性回归的估计系数向量 beta
            % 使用迭代最小二乘估计来估计系数，初始值由 beta0 指定，modelfun 指定模型
beta=nlinfit(X,Y,modelfun,beta0,options)
            % 使用结构体 options 中的算法控制参数来拟合非线性回归
[beta,R,J,CovB,MSE,ErrorModelInfo]=nlinfit(___)
            % 返回残差 R、modelfun 的 Jacobian 矩阵 J、估计系数的估计方差 - 协方差矩阵 CovB
            % 误差项的方差估计 MSE 以及包含误差模型细节的结构体 ErrorModelInfo
```

> 说明　输入数据 X、Y 分别为 $n \times m$ 的矩阵和 n 维列向量，对于一元非线性回归，X 为 n 维列向量。

【例 11-8】获取非线性回归模型数据。

解：在命令行窗口中输入以下语句。运行程序并输出相应的结果。

```
>> S=load('reaction');                    % 加载样本数据
```

```
>> X=S.reactants;
>> y=S.rate;
>> beta0=S.beta;                              % 初始值
>> beta=nlinfit(X,y,@hougen,beta0)           % 对速率数据进行 Hougen-Watson 模型拟合
beta =
    1.2526
    0.0628
    0.0400
    0.1124
    1.1914
```

继续在命令行窗口中输入以下语句并运行：

```
>> W=[8 2 1 6 12 9 12 10 10 12 2 10 8]';      % 指定一个包含已知观测值权重的向量
>> [beta,R,J,CovB]=nlinfit(X,y,@hougen,beta0,'Weights',W);
                          % 使用指定的观测值权重对速率数据进行 Hougen-Watson 模型拟合
>> beta
beta =
    2.2068
    0.1077
    0.0766
    0.1818
    0.6516
>> sqrt(diag(CovB))       % 显示系数标准误差
ans =
    2.5721
    0.1251
    0.0950
    0.2043
    0.7735
```

11.3.2 回归预测

在 MATLAB 中，利用函数 nlpredci() 可以计算非线性回归模型在输入值处的预测值和 95% 置信区间的半宽度，其调用格式如下：

```
[Ypred,delta]=nlpredci(modelfun,X,beta,R,'Covar',CovB)
                          % 返回输入值 X 处的预测值 Ypred 和 95% 置信区间半宽度 delta
[Ypred,delta]=nlpredci(modelfun,X,beta,R,'Jacobian',J)
                          % 使用雅可比矩阵 J 参数
```

> 注意：在调用函数 nlpredci() 前，需要使用函数 nlinfit() 对 modelfun 进行拟合，并获取估计的系数 beta、残差 R 以及方差-协方差矩阵 CovB（或雅可比矩阵 J）。

> 说明 如果在 nlinfit 中使用了鲁棒选项，则应使用 'Covar' 语法而非 'Jacobian' 语法。
> 方差－协方差矩阵 CovB 对于正确考虑鲁棒拟合非常重要。

【例 11-9】非线性回归预测。

解：续上例，在命令行窗口中输入以下语句。运行程序并输出相应的结果。

```
>> [beta,R,J]=nlinfit(X,y,@hougen,beta0);      % 使用初始值拟合模型到速率数据
>> [ypred,delta]=nlpredci(@hougen,mean(X),beta,R,'Jacobian',J)
                           % 获取在平均反应物水平下曲线值的预测响应和 95% 置信区间半宽度
ypred =
     5.4622
delta =
     0.1921
>> [ypred-delta,ypred+delta]                   % 计算曲线值的 95% 置信区间
ans =
     5.2702    5.6543
>> [ypred,delta]=nlpredci(@hougen,[100,100,100],beta,R,'Jacobian',J,…
                          'PredOpt','observation')
           % 获取对具有反应物水平 [100,100,100] 的新观测的预测响应和 95% 预测区间半宽度
ypred =
     1.8346
delta =
     0.5101
>> [ypred-delta,ypred+delta]
ans =
     1.3245    2.3447
```

【例 11-10】鲁棒拟合曲线，并给出置信区间。非线性回归模型如下，误差项 ε 呈正态分布，均值为 0，标准差为 0.1。

$$y = b_1 + b_2 e^{-b_3 x} + \varepsilon$$

解：在编辑器窗口中输入以下语句。运行程序，输出图形如图 11-7 所示。

```
modelfun=@(b,x)(b(1)+b(2)*exp(-b(3)*x));
rng('default')
b=[1;3;2];
x=exprnd(2,100,1);
y=modelfun(b,x) + normrnd(0,0.1,100,1);         % 生成样本数据

opts=statset('nlinfit');
opts.RobustWgtFun='bisquare';                    % 设置稳健拟合选项
```

```
beta0=[2;2;2];
[beta,R,J,CovB,MSE]=nlinfit(x,y,modelfun,beta0,opts);
                                % 使用稳健拟合选项拟合非线性模型

% 绘制拟合的回归模型和同时的 95% 置信边界
xrange=min(x):.01:max(x);
[ypred,delta]=nlpredci(modelfun,xrange,beta,R,'Covar',CovB,…
                       'MSE',MSE,'SimOpt','on');
lower=ypred - delta;
upper=ypred + delta;

plot(x,y,'ko')                          % 观察数据
hold on
plot(xrange,ypred,'k','LineWidth',1.0)
plot(xrange,[lower;upper],'r--','LineWidth',.5)
```

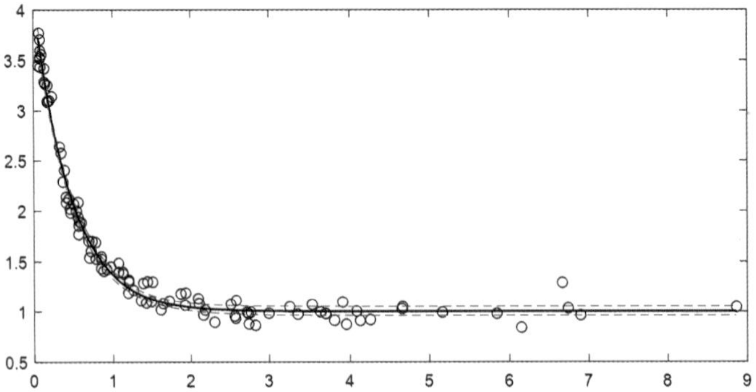

图 11-7 鲁棒拟合曲线

11.3.3　回归置信区间

在 MATLAB 中，利用函数 nlparci() 可以实现利用非线性最小二乘法估计的系数的置信区间计算，其调用格式如下：

```
ci=nlparci(beta,resid,'covar',sigma)
                        % 返回非线性最小二乘参数估计 β 的 95% 置信区间 ci
                        %ci 是一个矩阵，每一行分别为每个参数（1-alpha）的置信区间
ci=nlparci(beta,resid,'jacobian',J)
                        % 替代语法，计算 95% 的置信区间，J 是通过线性拟合计算的雅可比
                        % 若在 nlifit 中使用 'robust' 选项，则需使用 'covar'
ci=nlparci(…,'alpha',alpha)           % 返回 100（1-alpha）% 置信区间
                        % 将 resid 或 J 中的 NaNs 视为缺失值，并忽略相应的观测值
```

> 说明 在调用 nlparci 之前，使用 nlifit 拟合非线性回归模型，得到系数估计 β、残差 resid 和估计系数协方差矩阵 sigma。

【例 11-11】进行非线性回归分析，给出 a_i 的置信区间，其中 x_i 是数据点，y_i 是响应，ε_i 是噪声项。

$$y_i = a_1 + a_2 e^{-a_3 x_i} + \varepsilon_i$$

解：在编辑器窗口中输入以下语句，并运行程序。

```
mdl=@(a,x)(a(1)+a(2)*exp(-a(3)*x));          %模型的函数句柄
rng(9845,'twister')
a=[1;3;2];
x=exprnd(2,100,1);
epsn=normrnd(0,0.1,100,1);
y=mdl(a,x) + epsn;

a0=[2;2;2];
[ahat,r,J,cov,mse]=nlinfit(x,y,mdl,a0);      %将模型拟合到数据
```

在命令行窗口中输入以下语句。运行程序并输出相应的结果。

```
>> ahat                                  %获取非线性回归的估计系数向量
ahat =
    1.0153
    3.0229
    2.1070
>> ci=nlparci(ahat,r,'Jacobian',J)       %检查 [1;3;2] 是否在 95% 置信区间内
ci =
    0.9869    1.0438
    2.9401    3.1058
    1.9963    2.2177
>> ci=nlparci(ahat,r,'covar',cov)        %使用协方差参数可以获得相同的结果
ci =
    0.9869    1.0438
    2.9401    3.1058
    1.9963    2.2177
```

11.3.4 交互式操作环境

在 MATLAB 中，利用函数 nlintool() 可以在交互式操作环境（图形用户界面）中实现非线性回归（拟合与预测），其调用格式如下：

```
nlintool(X,y,fun,beta0)                         % 启动交互式操作环境
nlintool(X,y,fun,beta0,alpha)                   % 显示100（1-alpha）% 置信区间
nlintool(X,y,fun,beta0,alpha,'xname','yname')   % 标记绘图
```

【例 11-12】数据集 reaction.mat 提供了三种化学反应物的分压和相应的反应速率数据。利用 hougen 函数实现反应速率的非线性 hougen-Wattson 模型。

解：在编辑器窗口中输入以下语句。运行程序，输出图形如图 11-8 所示。

```
load reaction
nlintool(reactants,rate,@hougen,beta,0.01,xn,yn)
```

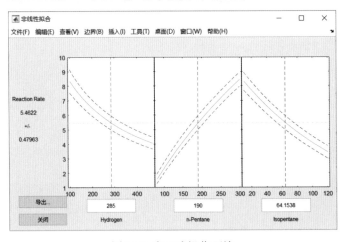

图 11-8 交互式操作环境

交互式操作环境显示了拟合响应相对于每个预测变量的图表，同时其他预测变量保持不变。固定值显示在每个预测变量轴下方的文本框中。通过输入新值或拖动图表中的垂直线到新位置来更改固定值。

当更改预测变量的值时，所有图表都会更新，以显示预测变量空间中的新点。红色虚线显示了该函数的 95% 同时置信区间。

11.3.5 曲线拟合工具

MATLAB 拥有一个功能强大的曲线拟合工具（Curve Fitter App），用来通过界面操作的方式进行一元或二元数据拟合。通过以下方式可以打开曲线拟合主界面（见图 11-9）。

（1）在命令行窗口中输入 cftool 命令。

（2）在 MATLAB 主界面中单击 App 选项卡下的"曲线拟合器"按钮。

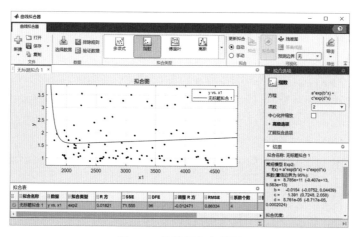

图 11-9　曲线拟合主界面

使用 cftool 工具的步骤如下：

（1）输入回归变量的观测数据，保存在 MATLAB 工作区中。

（2）进入曲线拟合主界面，在回归变量选择项中选择自变量与因变量（即导入变量观测数据）。

（3）在模型选择区选择系统提供的各种非线性模型或自定义模型，此时系统将会同时展示拟合结果预览与拟合曲线效果图。

（4）根据结果调整模型，直到满足建模要求为止。

11.4　逐步回归

逐步回归是将变量一个一个引入，引入变量的条件是偏回归平方和经检验是显著的，同时每引入一个新变量后，对已选入的变量要逐个进行检验，将不显著变量剔除。

11.4.1　逐步回归建模

在 MATLAB 中，利用函数 stepwisefit() 实现逐步回归法建模，只需给出必要的输入参数，即可自动完成建模的工作，返回所谓最优回归方程的相关信息。其调用格式如下：

```
b=stepwisefit(X,y,Name,Value)    % 输入参数 X 为 p 个自变量的 n 个观测值的 n×p 矩阵
                                 % y 为因变量的 n 个观测值的 n×1 向量
[b,se,pval]=stepwisefit(____)    % 返回系数估计值 b，标准误差 se，p- 值 pval
```

```
[b,se,pval,finalmodel,stats]=stepwisefit(___)
        % 返回最终回归模型中每个变量的回归系数,finalmodel 中 1 表示该变量进入最终模型,
        % 0 表示该变量未进入最终模型
        % 最终模型统计数据 stats
[b,se,pval,finalmodel,stats,nextstep,history]=stepwisefit(___)
        % 返回 nextstep 下一步是否还需要引入回归方程的自变量 (0 表示否)
        % 信息 history 包含关于所有采取的步骤的信息
```

【例 11-13】逐步回归分析。

解: 在编辑器窗口中输入以下语句。运行程序,输出图形如图 11-10 所示。

```
>> load hald
>> whos                                      % 输出略
>> b=stepwisefit(ingredients,heat)           % 执行逐步回归并获得系数估计值
初始包含列 : none
第 1 步,添加第 4 列,p=0.000576232
第 2 步,添加第 1 列,p=1.10528e-06
最终包含列:1 4
    {'系数'      }      {'标准误差'}       {'状态'}        {'P'          }
    {[ 1.4400]}      {[ 0.1384]}      {'添加'}      {[1.1053e-06]}
    {[ 0.4161]}      {[ 0.1856]}      {'删除'}      {[    0.0517]}
    {[-0.4100]}      {[ 0.1992]}      {'删除'}      {[    0.0697]}
    {[-0.6140]}      {[ 0.0486]}      {'添加'}      {[1.8149e-07]}
b =
    1.4400
    0.4161
   -0.4100
   -0.6140
```

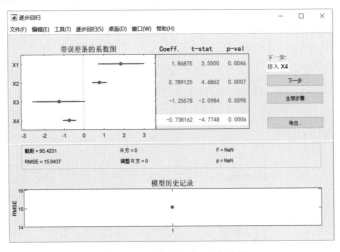

图 11-10 逐步回归交互式环境

11.4.2 交互式操作环境

在 MATLAB 中，利用函数 stepwise() 可以实现逐步回归的交互式环境，通过该工具可以自由地选择变量，进行统计分析。其调用格式如下：

```
stepwise              % 进入交互式图形用户界面，依据自带数据文件 hald.mat 进行逐步回归分析
                      % 默认 heat 为因变量观测值向量、ingredients 为设计矩阵
stepwise(X,y)         % 对用户指定的数据进行交互式逐步回归分析
                      % 输入参数 X 为 n×p 的设计矩阵，y 为因变量的观测值向量，是 n×1 的列向量
stepwise(X,y,inmodel,penter,premove)        % 见下面的说明
```

在最后一条调用格式中，用 inmodel 参数指定初始模型中所包含的项，inmodel 可以是一个长度与 X 的列数相等的逻辑向量，也可以是一个下标向量（其元素取值介于 1 和 X 的列数之间，表示列序号）。

用 penter 参数指定变量进入模型的最大显著性水平（默认为 0.05），显著性检验的 p 值小于 penter 的变量才有可能被引入模型。

用 premove 参数指定从模型中剔除变量的最小显著性水平（默认为 penter 和 0.1 的最大值），显著性检验的 p 值大于 premove 的变量有可能被剔除出模型。penter 参数的值必须小于或等于 premove 参数的值。

在命令行窗口中输入以下语句，即可进入如图 11-10 所示的逐步回归交互式环境。限于篇幅，这里不再详细介绍该工具的应用。

```
>> stepwise
```

11.5　本章小结

回归分析是一种统计分析方法，用于确定两种或两种以上变量间相互依赖的定量关系。本章介绍了如何在 MATLAB 中进行回归分析，包括一元多项式回归、多元线性回归、非线性回归及逐步回归等。通过本章的学习，读者能够基本掌握在 MATLAB 中实现回归分析的方法。MATLAB 的回归分析功能非常强大，本章仅起到抛砖引玉的作用。

第12章

优化问题求解

优化问题可以说是数学建模中最常见的一类问题，具有很强的实际应用背景。根据其不同的表现特征和标准，可以将优化问题分为无约束和有约束、线性和非线性、单目标和多目标优化问题等。在 MATLAB 中，求解优化问题主要分为基于问题的优化和基于求解器的优化两种方法。本章将介绍如何在 MATALB 中实现优化问题的求解。

12.1 基于问题的优化

在 MATLAB 中，基于问题的求解包括对方程问题及对优化问题的求解两类。其中，函数 optimvar() 用于创建优化变量，函数 eqnproblem() 用于创建方程问题，函数 optimproblem() 用于创建优化问题，函数 solve() 用于对问题求解。下面分别介绍这些函数的用法。

12.1.1 创建优化变量

函数 optimvar() 用于创建优化变量，其调用格式如下：

```
x=optimvar(name)            % 创建标量优化变量（符号对象），为目标函数和问题约束创建表达式
x=optimvar(name,n)          % 创建由优化变量组成的 n×1 向量
x=optimvar(name,cstr)       % 创建可使用 cstr 进行索引的优化变量向量
```

> 🎮➕说明 x 的元素数与 cstr 向量的长度相同；x 的方向与 cstr 的方向相同，当 cstr 是行
> 向量时，x 也是行向量，当 cstr 是列向量时，x 也是列向量。

```
x=optimvar(name,cstr1,n2,…,cstrk)
                            % 基于正整数 ni 和名称 cstrk 的任意组合创建一个优化变量数组
                            % 其维数等于整数 ni 和条目 cstr1k 的长度
x=optimvar(name,{cstr1,cstr2,…,cstrk})          % 同上
x=optimvar(name,[n1,n2,…,nk])                   % 同上
x=optimvar(____,Name,Value)    % 使用由一个或多个"名称-值"参数对指定的其他选项
```

"名称–值"参数对如表 12-1 所示。

表12-1 "名称-值"参数对

名称/Name	含 义	值/Value
'Type'	变量类型	指定为'continuous'（实数值）或'integer'（整数值）。适用于数组中的所有变量，当需要多种变量类型时需要创建多个变量
'LowerBound'	下界	指定为与x大小相同的数组或实数标量，默认为Inf，若为标量，则该值适用于x的所有元素
'UpperBound'	上界	指定为与x大小相同的数组或实数标量，默认为Inf，若为标量，则该值适用于x的所有元素

【例 12-1】利用 optimvar() 函数创建变量示例。

解：在命令行窗口中依次输入：

```
>> dollars=optimvar('dingding')          % 创建一个名为 dingding 的标量优化变量
>> x=optimvar('x',3)                     % 创建一个名为 x 的 3×1 优化变量向量
>> x=optimvar('x','Type','integer')      % 指定整数变量
>> xarray=optimvar('xarray',3,4,2)       % 创建名为 xarray 的 3×4×2 优化变量数组
>> x=optimvar('x',3,3,3,'Type','integer','LowerBound',0,6,1)
                                         % 创建一个名为 x、大小为 3×3×3 的优化变量数组
```

读者可自行运行，观察输出结果。

12.1.2 创建方程问题

函数 eqnproblem() 用于创建方程问题，其调用格式如下：

```
prob=eqnproblem                    % 利用默认属性创建方程问题
prob=eqnproblem(Name,Value)        % 使用一个或多个"名称－值"参数对指定附加选项
```

"名称－值"参数对如表 12-2 所示。

表12-2 "名称-值"参数对

名称/Name	含　义	值/Value
'Equations'	问题约束	指定为OptimizationEquality数组或以OptimizationEquality数组为字段的结构体，如sum(x.^2,2)==4
'Description'	问题标签	指定为字符串或字符向量，不参与运算，可以存储关于模型或问题的描述性信息

例如，在构造问题时可以使用 Equations 名称来指定方程等。其中 Name 为参数名称，必须放在引号中，Value 为对应的值。例如：

```
prob=eqnproblem('Equations',eqn)
```

输出参数 prob 为方程问题，它以 EquationProblem 对象形式返回。通常需要指定 prob.Equations 完成问题的描述，对于非线性方程，还需要指定初始点结构体。最后通过调用 solve 函数完成问题的完整求解。

> **注意** 基于问题的优化求解方法不支持在目标函数、非线性等式或非线性不等式中使用复数值。如果某函数计算具有复数值，哪怕是作为中间值，最终结果也可能不正确。

【例 12-2】基于问题求多项式非线性方程组的解。其中，x 为 2×2 矩阵。

$$x^3=\begin{bmatrix} 1 & 2 \\ 3 & 4 \end{bmatrix}$$

解：在编辑器窗口中依次输入以下代码：

```
x=optimvar('x',2,2);              % 将变量 x 定义为一个 2×2 的矩阵变量
eqn=x^3==[1 2; 3 4];             % 使用 x 定义要求解的方程
prob=eqnproblem('Equations',eqn); % 用此方程创建一个方程问题
x0.x=ones(2);     % 对基于问题的方法，将初始点指定为结构体，并将变量名称作为结构体的字段
sol=solve(prob,x0);              % 从 [1 1;1 1] 点开始求解问题
disp(sol.x)                      % 查看求解结果
sol.x^3                          % 验证解
```

运行程序，输出结果如下：

```
Solving problem using fsolve.
Equation solved.
fsolve completed because the vector of function values is near zero as
```

```
measured by the value of the function tolerance, and the problem appears
regular as measured by the gradient.
    <stopping criteria details>
     -0.1291    0.8602
      1.2903    1.1612
    ans =
      1.0000    2.0000
      3.0000    4.0000
```

12.1.3 创建优化问题

函数 optimproblem() 用于创建优化问题。该函数的调用格式如下：

```
prob=optimproblem                    % 利用默认属性创建优化问题
prob=optimproblem(Name,Value)        % 使用一个或多个"名称 – 值"参数对指定附加选项
```

其中，Name 为参数名称，必须放在引号中，Value 为对应的值，如表 12-3 所示。

输出参数 prob 为方程问题，它以 OptimizationProblem 对象形式返回。通常需要指定目标函数和约束来完成问题的描述。但是，也可能会遇到没有目标函数的可行性问题或没有约束的问题。最后通过调用 solve 求解完整的问题。

表12-3　"名称-值"参数对

名称/Name	含　义	值/Value
'Constraints'	问题约束	指定为OptimizationConstraint数组或以OptimizationConstraint数组为字段的结构体。例如： `prob=optimproblem('Constraints',sum(x,2)==1)`
'Objective'	目标函数	指定为标量OptimizationExpression对象。例如： `prob=optimproblem('Objective',sum(sum(x)))`
'ObjectiveSense'	优化方向	指定为'minimize'（或'min'，默认）时，solve函数将最小化目标；指定为'maximize'（或'max'）时，函数将最大化目标。例如： `prob=optimproblem('ObjectiveSense','max')`
'Description'	问题标签	指定为字符串或字符向量，不参与运算，可以存储关于模型或问题的描述性信息

注意 基于问题的方法不支持目标函数、非线性等式或非线性不等式中使用复数值。如果某函数计算具有复数值，即使是作为中间值，最终结果也可能不正确。

```
>> prob=optimproblem
prob =
  OptimizationProblem - 属性:
        Description: ''
      ObjectiveSense: 'minimize'
          Variables: [0×0 struct] containing 0 OptimizationVariables
          Objective: [0×0 OptimizationExpression]
        Constraints: [0×0 struct] containing 0 OptimizationConstraints
  No problem defined.
```

说明 在创建优化问题时，使用比较运算符 ==、<= 或 >= 从优化变量创建优化表达式，其中由 == 创建等式，由 <= 或 >= 创建不等式约束。

【例 12-3】创建并求解拥有两个正变量和三个线性不等式约束的最大化线性规划问题。

解：在编辑器窗口中输入以下代码：

```
prob=optimproblem('ObjectiveSense','max');      % 创建最大化线性规划问题
x=optimvar('x',2,1,'LowerBound',0);             % 创建正变量
prob.Objective=x(1)+2*x(2);                     % 在问题中设置一个目标函数

% 在问题中创建线性不等式约束
cons1=x(1)+5*x(2)<=100;
cons2=x(1)+x(2)<=40;
cons3=2*x(1)+x(2)/2<=60;
prob.Constraints.cons1=cons1;
prob.Constraints.cons2=cons2;
prob.Constraints.cons3=cons3;

show(prob)                                       % 检查问题是否正确
sol=solve(prob);                                 % 问题求解
sol.x                                            % 显示求解结果
```

运行程序，输出结果如下：

```
    OptimizationProblem :
  Solve for:
      x
  maximize :
      x(1) + 2*x(2)
```

```
subject to cons1:
    x(1) + 5*x(2) <= 100
subject to cons2:
    x(1) + x(2) <= 40
subject to cons3:
    2*x(1) + 0.5*x(2) <= 60
variable bounds:
    0 <= x(1)
    0 <= x(2)
Solving problem using linprog.
Optimal solution found.
ans =
    25.0000
    15.0000
```

12.1.4　求解优化问题或方程问题

函数 solve() 用于求优化问题或方程问题的解。该函数的调用格式如下：

```
sol=solve(prob)           % 求解 prob 指定的优化问题或方程问题
sol=solve(prob,x0)        % 从初始点 x0 开始求解 prob，x0 指定为结构体，其字段名称
                          % 等于 prob 中的变量名称
sol=solve(___,Name,Value)     % 使用"名称 - 值"参数对修正求解过程
[sol,fval]=solve(___)         % 返回求解处的目标函数值
[sol,fval,exitflag,output,lambda]=solve(___)      % 额外返回退出标志等
```

"名称 - 值"参数对如表 12-4 所示。

表12-4　"名称-值"参数对

名称/Name	含　义	值/Value
'Options'	优化选项	指定为一个由optimoptions创建的对象，或一个由optimset等创建的options结构体。例如： opts=optimoptions('intlinprog','Display','none') solve(prob,'Options',opts)
'Solver'	优化求解器	指定为求解器的名称
'ObjectiveDerivative'	对非线性目标函数使用自动微分	设置对非线性目标函数是否采用自动微分（AD），指定为'auto'（尽可能使用AD）、'auto-forward'（尽可能使用正向AD）、'auto-reverse'（尽可能使用反向AD）或'finite-differences'（不要使用AD）
'ConstraintDerivative'	对非线性约束函数使用自动微分	设置对非线性约束函数是否采用自动微分（AD），参数同上
'EquationDerivative'	对非线性方程使用自动微分	设置对非线性方程是否采用自动微分（AD），参数同上

最后一条语句额外返回一个说明退出条件的退出标志 exitflag 和一个 output 结构体（包含求解过程的其他信息）；对于非整数优化问题，还返回一个拉格朗日乘数结构体 lambda。

【例 12-4】若 prob 具有名为 x 和 y 的变量，则初始点的指定方式如下：

```
>> x=optimvar('x');          % 创建名为 x 的优化变量
>> y=optimvar('y');          % 创建名为 y 的优化变量
>> x0.x=[3,2,17];            % 指定优化变量 x 的初始点
>> x0.y=[pi/3,2*pi/3];       % 指定优化变量 y 的初始点
```

解：对于优化问题，问题类型的默认及可用求解器如表 12-5 所示。

表12-5 优化问题可用求解器

求 解 器	问题类型							
	线性规划/ LP	混合整数线性规划/ MILP	二次规划/ QP	二阶锥规划/ SOCP	线性最小二乘	非线性最小二乘	非线性规划/NLP	混合整数非线性规划/ MINLP
linprog	★	×	×	×	×	×	×	×
intlinprog	√	★	×	×	×	×	×	×
quadprog	√	×	★	√	√	×	×	×
coneprog	√	×	×	★	×	×	×	×
lsqlin	×	×	×	×	★	×	×	×
lsqnonneg	×	×	×	×	√	×	×	×
lsqnonlin	×	×	×	×	√	★	×	×
fminunc	√	×	√	×	√	√	★（无约束）	×
fmincon	√	×	√	√	√	√	★（有约束）	×
patternsearch	√	×	√	√	√	√	√	×
ga	√	√	√	√	√	√	√	★
particleswarm	√	×	√	×	√	√	√	×
simulannealbnd	√	×	√	×	√	√	√	×
surrogateopt	√	√	√	√	√	√	√	√

说明：★表示默认求解器，√表示可用求解器，×表示不可用求解器。

对于方程问题，问题类型的默认及可用求解器如表 12-6 所示。

表12-6　方程求解可用求解器

方程类型	lsqlin	lsqnonneg	fzero	fsolve	lsqnonlin
线性	★	✕	√（仅标量）	√	√
线性加边界	★	√	✕	✕	√
标量非线性	✕	✕	★	√	√
非线性方程组	✕	✕	✕	★	√
非线性方程组加边界	✕	✕	✕	✕	★

说明：★表示默认求解器，√表示可用求解器，✕表示可不用求解器。

【例12-5】求解由优化问题定义的线性规划问题。

解：在编辑器窗口中依次输入以下代码：

```
%  创建优化问题
x=optimvar('x');
y=optimvar('y');
prob=optimproblem;                          % 创建一个优化问题 prob
prob.Objective=-x-y/3;                      % 创建目标函数

prob.Constraints.cons1=x+y<=2;              % 创建约束 1
prob.Constraints.cons2=x+y/4<=1;            % 创建约束 2
prob.Constraints.cons3=x-y<=2;              % 创建约束 3
prob.Constraints.cons4=x/4+y>=-1;           % 创建约束 4
prob.Constraints.cons5=x+y>=1;              % 创建约束 5
prob.Constraints.cons6=-x+y<=2;             % 创建约束 6

sol=solve(prob)                             % 问题求解
val=evaluate(prob.Objective,sol)            % 求目标函数在解处的值
```

运行程序，输出结果如下：

```
olving problem using linprog.
Optimal solution found.
sol =
   包含以下字段的 struct:
     x: 0.6667
     y: 1.3333
val =
   -1.1111
```

【例12-6】使用基于问题的方法求解非线性规划问题。在 $x^2+y^2 \leqslant 4$ 区域内，求 peaks() 函数的最小值。

解：在编辑器窗口中依次输入以下代码：

319

```
x=optimvar('x');
y=optimvar('y');
prob=optimproblem('Objective',peaks(x,y));
                                    % 以 peaks 作为目标函数，创建一个优化问题
prob.Constraints=x^2+y^2<=4;        % 将约束作为不等式包含在优化变量中
x0.x=1;                             % 将 x 的初始点设置为 1
x0.y=-1;                            % 将 y 的初始点设置为 -1
sol=solve(prob,x0)                  % 求解问题
```

运行程序，输出结果如下：

```
Solving problem using fmincon.
Local minimum found that satisfies the constraints.
<stopping criteria details>
sol =
    包含以下字段的 struct:
      x: 0.2283
      y: -1.6255
```

> 说明 如果目标函数或非线性约束函数不完全由初等函数组成，则必须使用 fcn2optimexpr() 函数将这些函数转换为优化表达式。上面的示例可以通过下面的方式转换：
>
> ```
> convpeaks=fcn2optimexpr(@peaks,x,y);
> prob.Objective=convpeaks;
> sol2=solve(prob,x0)
> ```

【例 12-7】从初始点开始求解混合整数线性规划问题。该问题有 8 个整数变量和 4 个线性等式约束，所有变量都限制为正值。

解：在编辑器窗口中依次输入以下代码：

```
prob=optimproblem;
x=optimvar('x',8,1,'LowerBound',0,'Type','integer');
Aeq=[22  13  26  33  21   3  14  26
     39  16  22  28  26  30  23  24
     18  14  29  27  30  38  26  26
     41  26  28  36  18  38  16  26];
beq=[7872; 10466; 11322; 12058];
cons=Aeq*x==beq;                    % 创建 4 个线性等式约束
prob.Constraints.cons=cons;

f=[2  10  13  17   7   5   7   3];
prob.Objective=f*x;                 % 创建目标函数

[x1,fval1,exitflag1,output1]=solve(prob);   % 在不使用初始点的情况下求解问题
```

```
x0.x=[8 62 23 103 53 84 46 34]';
[x2,fval2,exitflag2,output2]=solve(prob,x0);          % 使用初始可行点求解
fprintf(' 无初始点求解需要 %d 步。\n 使用初始点求解需要 %d 步。',output1.numnodes,
        output2.numnodes)…
```

运行程序，输出结果略，读者自行输出查看即可。

> ⚙️说明　给出初始点并不能始终改进问题。此处使用初始点节省了时间和计算步数。
> 但是，对于某些问题，初始点可能会导致 solve 使用更多求解步数。

【例 12-8】求下面的解整数规划问题，输出时不显示迭代过程。

$$\min -3x_1 - 2x_2 - x_3$$

$$\text{s.t.} \begin{cases} x_1 + x_2 + x_3 \leqslant 7 \\ 4x_1 + 2x_2 + x_3 = 12 \\ x_1, x_2 \geqslant 0 \\ x_3 = 0 \text{ 或 } 1 \end{cases}$$

解：在编辑器窗口中依次输入以下代码：

```
x=optimvar('x',2,1,'LowerBound',0);                   % 声明变量x1、x2
x3=optimvar('x3','Type','integer','LowerBound',0,'UpperBound',1);
prob=optimproblem;
prob.Objective=-3*x(1)-2*x(2)-x3;
prob.Constraints.cons1=x(1)+x(2)+x3<=7;
prob.Constraints.cons2=4*x(1)+2*x(2)+x3==12;
options=optimoptions('intlinprog','Display','off');
%[sol,fval,exitflag,output]=solve(prob)               % 输出所有数据，以便于检查
sol=solve(prob,'Options',options)
sol.x
x3=sol.x3
```

运行程序，输出结果如下：

```
sol =
   包含以下字段的 struct:
       x: [2×1 double]
      x3: 1
ans =
         0
    5.5000
x3 =
      1
```

【例12-9】强制 solve 使用 intlinprog 求解线性规划问题。

解：在编辑器窗口中依次输入以下代码：

```
x=optimvar('x');
y=optimvar('y');
prob=optimproblem;
prob.Objective=-x-y/3;
prob.Constraints.cons1=x+y<=2;
prob.Constraints.cons2=x+y/4<=1;
prob.Constraints.cons3=x-y<=2;
prob.Constraints.cons4=x/4+y>=-1;
prob.Constraints.cons5=x+y>=1;
prob.Constraints.cons6=-x+y<=2;
sol=solve(prob,'Solver','intlinprog')
```

运行程序，输出结果如下：

```
Solving problem using intlinprog.
LP:                 Optimal objective value is -1.111111.

Optimal solution found.
No integer variables specified. Intlinprog solved the linear problem.
sol =
    包含以下字段的 struct:
      x: 0.6667
      y: 1.3333
```

【例12-10】使用基于问题的方法求解非线性方程组。

解：在编辑器窗口中依次输入以下代码：

```
x=optimvar('x',2);                              % 将 x 定义为一个二元素优化变量
eq1=exp(-exp(-(x(1)+x(2))))==x(2)*(1+x(1)^2);    % 创建第一个方程作为优化等式
eq2=x(1)*cos(x(2))+x(2)*sin(x(1))==1/2;          % 创建第二个方程作为优化等式
prob=eqnproblem;                                 % 创建一个方程问题
prob.Equations.eq1=eq1;
prob.Equations.eq2=eq2;
show(prob)                                        % 检查问题
```

运行程序，输出结果如下：

```
    EquationProblem :
          Solve for:
          x
          eq1:
          exp((-exp((-(x(1) + x(2)))))) == (x(2) .* (1 + x(1).^2))
```

```
eq2:
((x(1) .* cos(x(2))) + (x(2) .* sin(x(1)))) == 0.5
```

对于基于问题的方法，将初始点指定为结构体，并将变量名称作为结构体的字段。该问题只有一个变量 x。继续在编辑器窗口中依次输入以下代码：

```
x0.x=[0 0];
[sol,fval,exitflag]=solve(prob,x0)          %从 [0,0] 点开始求解问题
```

运行程序，输出结果如下：

```
sol =
    包含以下字段的 struct:
      x: [2×1 double]
fval =
    包含以下字段的 struct:
      eq1: -2.4070e-07
      eq2: -3.8255e-08
exitflag =
    EquationSolved
```

在命令行窗口中依次输入以下代码查看解点：

```
>> disp(sol.x)                              %查看解点
    0.3532
    0.6061
```

如果方程函数不是由初等函数组成的，需要使用 fcn2optimexpr 将函数转换为优化表达式。针对本例，转换如下：

```
ls1=fcn2optimexpr(@(x)exp(-exp(-(x(1)+x(2)))),x);
eq1=ls1==x(2)*(1+x(1)^2);
ls2=fcn2optimexpr(@(x)x(1)*cos(x(2))+x(2)*sin(x(1)),x);
eq2=ls2==1/2;
```

12.2　基于求解器的优化

前面介绍了在 MATLAB 中实现基于问题的优化求解方法，本节重点介绍如何在 MATALB 中实现基于求解器的优化问题求解。

12.2.1 线性规划

当建立的数学模型的目标函数为线性函数，约束条件为线性等式或不等式时，称此数学模型为线性规划模型。线性规划方法是处理线性目标函数和线性约束的一种较为成熟的方法，主要用于研究有限资源的最佳分配问题，即如何对有限的资源做出最佳方式的调配和最有利的使用，以便最充分地发挥资源的效能来获取最佳的经济效益。

在 MATLAB 中，用于线性规划问题的求解函数为 linprog，在调用该函数时，需要遵循 MATLAB 中对线性规划标准型的要求，即遵循：

$$\min f(x) = cx$$
$$\text{s.t.} \begin{cases} Ax \leqslant b \\ A_{eq}x \leqslant b_{eq} \\ lb \leqslant x \leqslant ub \end{cases}$$

上述模型为在满足约束条件下，求目标函数 $f(x)$ 的极小值。linprog 函数的调用格式为：

```
x=linprog(fun,A,b,Aeq,beq,lb,ub)          % 求在约束条件下的 minf(x) 的解
x=linprog(problem)                        % 查找问题的最小值，其中问题是输入参数中描述的结构
[x,fval]=linprog(…)                       % 返回解 x 处的目标函数值 fval
```

输入参数 lb、ub、b、beq、A、Aeq 分别对应数学模型中的 lb、ub、b、b_{eq}、A、A_{eq}，输入参数 fun 通常用目标函数的系数 c 表示。fun、A、b 是不可缺少的输入变量，x 是不可缺少的输出变量，它是问题的解。当无约束条件时，A=[]、b=[]；当无等式约束时，Aeq=[]、beq=[]；当设计变量无界时，lb=[]、ub=[]。

【例 12-11】求函数的最大值 $f(x)=8x_1+3x_2+6x_3$，其中 x 满足条件：

$$\text{s.t.} \begin{cases} x_1 - x_2 + x_3 \leqslant 20 \\ 3x_1 + 2x_2 + 4x_3 \leqslant 42 \\ 3x_1 + 2x_2 \leqslant 30 \\ 0 \leqslant x_1, 0 \leqslant x_2, 0 \leqslant x_3 \end{cases}$$

解：函数 linprog() 用于求最小值，因此先将题目转换为求函数的最小值 $f(x) = -8x_1 - 3x_2 - 6x_3$。

将变量按顺序排好，然后用系数表示目标函数，即：

```
f=[-8; -3; -6];
```

因为没有等式条件，所以 Aeq、beq 都是空矩阵，即：

```
Aeq=[];
beq=[];
```

不等式条件的系数为：

$$A = \begin{bmatrix} 1 & -1 & 1 \\ 3 & 2 & 4 \\ 3 & 2 & 0 \end{bmatrix}, \quad \boldsymbol{b} = \begin{bmatrix} 20 \\ 42 \\ 30 \end{bmatrix}$$

由于没有上限要求，故 *lb*、*ub* 设为：

$$\boldsymbol{lb} = \begin{bmatrix} 0 \\ 0 \\ 0 \end{bmatrix}, \quad \boldsymbol{ub} = \begin{bmatrix} \text{inf} \\ \text{inf} \\ \text{inf} \end{bmatrix}$$

根据以上分析，在编辑器窗口中输入：

```
clear, clc
f=[-8; -3; -6];                              %目标函数的系数
A=[1 -1 1; 3 2 4; 3 2 0];
b=[20; 42; 30];
lb=[0;0;0];                                  %各变量的下限
ub=[inf;inf;inf];                            %各变量的上限
[x,fval,exitflag,]=linprog(f,A,b,[],[],lb,[])   %求解运算
```

运行程序后，得到结果如下，结果 exitflag=1 表示过程正常收敛于解 *x* 处。

```
Optimal solution found.
x =
    10.0000
         0
     3.0000
fval =
   -98.0000
exitflag =
     1
```

【例 12-12】某单位有一批资金用于 4 个工程项目的投资，用于各工程项目时所得的净收益（投入资金的百分比）如表 12-7 所示。

表12-7　工程项目收益表

工程项目	A	B	C	D
收益/%	13	10	11	14

由于某种原因，决定用于项目 A 的投资不大于其他各项投资之和；而用于项目 B 和 C 的投资要大于项目 D 的投资。试确定使该单位收益最大的投资分配方案。

解：这里设 x_1、x_2、x_3 和 x_4 分别代表用于项目 A、B、C 和 D 的投资百分数，由于各项目的投资百分数之和必须等于 100%，所以 $x_1+x_2+x_3+x_4=1$。

根据题意，可以建立如下模型：

$$\max \quad f(\boldsymbol{x}) = 0.13x_1 + 0.10x_2 + 0.11x_3 + 0.14x_4$$

$$\text{s.t.} \begin{cases} x_1 + x_2 + x_3 + x_4 = 1 \\ x_1 - (x_2 + x_3 + x_4) \leqslant 0 \\ x_4 - (x_2 + x_3) \leqslant 0 \\ x_i \geqslant 0, i = 1, 2, 3, 4 \end{cases}$$

在编辑器窗口中编写如下代码，对模型进行求解。

```
clear, clc
f=[-0.13;-0.10;-0.11;-0.14];
A=[1 -1 -1 -1 ; 0 -1 -1 1];
b=[0; 0];
Aeq=[1 1 1 1];
beq=[1];
lb=zeros(4,1);
[x,fval,exitflag]=linprog(f,A,b,Aeq,beq,lb)
```

运行程序后，可以得到最优化结果如下：

```
Optimization terminated.
x =
    0.5000
         0
    0.2500
    0.2500
fval =
   -0.1275
exitflag =
     1
```

上面的结果说明，项目 A、B、C、D 投入资金的百分比分别为 50%、25%、0、25% 时，该单位收益最大。exitflag =1，收敛正常。

12.2.2　有约束非线性规划

在 MATLAB 中，用于有约束非线性规划问题的求解函数为 fmincon，它用于寻找约束非线性多变量函数的最小值，在调用该函数时，需要遵循 MATLAB 中对非线性规划标准型的要求，即遵循：

$$\min f(\boldsymbol{x})$$

$$\text{s.t.} \begin{cases} \boldsymbol{c}(\boldsymbol{x}) \leqslant 0 \\ \boldsymbol{c}_{\text{eq}}(\boldsymbol{x}) = 0 \\ \boldsymbol{A}\boldsymbol{x} \leqslant \boldsymbol{b} \\ \boldsymbol{A}_{\text{eq}}\boldsymbol{x} = \boldsymbol{b}_{\text{eq}} \\ \boldsymbol{lb} \leqslant \boldsymbol{x} \leqslant \boldsymbol{ub} \end{cases}$$

非线性规划求解函数 fmincon 调用格式如下：

```
x=fmincon(fun,x0,A,b,Aeq,beq,lb,ub,nonlcon)
                         % 给定初值 x0，求在约束条件下的函数 fun 的最小值 x
x=fmincon(problem)       % 查找问题的最小值，其中问题是输入参数中描述的结构
[x,fval]=fmincon(…)      % 返回解 x 处的目标函数值 fval
```

输入参数 x0、A、b、Aeq、beq、lb、ub 分别对应数学模型中的初值 x_0、$\boldsymbol{A}$、$\boldsymbol{b}$、$\boldsymbol{A}_{\text{eq}}$、$\boldsymbol{b}_{\text{eq}}$、$\boldsymbol{lb}$、$\boldsymbol{ub}$。其中，fun、A、b 是不可缺少的输入变量，$x$ 是不可缺少的输出变量，它是问题的解。

（1）输入参数 fun 为需要最小化的目标函数，在函数 fun 中需要输入设计变量 x（列向量）。fun 通常用目标函数的函数句柄或函数名称表示。

① 将 fun 指定为文件的函数句柄，如：

```
x=fmincon(@myfun,x0,A,b)
```

其中，myfun 是一个 MATLAB 函数，如：

```
function f=myfun(x)
f=…                      % 目标函数
```

② 将 fun 指定为匿名函数作为函数句柄：

```
x=fmincon(@(x)norm(x)^2,x0,A,b);
```

（2）初始点 x0，为实数向量或实数数组。求解器使用 x0 的大小以及其中的元素数量确定 fun 接受的变量数量和大小。

（3）nonlcon 为非线性约束，指定为函数句柄或函数名称。nonlcon 是一个函数，接受向量或数组 x，并返回两个数组 $c(x)$ 和 $c_{eq}(x)$。$c(x)$ 是由 x 处的非线性不等式约束组成的数组，满足 $c(x) \leqslant 0$。$c_{eq}(x)$ 是 x 处的非线性等式约束的数组，满足 $c_{eq}(x) = 0$。

例如：

```
x=fmincon(@myfun,x0,A,b,Aeq,beq,lb,ub,@mycon)
```

其中，mycon 是一个 MATLAB 函数，如：

```
function [c,ceq]=mycon(x)
c=…                    % 非线性不等式约束
ceq=…                  % 非线性等式约束
```

【例 12-13】求解优化问题，求目标函数 $f(x_1,x_2,x_3) = x_1^2(x_2+5)x_3$ 的最小值，其约束条件为：

$$\text{s.t.} \begin{cases} 350 - 163x_1^{-2.86}x_3^{0.86} \leqslant 0 \\ 10 - 4 \times 10^{-3} x_1^{-4} x_2 x_3^3 \leqslant 0 \\ x_1(x_2+1.5) + 4.4 \times 10^{-3} x_1^{-4} x_2 x_3^3 - 3.7x_3 \leqslant 0 \\ 375 - 3.56 \times 10^5 x_1 x_2^{-1} x_3^{-2} \leqslant 0 \\ 4 - x_3/x_1 \leqslant 0 \\ 1 \leqslant x_1 \leqslant 4 \\ 4.5 \leqslant x_2 \leqslant 50 \\ 10 \leqslant x_3 \leqslant 30 \end{cases}$$

解： 首先创建目标函数程序如下：

```
function f=dingfuna(x)
f=x(1)*x(1)*(x(2)+5)*x(3);
end
```

然后创建非线性约束条件函数程序如下：

```
function [c,ceq]=dingfunb(x)
c(1)=350-163*x(1)^(-2.86)*x(3)^0.86;
c(2)=10-0.004*(x(1)^(-4))*x(2)*(x(3)^3);
c(3)=x(1)*(x(2)+1.5)+0.0044*(x(1)^(-4))*x(2)*(x(3)^3)-3.7*x(3);
c(4)=375-356000*x(1)*(x(2)^(-1))*x(3)^(-2);
c(5)=4-x(3)/x(1);
ceq=0;
end
```

函数求解程序如下：

```
clear, clc
x0=[2 25 20]';
lb=[1 4.5 10]';
ub=[4 50 30]';
[x,fval]=fmincon(@dingfuna,x0,[],[],[],[],lb,ub,@dingfunb)
```

运行得到的结果如下：

```
x =
    1.0000
    4.5000
   10.0000
fval =
   95.0001
```

12.2.3　无约束非线性优化

无约束最优化问题在实际应用中也比较常见，如工程中常见的参数反演问题。另外，许多有约束最优化问题可以转换为无约束最优化问题进行求解。

在 MATLAB 中，无约束规划由 3 个功能函数实现，它们是一维搜索优化函数 fminbnd、多维无约束搜索函数 fminsearch 和多维无约束优化函数 fminunc。

1. 一维搜索优化函数 fminbnd

一维搜索优化函数 fminbnd 的功能是求取固定区间内单变量函数的最小值，也就是一元函数最小值问题。其数学模型为：

$$\min f(\boldsymbol{x})$$
$$\text{s.t. } x_1 < x < x_2$$

其中，x、x_1 和 x_2 是有限标量，$f(\boldsymbol{x})$ 是返回标量的函数。

一元函数最小值优化问题的函数 fminbnd 求的是局部极小值点，只可能返回一个极小值点，其调用格式如下：

```
x=fminbnd(fun,x1,x2)      % 返回值是 fun 描述的标量值函数在区间 x1<x<x2 的局部最小值
x=fminbnd(problem)        % 求 problem 的最小值，其中 problem 是一个结构体
[x,fval]=fminbnd(…)       % 返回目标函数在 fun 的解 x 处计算出的值
```

> 说明　fminbnd 函数的算法基于黄金分割搜索和抛物线插值方法。除非左右端点 x_1、x_2 非常靠近，否则不计算 fun 在端点处的值，因此只需要为 x 在区间 $x_1<x<x_2$ 中定义 fun。

输入参数 fun 为需要最小化的目标函数，指定为函数句柄或函数名称。fun 是一个接受实数标量 x 的函数，并返回实数标量 f（在 x 处计算的目标函数值）。

【例 12-14】求 $f(x)=5e^{-x}\sin x$ 在 $(0,8)$ 上的最大值和最小值。

解：在编辑器窗口中输入如下程序：

```
clear, clc
fun=@(x) 5.*exp(-x).*sin(x);
fplot(fun,[0,8]);                    % 在区间 [0,8] 上绘图
xmin=fminbnd(fun,0,5);
x=xmin;
ymin=fun(x)

f1=@(x) -5.*exp(-x).*sin(x);
xmax=fminbnd(f1,0,5);
x=xmax;
ymax=fun(x)
```

运行程序后，得到如下结果：

```
ymin =
    -0.0697
ymax =
     1.6120
```

函数在 $(0,8)$ 区间上的最大值为 1.6120，最小值为 -0.0697，其变化曲线如图 12-1 所示。

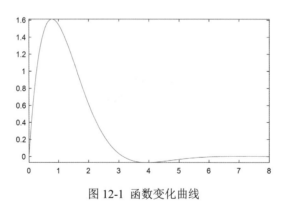

图 12-1 函数变化曲线

2. 多维无约束搜索函数 fminsearch

多维无约束搜索函数 fminsearch 的功能为求解多变量无约束函数的最小值。其数学模型为：

$$\min f(\boldsymbol{x})$$

其中，$f(\boldsymbol{x})$ 是返回标量的函数，$\boldsymbol{x}$ 是向量或矩阵。

函数 fminsearch 使用无导数法计算无约束多变量函数的局部最小值，常用于无约束非线性最优化问题。其调用格式如下：

```
x=fminsearch(fun,x0)        % 在点 x0 处开始并尝试求 fun 中描述的函数的局部最小值 x
x=fminsearch(problem)       % 求 problem 的最小值，其中 problem 是一个结构体
[x,fval]=fminsearch(___)    % 返回目标函数在 fun 的解 x 处计算出的值
```

使用 fminsearch 可以求解不可微分的问题或者具有不连续性的问题，尤其是在解附近没有出现不连续性的情况。函数 fminsearch 输入参数 x0 对应数学模型中的 x_0，即在点 x_0 处开始尝试求解。

输入参数 fun 为需要最小化的目标函数，在函数 fun 中需要输入设计变量 x（列向量或数组）。fun 通常用目标函数的函数句柄或函数名称表示。

【例 12-15】求 $3x_1^3 + 2x_1x_2^3 - 8x_1x_2 + 2x_2^2$ 的最小值。

解：在编辑器窗口中输入如下程序：

```
clear, clc
f='3*x(1)^3+2*x(1)*x(2)^3-8*x(1)*x(2)+2*x(2)^2';
x0=[0,0];
[x,f_min]=fminsearch(f,x0)
```

运行程序后，得到如下结果：

```
x =
    0.7733    0.8015
f_min =
   -1.4900
```

3. 多维无约束优化函数 fminunc

在 MATLAB 中提供了求解多维无约束优化问题的优化函数 fminunc，用于求解多维设计变量在无约束情况下目标函数的最小值，即：

$$\min f(\boldsymbol{x})$$

其中，$f(\boldsymbol{x})$ 是返回标量的函数，$\boldsymbol{x}$ 是向量或矩阵。

多维无约束优化函数 fminunc 求的是局部极小值点，其调用格式如下：

```
x=fminunc(fun,x0)        % 在点 x0 处开始并尝试求 fun 中描述的函数的局部最小值 x
x=fminunc(problem)       % 求 problem 的最小值，其中 problem 是一个结构体
[x,fval]=fminunc(___)    % 返回目标函数在 fun 的解 x 处计算出的值
```

函数 fminunc 输入参数 x0 对应数学模型中的 x_0，即在点 x_0 处开始求解尝试。

（1）输入参数 fun 为需要最小化的目标函数，在函数 fun 中需要输入设计变量 x（列向量或数组）。fun 通常用目标函数的函数句柄或函数名称表示。

（2）初始点 x0，为实数向量或实数数组。求解器使用 x0 的大小以及其中的元素数量确定 fun 接受的变量数量和大小。

【例 12-16】求无约束非线性问题 $f(\boldsymbol{x}) = 100(x_2 - x_1^2)^2 + (1 - x_1)^2$，$x_0 = [-1.2, 1]$。

解：在编辑器窗口中输入如下程序：

```
clear, clc
x0=[-1.2,1];
[x,fval]=fminunc('100*(x(2)-x(1)^2)^2+(1-x(1))^2',x0)
```

运行程序后，得到如下结果：

```
x =
     1.0000    1.0000
fval =
    2.8336e-11
```

12.2.4 多目标规划

多目标线性规划是优化问题的一种，由于其存在多个目标，要求各目标同时取得较优的值，使得求解的方法与过程都相对复杂。通过将目标函数进行模糊化处理，可将多目标问题转换为单目标问题，借助工具软件，从而达到较易求解的目标。

多目标线性规划是多目标最优化理论的重要组成部分，有两个或两个以上的目标函数，且目标函数和约束条件全是线性函数，其数学模型表示如下：

多目标函数：
$$\max \begin{cases} z_1 = c_{11}x_1 + c_{12}x_2 + \cdots + c_{1n}x_n \\ z_2 = c_{21}x_1 + c_{22}x_2 + \cdots + c_{2n}x_n \\ \quad\vdots \qquad\quad\vdots \qquad\qquad\vdots \\ z_r = c_{r1}x_1 + c_{r2}x_2 + \cdots + c_{rn}x_n \end{cases}$$

约束条件：
$$\begin{cases} a_{11}x_1 + a_{12}x_2 + \cdots + a_{1n}x_n \leq b_1 \\ a_{21}x_1 + a_{22}x_2 + \cdots + a_{2n}x_n \leq b_2 \\ \quad\vdots \qquad\quad\vdots \qquad\qquad\vdots \\ a_{m1}x_1 + a_{m2}x_2 + \cdots + a_{mn}x_n \leq b_m \\ x_1, x_2, \cdots, x_n \geq 0 \end{cases}$$

上述多目标线性规划问题可用矩阵形式表示为:

$$\min(\max) \quad \boldsymbol{z} = \boldsymbol{Cx}$$
$$\text{s.t.} \begin{cases} \boldsymbol{Ax} \leqslant \boldsymbol{b} \\ \boldsymbol{x} \geqslant 0 \end{cases}$$

其中, $\boldsymbol{A} = (a_{ij})_{m \times n}$、 $\boldsymbol{b} = (b_1, b_2, \cdots, b_m)'$、 $\boldsymbol{C} = (c_{ij})_{r \times n}$、 $\boldsymbol{x} = (x_1, x_2, \cdots, x_n)'$、 $\boldsymbol{z} = (z_1, z_2, \cdots, z_r)'$。 若数学模型中只有一个目标函数, 则该问题为典型的单目标规划问题。

由于多个目标之间的矛盾性和不可公度性, 要求使所有目标均达到最优解是不可能的, 因此多目标线性规划问题往往只是求其有效解。在 MATALB 中, 求解多目标线性规划问题有效解的方法包括最大最小法、目标规划法。

1. 最大最小法

最大最小法也叫机会损失最小值决策法, 是一种根据机会成本进行决策的方法, 它以各方案机会损失大小来判断方案的优劣。最大最小化问题的基本数学模型为:

$$\min_{\boldsymbol{x}} \max_{\{F\}} \{F(\boldsymbol{x})\}$$
$$\text{s.t.} \begin{cases} c(\boldsymbol{x}) \leqslant 0 \\ c_{eq}(\boldsymbol{x}) = 0 \\ \boldsymbol{A} \cdot \boldsymbol{x} \leqslant \boldsymbol{b} \\ \boldsymbol{A}_{eq} \cdot \boldsymbol{x} = \boldsymbol{b}_{eq} \\ \boldsymbol{lb} \leqslant \boldsymbol{x} \leqslant \boldsymbol{ub} \end{cases}$$

其中, $\boldsymbol{x}$、 $\boldsymbol{b}$、 $\boldsymbol{b}_{eq}$、 $\boldsymbol{lb}$、 $\boldsymbol{ub}$ 为矢量, $\boldsymbol{A}$、 $\boldsymbol{A}_{eq}$ 为矩阵, $c(\boldsymbol{x})$、 $c_{eq}(\boldsymbol{x})$、 $F(\boldsymbol{x})$ 为函数, 可以是非线性函数, 返回矢量。

fminimax 使多目标函数中的最坏情况达到最小化, 其调用格式如下:

```
x=fminimax(fun,x0,A,b,Aeq,beq,lb,ub,nonlcon)
[x,fval,maxfval]=fminimax(___)              % 返回解 x 处的目标函数值及最大函数值
```

其中, nonlcon 参数中给定非线性不等式 $c(\boldsymbol{x})$ 或等式 $c_{eq}(\boldsymbol{x})$。fminimax 函数要求 $c(\boldsymbol{x}) \leqslant 0$ 且 $c_{eq}(\boldsymbol{x})=0$。若无边界存在, 则设 $\boldsymbol{lb}=[]$ 和 (或) $\boldsymbol{ub}=[]$。

说明 目标函数必须连续, 否则 fminimax 函数有可能给出局部最优解。

【**例 12-17**】利用最大最小法求解以下数学模型：

$$\max f_1(\boldsymbol{x}) = 5x_1 - 2x_2$$
$$\max f_2(\boldsymbol{x}) = -4x_1 - 5x_2$$
$$\text{s.t.} \begin{cases} 2x_1 + 3x_2 \leqslant 15 \\ 2x_1 + x_2 \leqslant 10 \\ x_1, x_2 \geqslant 0 \end{cases}$$

解： （1）编写目标函数如下：

```
function f=dingfunc(x)
f(1)=5*x(1)-2*x(2);
f(2)=-4*x(1)-5*x(2);
end
```

（2）在编辑器窗口中编写以下代码进行求解：

```
clear,clc
x0=[1;1];
A=[2,3;2,1];
b=[15;10];
lb=zeros(2,1);
[x,fval]=fminimax('dingfunc',x0,A,b,[],[],lb,[])
```

运行程序后，得到如下结果：

```
x =
    0.0000
    5.0000
fval =
   -10   -25
```

即最优解为 0、5，对应的目标值为 -10 和 -25。

2. 多目标规划函数

在 MATLAB 优化工具箱中提供了函数 fgoalattain 用于求解多目标达到问题，是多目标优化问题最小化的一种表示。该函数求解的数学模型标准形式如右所示：

$$\min_{x,\gamma} \gamma$$
$$\text{s.t.} \begin{cases} \boldsymbol{F}(\boldsymbol{x}) - \text{weight} \cdot \gamma \leqslant \text{goal} \\ c(\boldsymbol{x}) \leqslant 0 \\ c_{\text{eq}}(\boldsymbol{x}) = 0 \\ \boldsymbol{A}\boldsymbol{x} \leqslant \boldsymbol{b} \\ \boldsymbol{A}_{\text{eq}}\boldsymbol{x} = \boldsymbol{b}_{\text{eq}} \\ \boldsymbol{lb} \leqslant \boldsymbol{x} \leqslant \boldsymbol{ub} \end{cases}$$

求解涉及多目标的目标达到问题函数为 fgoalattain，其调用格式如下：

```
x=fgoalattain(fun,x0,goal,weight,A,b,Aeq,beq,lb,ub,nonlcon)
```

求解满足 nonlcon 所定义的非线性不等式 $c(x)$ 或等式 $c_{eq}(x)$ 的目标达到问题，即满足 $c(x) \leqslant 0$ 和 $c_{eq}(x)=0$。如果不存在边界，则设置 *lb*=[] 和 / 或 *ub*=[]。

```
x=fgoalattain(problem)          % 求解 problem 所指定的目标达到问题
                                % 问题是 problem 中所述的一个结构体
[x,fval]=fgoalattain(___)       % 返回目标函数 fun 在解 x 处的值
```

模型参数 x0、goal、weight、A、b、Aeq、beq、lb、ub 分别对应数学模型中的 x_0、weight、goal、*A*、*b*、A_{eq}、b_{eq}、*lb*、*ub*。

（1）输入参数 fun 为需要优化的目标函数，函数 fun 接受向量 *x* 并返回向量 *F*，即在 *x* 处计算目标函数的值。fun 通常用目标函数的函数句柄或函数名称表示。

① 将 fun 指定为文件的函数句柄：

```
x=fgoalattain(@myfun,x0,goal,weight)
```

其中，myfun 是一个 MATLAB 函数，如：

```
function F=myfun(x)
F=…                             % 目标函数
```

② 将 fun 指定为匿名函数作为函数句柄：

```
x=fgoalattain (@(x)norm(x)^2,x0,goal,weight);
```

如果 x、F 的用户定义值是数组，fgoalattain 会使用线性索引将它们转换为向量。

（2）初始点 x0，为实数向量或实数数组。求解器使用 x0 的大小以及其中的元素数量确定 fun 接受的变量数量和大小。

（3）goal 为要达到的目标，指定为实数向量。fgoalattain 尝试找到最小乘数 γ，使不等式

$$F_i(x) - goal_i \leqslant weight_i \cdot \gamma$$

对于解 *x* 处的所有 *i* 值都成立。

当 weight 为正向量时，如果求解器找到同时达到所有目标的点 *x*，则达到因子 γ 为负，目标过达到；如果求解器找不到同时达到所有目标的点 *x*，则达到因子 γ 为正，目标欠达到。

（4）weight 为相对达到因子，指定为实数向量。fgoalattain 尝试找到最小乘数 γ，使不等式对于解 *x* 处的所有 *i* 值都成立，即：

$$F_i(x) - \text{goal}_i \leqslant \text{weight}_i \cdot \gamma$$

（5）nonlcon 为非线性约束，指定为函数句柄或函数名称。nonlcon 是一个函数，接受向量或数组 x，并返回两个数组 $c(x)$ 和 $c_{eq}(x)$。$c(x)$ 是由 x 处的非线性不等式约束组成的数组，满足 $c(x) \leqslant 0$。$c_{eq}(x)$ 是 x 处的非线性等式约束的数组，满足 $c_{eq}(x)=0$。

例如：

```
x=fgoalattain(@myfun,x0,…,@mycon)
```

其中，mycon 是一个 MATLAB 函数，例如：

```
function [c,ceq]=mycon(x)
c=…                        % 非线性不等式约束
ceq=…                      % 非线性等式约束
```

【例 12-18】设有如下线性系统：

$$\dot{x} = Ax + Bu$$
$$y = Cx$$

其中：

$$A = \begin{bmatrix} -0.5 & 0 & 0 \\ 0 & -2 & 10 \\ 0 & 1 & -2 \end{bmatrix}, B = \begin{bmatrix} 1 & 0 \\ -2 & 2 \\ 0 & 1 \end{bmatrix}, C = \begin{bmatrix} 1 & 0 & 0 \\ 0 & 0 & 1 \end{bmatrix}$$

请设计控制系统输出反馈器 K 使得闭环系统：

$$\dot{x} = (A + BKC)x + Bu$$
$$y = Cx$$

在复平面实轴上点 [-5，-3，-1] 的左侧有极点，且 $-4 \leqslant K_{ij} \leqslant 4$（$i, j = 1, 2$）。

解：本题是一个多目标规划问题，要求解矩阵 K，使矩阵 $(A+BKC)$ 的极点为 [-5，-3，-1]。

建立目标函数文件如下：

```
function F=dingfund(K,A,B,C)
F=sort(eig(A+B*K*C));
end
```

输入参数并调用优化程序如下：

```
clear, clc
```

```
A=[-0.5 0 0; 0 -2 10; 0 1 -2];
B=[1 0; -2 2; 0 1];
C=[1 0 0; 0 0 1];
K0=[-1 -1; -1 -1];                         % 初始化控制器矩阵
goal=[-5 -3 -1];                           % 为闭合环路的特征值设置目标值向量
weight=abs(goal);                          % 设置权值向量
lb=-4*ones(size(K0));
ub=4*ones(size(K0));
options=optimset('Display','iter');        % 设置显示参数：显示每次迭代的输出
[K,fval,attainfactor]=fgoalattain(@dingfund,K0,goal,weight,…
[],[],[],[],lb,ub,[],options,A,B,C)
```

结果如下：

```
K =
   -4.0000   -0.2564
   -4.0000   -4.0000
fval =
   -6.9313
   -4.1588
   -1.4099
attainfactor =
   -0.3863
```

12.2.5　二次规划

如果某非线性规划的目标函数为自变量的二次函数，约束条件全是线性函数，就称这种规划为二次规划。其标准数学模型如下：

$$\min_{x} \frac{1}{2} \boldsymbol{x}^{\mathrm{T}} \boldsymbol{H} \boldsymbol{x} + \boldsymbol{c}^{\mathrm{T}} \boldsymbol{x}$$
$$\text{s.t.} \begin{cases} \boldsymbol{A}\boldsymbol{x} \leqslant \boldsymbol{b} \\ \boldsymbol{A}_{\mathrm{eq}}\boldsymbol{x} = \boldsymbol{b}_{\mathrm{eq}} \\ \boldsymbol{lb} \leqslant \boldsymbol{x} \leqslant \boldsymbol{ub} \end{cases}$$

其中，$\boldsymbol{H}$、$\boldsymbol{A}$、$\boldsymbol{A}_{\mathrm{eq}}$ 为矩阵，$\boldsymbol{c}$、$\boldsymbol{b}$、$\boldsymbol{b}_{\mathrm{eq}}$、$\boldsymbol{lb}$、$\boldsymbol{ub}$、$\boldsymbol{x}$ 为向量。

其他形式的二次规划问题都可转换为标准形式。

在 MATLAB 中可以利用 quadprog 函数求解二次规划问题，其调用格式如下：

```
x=quadprog(H,f,A,b,Aeq,beq,lb,ub,x0)
                        % 从向量 x0 开始求解问题，不存在边界时设置 lb=[]、ub=[]
x=quadprog(problem)     % 返回 problem 的最小值，它是 problem 中所述的一个结构体
```

```
[x,fval]=quadprog(___)          % 对于任何输入变量，还会返回 x 处的目标函数值 fval
```

模型参数 H、f、A、b、Aeq、beq、lb、ub、x0 分别对应数学模型中的 $\boldsymbol{H}$、$\boldsymbol{c}$、$\boldsymbol{b}$、$\boldsymbol{A}_{\text{eq}}$、$\boldsymbol{b}_{\text{eq}}$、$\boldsymbol{lb}$、$\boldsymbol{ub}$、$\boldsymbol{x}_0$。输入参数 H 为二次目标项，指定为对称实矩阵，以 1/2*x'*H*x+f'*x 表达式形式表示二次矩阵；如果 H 不对称，函数会发出警告，并改用对称版本 (H+H')/2。输入参数 f 为线性目标项，指定为实数向量，表示 1/2*x'*H*x+f'*x 表达式中的线性项。

【例 12-19】求解下面的最优化问题：

目标函数为：

$$f(\boldsymbol{x}) = \frac{1}{2}x_1^2 + x_2^2 - x_1x_2 - 2x_1 - 6x_2$$

约束条件为：

$$\begin{cases} x_1 + x_2 \leqslant 2 \\ -x_1 + 2x_2 \leqslant 2 \\ 2x_1 + x_2 \leqslant 3 \\ x_1 \geqslant 0, x_2 \geqslant 0 \end{cases}$$

解：目标函数可以修改为：

$$\begin{aligned} f(\boldsymbol{x}) &= \frac{1}{2}x_1^2 + x_2^2 - x_1x_2 - 2x_1 - 6x_2 \\ &= \frac{1}{2}(x_1^2 - 2x_1x_2 + 2x_2^2) - 2x_1 - 6x_2 \end{aligned}$$

记：

$$\boldsymbol{H} = \begin{pmatrix} 1 & -1 \\ -1 & 2 \end{pmatrix}, \ \boldsymbol{f} = \begin{pmatrix} -2 \\ -6 \end{pmatrix}, \ \boldsymbol{x} = \begin{pmatrix} x_1 \\ x_2 \end{pmatrix}, \ \boldsymbol{A} = \begin{pmatrix} 1 & 1 \\ -1 & 2 \\ 2 & 1 \end{pmatrix}, \ \boldsymbol{b} = \begin{pmatrix} 2 \\ 2 \\ 3 \end{pmatrix}$$

则上面的优化问题可写为：

$$\min_x \frac{1}{2}\boldsymbol{x}^{\text{T}}\boldsymbol{H}\boldsymbol{x} + \boldsymbol{f}^{\text{T}}\boldsymbol{x}$$
$$\text{s.t.}\begin{cases} \boldsymbol{A} \cdot \boldsymbol{x} \leqslant \text{b} \\ (0\ 0)^{\text{T}} \leqslant \boldsymbol{x} \end{cases}$$

编写 MATLAB 程序如下：

```
clear, clc
```

```
H=[1 -1; -1 2];
f=[-2;-6];
A=[1 1; -1 2; 2 1]; b=[2;2;3];
lb=zeros(2,1);
[x,fval,exitflag]=quadprog(H,f,A,b,[],[],lb)
```

运行结果如下：

```
x =
    0.6667
    1.3333
fval =
   -8.2222
exitflag =
    1
```

12.3 最小二乘最优问题

最小二乘问题 $\min\limits_{x \in R^n} f(x) = \min\limits_{x \in R^n} \sum\limits_{i=1}^{m} f_i^2(x)$ 中的 $f_i(x)$ 可以理解为误差，优化问题就是要使得误差的平方和最小。

12.3.1 约束线性最小二乘

有约束线性最小二乘的标准形式为：

$$\min_x \frac{1}{2}\| \boldsymbol{C}\boldsymbol{x} - \boldsymbol{d} \|_2^2$$
$$\text{s.t.} \begin{cases} \boldsymbol{A} \cdot \boldsymbol{x} \leqslant \boldsymbol{b} \\ \boldsymbol{A}_{\text{eq}} \cdot \boldsymbol{x} = \boldsymbol{b}_{\text{eq}} \\ \boldsymbol{lb} \leqslant \boldsymbol{x} \leqslant \boldsymbol{ub} \end{cases}$$

其中，$\boldsymbol{C}$、$\boldsymbol{A}$、$\boldsymbol{A}_{\text{eq}}$ 为矩阵，$\boldsymbol{d}$、$\boldsymbol{b}$、$\boldsymbol{b}_{\text{eq}}$、$\boldsymbol{lb}$、$\boldsymbol{ub}$、$\boldsymbol{x}$ 为向量。

在 MATLAB 中，约束线性最小二乘用函数 lsqlin 求解。该函数的调用格式如下：

```
x=lsqlin(C,d,A,b)                     % 求在约束条件 A·x≤b 下，方程 Cx=d 的最小二乘解 x
x=lsqlin(C,d,A,b,Aeq,beq,lb,ub)       % 增加线性等式约束 Aeq*x=beq 和边界 lb≤x≤ub
x=lsqlin(C,d,A,b,Aeq,beq,lb,ub,x0)    % 使用初始点 x0 执行最小化
```

若没有不等式约束，则设 A=[]，b=[]。如果 x(i) 无下界，设置 lb(i)=-Inf；如果 x(i) 无上界，设置 ub(i)=Inf。x0 为初始解向量，如果不包含初始点，设置 x0=[]。

```
x=lsqlin(problem)        % 求 problem 的最小值，它是 problem 中所述的一个结构体
```

使用圆点表示法或 struct 函数创建 problem 结构体：

```
[x,resnorm,residual,exitflag,output,lambda]=lsqlin(___)        % 并返回相关参数
```

（1）resnorm 为残差的 2- 范数平方，即 $\text{resnorm} = \left\| C \cdot x - d \right\|_2^2$。

（2）residual 为残差，且 $\text{residual} = C \cdot x - d$。

（3）exitflag 描述退出条件的值。

（4）output 为包含有关优化过程信息的结构体。

【例 12-20】求具有线性不等式约束系统的最小二乘解（求使 **Cx−d** 的范数最小的 x）。

解：首先在命令行窗口中输入系统的系数和 x 的上下界。

```
clear, clc
C=[0.9501  0.7620  0.6153  0.4057; 0.2311  0.4564  0.7919  0.9354;···
   0.6068  0.0185  0.9218  0.9169; 0.4859  0.8214  0.7382  0.4102;···
   0.8912  0.4447  0.1762  0.8936];
d=[0.0578; 0.3528; 0.8131; 0.0098; 0.1388];
A=[0.2027  0.2721  0.7467  0.4659; 0.1987  0.1988  0.4450  0.4186;···
   0.6037  0.0152  0.9318  0.8462];
b=[0.5251; 0.2026; 0.6721];
lb=-0.1*ones(4,1);
ub=2*ones(4,1);
[x,resnorm,residual,exitflag]=lsqlin(C,d,A,b,[],[],lb,ub)
```

运行程序后，得到如下结果：

```
x =
    -0.1000
    -0.1000
     0.2152
     0.3502
resnorm =
     0.1672
residual =
     0.0455
     0.0764
    -0.3562
     0.1620
     0.0784
exitflag =
     1
```

12.3.2 非线性曲线拟合

非线性曲线拟合是已知输入向量 $\boldsymbol{x}_{\text{data}}$、输出向量 $\boldsymbol{y}_{\text{data}}$，并知道输入与输出的函数关系为 $\boldsymbol{y}_{\text{data}} = F(\boldsymbol{x}, \boldsymbol{x}_{\text{data}})$，但不清楚系数向量 $\boldsymbol{x}$。进行曲线拟合，即 $\boldsymbol{x}$ 求使得下式成立：

$$\min_x \frac{1}{2} \left\| F(\boldsymbol{x}, \boldsymbol{x}_{\text{data}}) - \boldsymbol{y}_{\text{data}} \right\|_2^2 = \frac{1}{2} \sum_i \left(F(\boldsymbol{x}, \boldsymbol{x}_{\text{data}_i}) - \boldsymbol{y}_{\text{data}_i} \right)^2$$

在 MATLAB 中，可以使用函数 curvefit 解决此类问题，其调用格式如下：

```
x=lsqcurvefit(fun,x0,xdata,ydata)
```

从 x0 开始，求取合适的系数 x，使得非线性函数 fun(x,xdata) 满足对数据 ydata 的最佳拟合（基于最小二乘指标）。ydata 必须与 fun 返回的向量（或矩阵）$\boldsymbol{F}$ 大小相同。

```
x=lsqcurvefit(fun,x0,xdata,ydata,lb,ub)   % 设定 lb≤x≤ub, 不指定, lb=[], ub=[]
```

> **➕注意** 如果问题的指定输入边界不一致，则输出 x 为 x0，输出 resnorm 和 residual 为 []。违反边界 lb≤x≤ub 的 x0 的分量将重置为位于由边界定义的框内。遵守边界的分量不会更改。

```
x=lsqcurvefit(problem)          % 求 problem 的最小值，它是 problem 中所述的一个结构体
[x,resnorm]=lsqcurvefit(___)            % 返回在 x 处的残差的 2- 范数平方值
```

【例 12-21】已知输入向量 $\boldsymbol{x}_{\text{data}}$ 和输出向量 $\boldsymbol{y}_{\text{data}}$，且长度都是 n，使用最小二乘非线性拟合函数为：

$$y_{\text{data}_i} = x_1 \cdot x_{\text{data}_i}{}^2 + x_2 \cdot \sin x_{\text{data}_i} + x_3 \cdot x_{\text{data}_i}{}^3$$

解：根据题意可知，目标函数为：

$$\min_x \frac{1}{2} \sum_{i=1}^n \left[F(\boldsymbol{x}, x_{\text{data}_i}) - y_{\text{data}_i} \right]^2$$

其中：

$$F(\boldsymbol{x}, x_{\text{data}}) = x_1 \cdot x_{\text{data}}{}^2 + x_2 \cdot \sin x_{\text{data}} + x_3 \cdot x_{\text{data}}{}^3$$

解: 首先建立拟合函数文件:

```
function F=dingfune(x,xdata)
F=x(1)*xdata.^2+x(2)*sin(xdata)+x(3)*xdata.^3;
end
```

再编写函数拟合代码如下:

```
clear,clc
xdata=[3.6 7.2 9.3 4.1 8.4 2.8 1.3 7.9 10.0 5.4];
ydata=[16.5 150.6 262.1 24.7 208.5 9.9 2.7 163.9 325.0 54.3];
x0=[1,1,1];
[x,resnorm]=lsqcurvefit(@dingfune,x0,xdata,ydata)
```

结果如下:

```
x =
    0.2312    0.3561    0.3014
resnorm =
    6.2335
```

即函数在 0.2269、0.3385、0.3022 处残差的平方和均为 6.2335。

12.3.3 非负线性最小二乘

非负线性最小二乘的标准形式为:

$$\min_{x} \frac{1}{2}\left\| \boldsymbol{C}\boldsymbol{x} - \boldsymbol{d} \right\|_2^2$$
$$\boldsymbol{x} \geq 0$$

其中, 矩阵 $\boldsymbol{C}$ 和向量 $\boldsymbol{d}$ 为目标函数的系数, 向量 $\boldsymbol{x}$ 为非负独立变量。

在 MATLAB 中, 可以使用函数 lsqnonneg 求解此类问题, 其调用格式如下:

```
x=lsqnonneg(C,d)                        % 返回在 x ≥ 0 时使 norm(C*x-d) 最小的向量 x
                                        % 参数 C 为实矩阵, d 为实向量
x=lsqnonneg(problem)                    % 求 problem 的最小值, 它是 problem 中所述的一个结构体
[x,resnorm,residual]=lsqnonneg(___)     % resnorm 为残差的 2- 范数平方值, residual 为残差
```

【例 12-22】比较一个最小二乘问题的无约束与非负约束解法。

解: 编写两种问题求解的 MATLAB 代码。

```
clear, clc
C=[0.0382  0.2869; 0.6841  0.7061; 0.6231  0.6285; 0.6334  0.6191];
```

```
d=[0.8537; 0.1789; 0.0751; 0.8409];
A=C\d                                    % 无约束线性最小二乘问题
B=lsqnonneg(C,d)                         % 非负最小二乘问题
```

运行代码得到如下结果：

```
A =
    -2.5719
     3.1087
B =
         0
    0.6909
```

12.4　本章小结

　　最优化方法是专门研究如何从多个方案中选择最佳方案的科学。最优化理论和方法日益受到重视，而最优化方法与模型也广泛应用于各行业领域。本章对基于问题的优化和基于求解器的优化两种问题在 MATLAB 中的求解方法进行了深入的讲解，并介绍了最小二乘最优问题在 MATLAB 中的求解方法，读者需要灵活掌握。

参 考 文 献

[1] 付文利. MATLAB 应用全解 [M]. 北京：清华大学出版社，2023.

[2] 刘浩，韩晶. MATLAB R2022a 完全自学一本通 [M]. 北京：电子工业出版社，2022.

[3] Barbara Gastel，Robert A.Day[美] 著，任治刚译. 科技论文写作与发表教程（第 8 版）[M]. 北京：电子工业出版社，2018.

[4] 丁金滨. Origin 科技绘图与数据分析 [M]. 北京：清华大学出版社，2023.

[5] 李昕. MATLAB 数学建模（第 2 版）[M]. 北京：清华大学出版社，2022.

[6] 张岩. MATLAB 优化算法（第 2 版）[M]. 北京：清华大学出版社，2023.

[7] 温正. MATLAB 科学计算（第 2 版）[M]. 北京：清华大学出版社，2023.

[8] 丁金滨，宗敏. GraphPad Prism 科技绘图与数据分析 [M]. 北京：清华大学出版社，2023.

[9] 魏鑫，周楠. MATLAB 2022a 从入门到精通 [M]. 北京：电子工业出版社，2023.

[10] 周博，薛世峰. MATLAB 工程与科学绘图 [M]. 北京：清华大学出版社，2018.

[11] 汪天飞，邹进，张军. 数学建模与数学实验 [M]. 北京：科学出版社，2016.